"十三·五"国家重点研发计划"家禽重要疾病诊断与检测新技术"（2016YFD0500800）支持出版

鸡病类症鉴别与诊治
彩色图谱

孙卫东　李银　主编

化学工业出版社

·北京·

图书在版编目（CIP）数据

鸡病类症鉴别与诊治彩色图谱／孙卫东，李银主编.
—北京：化学工业出版社，2020.2（2024.5重印）
ISBN 978-7-122-36039-7

Ⅰ.①鸡…　Ⅱ.①孙…②李…　Ⅲ.①鸡病-诊疗-
图谱　Ⅳ.①S858.31-64

中国版本图书馆CIP数据核字（2019）第298230号

责任编辑：邵桂林　　　　　　　　　　　　　装帧设计：史利平
责任校对：杜杏然

出版发行：化学工业出版社（北京市东城区青年湖南街13号　邮政编码100011）
印　　装：北京盛通数码印刷有限公司
787mm×1092mm　1/16　印张25　字数635千字　　2024年5月北京第1版第4次印刷

购书咨询：010-64518888　　　　　　　售后服务：010-64518899
网　　址：http://www.cip.com.cn
凡购买本书，如有缺损质量问题，本社销售中心负责调换。

定　　价：188.00元　　　　　　　　　　　　　　　版权所有　违者必究

编写人员名单

主　　编　孙卫东　李　银

副 主 编　秦卓明　陈　甫　樊彦红
　　　　　俞向前　赵秀美　尚学东

其他编写人员（按姓名笔画排列）

万　峰　王　权　王玉燕　王希春

王金勇　王效田　叶佳欣　吕英军

刘　飞　刘大方　刘永旺　刘宇卓

刘青涛　孙保权　杨　婧　李　鑫

李井英　李方正　李安平　吴志强

何成华　余祖功　张　青　张忠海

金耀忠　郎应仁　赵冬敏　段弘丞

姚太平　黄欣梅　崔锦鹏　章丽娇

韩凯凯　程龙飞　鲁　宁　谭应文

瞿瑜萍

前言

鸡病类症鉴别与诊治彩色图谱

PREFACE

目前养鸡业已经成为我国畜牧业的一个重要支柱产业，在丰富城乡菜篮子、增加农民收入、改善人民生活等方面发挥了巨大的作用。然而集约化、规模化、连续式的生产方式使鸡病越来越多，致使鸡病呈现出老病未除、新病不断，多种疾病混合感染，非典型性疾病、营养代谢和中毒性疾病增多的趋势，这不仅直接影响了养鸡者的经济效益，而且由于防治疾病过程中药物的不合理使用，成为食品安全（药残）急需解决的问题。因此，加强鸡病的防控意义十分重大，而鸡病防控的前提是要对疾病进行正确的诊断，只有正确的诊断，才能及时采取合理、正确、有效的防控措施。

目前广大养鸡者认识鸡病的专业技能和知识相对不足，使鸡场不能有效地控制好疾病，导致鸡场生产水平降低、经济效益不高，甚至亏损，给养鸡者的积极性带来了负面影响，阻碍了养鸡业的可持续发展。为此，我们组织了多年来一直在养鸡生产第一线为广大养鸡场（户）从事鸡病防治且具有丰富经验的多位专家和学者，从养鸡的要素出发，指导养鸡者如何从品种、饲养管理、饲料营养以及疾病的症状和病理剖检变化来系统认识鸡病、分析与诊断鸡病，并在此基础上编写了《鸡病类症鉴别与诊治彩色图谱》一书，让养鸡者按图索骥，做好鸡病的早期干预工作，提高鸡病防治的针对性，降低养殖成本，使广大养鸡者从养鸡中获取最大的经济效益。

笔者在编写过程中力求图文并茂，文字简洁、易懂，科学性、先进性和实用性兼顾，力求做到内容系统、准确、深入浅出，治疗方案具有很强的操作性和合理性。让广大养鸡者一看就懂，一学就会，用后见效。本书可供基层兽医技术人员和养殖户在实际生产中参考，也可供教学、科学研究工作者参考，还可作为培训教材使用。

由于笔者的水平限制，书中疏漏之处在所难免，恳请广大读者和同仁批评指正，以便再版时修正。

在本书即将出版之际，笔者要向化学工业出版社对本书提出的宝贵意见表示衷心的感谢，向直接提供部分资料的阚光金、胡巍、赵雁冰、徐岚、徐芳、李鹏飞、张永庆、乔士阳、王永鑫、张文明、贡奇胜、秦海涛、张科军、肖宁等，以及间接引用资料的作者表示最诚挚的谢意！祝愿广大养鸡和鸡病防治工作者取得更好的成绩，得到实实在在的回报。

孙卫东

2020年3月于南京农业大学

第一章　走进鸡场前必需的知识和技术储备

第二章　走进鸡场发现影响鸡健康的因素

第三章　鸡疫病常见症状的鉴别诊断与防控策略

第四章　鸡病毒性疾病的类症鉴别

第五章　鸡细菌性疾病的类症鉴别

第六章　鸡真菌性疾病的鉴别诊断

第七章　鸡寄生虫性疾病的类症鉴别

第八章　鸡营养代谢性疾病的类症鉴别

第九章　鸡中毒性疾病的类症鉴别

第十章　鸡其他疾病的类症鉴别

参考文献

鸡病类症相关视频目录

编号	视频说明	二维码
视频4-1	鸡新城疫-鸡极度精神沉郁-羽毛逆立等	116
视频4-2	鸡新城疫-神经症状-扭颈	116
视频4-3	鸡传染性支气管-传支呼吸困难-张口呼吸	134
视频4-4	鸡传染性喉气管炎-伸颈、张嘴、喘气	148
视频4-5	心包积液综合征-剖检见心包积液	162
视频5-1	鸡大肠杆菌病-苗鸡的脐带炎	185
视频5-2	鸡大肠杆菌病-病鸡呼吸困难-伴呼啰音	186
视频5-3	鸡大肠杆菌病-卵黄性腹膜炎	188
视频5-4	鸡沙门氏菌病-因垂直感染等没有孵化出苗鸡的死胚蛋	194
视频5-5	鸡沙门氏菌病-脑炎型-扭颈等神经症状	204
视频5-6	鸡毒支原体病-呼吸困难伴啰音-眼睛内有泡沫样的眼泪	227
视频7-1	鸡小肠球虫外观-剖检见肠道黏膜增厚-出血等	258
视频7-2	鸡球虫药盐霉素与泰妙菌素配伍毒性反应-鸡运动障碍-瘫痪等	264
视频7-3	鸡组织滴虫病-病鸡头部的皮肤发绀,但鸡冠及肉髯颜色正常	275
视频7-4	鸡蛔虫病-从感染鸡的小肠中取出的蛔虫外观	277
视频7-5	鸡螨病-膝螨引起的皮炎及损害	285
视频7-6	鸡虱病-羽虱平时主要潜藏在水线的接头处	287
视频8-1	鸡维生素B_2缺乏-运动障碍-以跗关节着地行走	296
视频8-2	鸡锰缺乏症-鸡运动时以跗关节着地-脚趾外展	302
视频8-3	鸡脂肪肝综合征-肝脏破裂-腹腔积血	312
视频8-4	鸡脂肪肝综合征-剖开腹腔-见腹腔积血-血液不凝固	312
视频9-1（1）	鸡食盐中毒-鸡快速转圈	327
视频9-1（2）	鸡食盐中毒-伸腿	327
视频9-2	一氧化碳中毒-鸡舍外的排烟管排烟伸出短导致烟倒灌	331
视频9-3	氨气中毒-鸡眼睛流泪	333
视频9-4	磺胺类药物中毒-鸡胸腔红色水样积液	340
视频10-1	鸡输卵管积液-鸡冠发绀-触之有波动感	354
视频10-2	鸡输卵管积液-剖检见输卵管有大量积液等	355
视频10-3	鸡啄羽癖	357
视频10-4	鸡腺胃炎-叼料-将饲料叼到粪板上	362
视频10-5	鸡肌胃炎-料盘中的颗粒料细末较多	367
视频10-6	鸡肌胃炎-叼料-将饲料叼到走道上	367
视频10-7	鸡中暑-苗鸡热性喘息	371
视频10-8	鸡中暑-肉种鸡中暑出现神经症状	371
视频10-9	鸡肠套叠剖检	374

第一章 走进鸡场前必需的知识和技术储备

　　鸡的健康养殖受多种养殖要素的制约（见图1-1），严格的疾病防控是养鸡业产生良好经济效益的重要保障，而要达到预防、控制、治疗鸡场疾病的目的，必须在了解不同品种、不同饲养模式下鸡不同养殖阶段（见图1-2）的生理特点和生活习性，在比对其生产指南/生产手册中相关生产指标的基础上，对鸡病做出迅速、及时、正确的诊断，为有效组织和实施对鸡病的防控奠定基础。

优良的品种	完善的饲养管理	领先的市场意识
完全的营养	严格的疾病控制	强烈的法律观念

图1-1　鸡健康养殖的六个要素（孙卫东 供图）

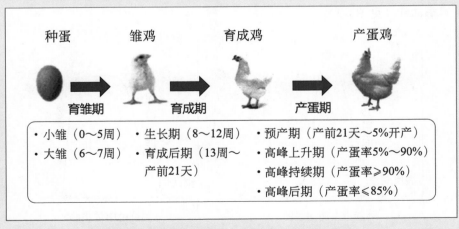

种蛋	雏鸡	育成鸡	产蛋鸡
	育雏期	育成期	产蛋期

- 小雏（0～5周）
- 大雏（6～7周）

- 生长期（8～12周）
- 育成后期（13周～产前21天）

- 预产期（产前21天～5%开产）
- 高峰上升期（产蛋率5%～90%）
- 高峰持续期（产蛋率≥90%）
- 高峰后期（产蛋率≤85%）

图1-2　鸡健康养殖的四个阶段（孙卫东 供图）

第一节 鸡病的临床检查

临床检查是感知鸡病的第一步，是及时找出病因，提出有效防治措施的基础性工作。临床兽医应深入现场、亲自询问、实地察看、认真检查。现将常用临床检查法简介如下。

一、用耳听

1.听主诉

就是临床兽医认真听取鸡主/鸡饲养者/鸡场技术人员等对发病鸡群情况的叙述。在此过程中，临床兽医可结合查阅生产记录等资料，设法弄清楚以下几方面的问题：

（1）鸡病发生的时间节点 是在换料（水）前/后，是在饮水消毒前/后，是在上笼前/后，转群前/后，是在刚开产、产蛋高峰或淘汰前/后，是在清晨、午后或晚上，是在疫苗免疫前/后，是在饲料（饮水）中添加药物前/后，是在带鸡（场地）消毒前/后，对放养鸡是在下雨前/后等。

（2）病鸡的临床表现 是强壮的鸡还是弱小的鸡首先发病；是否有饮、食欲减少或增加；是精神沉郁还是精神兴奋；是否伴有咳嗽、喘息、呼吸困难、腹泻、尖叫、产蛋下降、运动姿势异常等症状；病鸡是否是无任何临床表现而突然死亡等。

（3）疾病发生后的进展 此次鸡群发病是群发还是散发；邻近鸡舍及附近鸡场是否有类似疾病的发生；患病鸡从发病到死亡的时间（潜伏期）有多长；目前鸡群与开始发病时疾病程度是减轻还是在不断加重；有无原有症状的消失或新症状的出现；是否对环境或鸡群进行消毒；是否进行某种疫苗的紧急接种；是否经过药物治疗，用什么药物治疗，其效果如何；是否进行饲料或饮水的更换，效果如何等。

（4）计算鸡群的发病率、死亡率、病死率 根据主诉人/生产记录提供的鸡群的总只数、发病病例数、死亡病例数分别进行计算，即：发病率=鸡群的发病病例数/鸡群的总只数；死亡率=鸡群的死亡病例数/鸡群的总只数；病死率=鸡群的死亡病例数/鸡群的发病病例数。将以上计算出的数据绘制成鸡群的发病曲线图，以此判断其发病是符合疫病（如传染病）曲线还是中毒病曲线（见图1-3）。

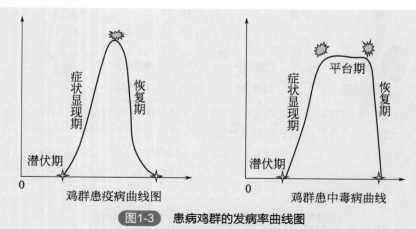

图1-3 患病鸡群的发病率曲线图

在听主诉的过程中，针对主诉人所估计到的致病原因（是否与饲喂不当、换料、受凉、免疫失败、周围的传染等），应查阅相应的生产记录（如免疫记录、消毒记录、病原及免疫抗体检测记录、兽药使用记录、病死鸡无害化处理记录等）进行核实，同时将在对病鸡进行进一步检查中获得的信息及实验室检验项目的结果与主诉人的叙述进行比较，避免因主诉人的人为想象和主观认定带来的负面影响，达到去伪存真的目的。

2.听鸡群的呼吸、鸣叫声

健康鸡的鸣声清脆，公鸡则鸣声响亮，进入产蛋高峰期的母鸡则发出明快的"咯咯哒——咯咯哒"声。发病鸡则鸣声低哑，或间杂呼吸啰音、呼噜声、怪叫声与咳嗽。有经验的饲养者/兽医技术人员常把"夜晚听声、清早看粪"作为观察鸡群健康的基本方法之一。

二、用嘴问

就是临床兽医以询问的方式向鸡主/鸡饲养者/鸡场技术人员等了解发病鸡群情况的检查方法。在此过程中，临床兽医主要应问清楚鸡/所用饲料/兽药/疫苗的来源（见表1-1），鸡所处的环境状况及饲养管理（见表1-2），鸡群的既往病史和现病史（见表1-3）。

表1-1　问清楚鸡/所用饲料/兽药/疫苗来源部分项目的参照表

类别	项目	认症时参考
苗鸡/蛋鸡/种鸡	品种	一般引进的或地方培育的优良品种生产性能较好，土种较差
	厂家	无特定病原的正规厂家较好，非正规的厂家或土法上马的厂家较差
	接雏情况	根据距离合理安排，一般亲自接雏较好，而批发到户较差
	雏鸡7日龄内患病	一般考虑接雏途中受寒、受热（"出汗"），育雏管理不善，种鸡健康状况不佳，种蛋储存时间过长，孵化场卫生消毒不严等
	上笼情况	上笼前鸡群体重达标，整齐度均一较好；反之则差
	上笼后7天内患病	一般考虑各种因素造成的应激，管理措施不到位等
饲料原料/饲料添加剂/预混料/全价饲料	品牌	一般国际品牌/国内知名品牌的产品质量较好，不知名/或无品牌的产品质量较差
	厂家	经过国际/国内质量认证的正规厂家较好，非正规的厂家或土法上马的厂家较差
	是否霉变/变质	重点检查能量饲料的霉变，蛋白质饲料的腐败变质等
	是否含违规药物	重点检查是否添加违规激素、抗生素类饲料添加剂等
	饲料配方	计算营养物质是否平衡，尤其注意产蛋鸡的钙磷比例、饲料中食盐的含量等
兽药/疫苗	品牌	一般国际品牌/国内知名品牌的产品质量较好，不知名/或无品牌的产品质量较差
	厂家	经过GMP质量认证的正规厂家较好，非正规的厂家或土法上马的厂家较差
	标识是否完整	重点检查包装的内外标识内容是否一致，是否符合国家的相关规定
	是否霉变/变质/过期	重点检查产品是否有破损、霉变、沉淀（分层）、过期等情况
	是否含违规成分	重点检查其产品中是否有与标识不相同的成分及为提高疗效而添加的国家已经明令禁止的物质等

表1-2　问清楚鸡所处的环境状况及饲养管理部分项目的参照表

类别	项目	认症时参考
饲养环境	饲养方式	网上平养或笼养有利于切断粪传染源，地面平养则差；全封闭鸡舍易于鸡舍内环境的控制，但造价和运行成本较高，简易鸡舍造价低，但鸡舍内环境的控制较难
	温度/湿度/光照/通风	给鸡创造适合其发挥最佳生产性能的环境，需要安装与之配套的防暑降温、防寒保暖、照明和通风的设备/设施及必要的特殊情况下能立即使用的应急设备/设施
	鸡舍内外/舍内器具的清洁	每周/天舍内外的清扫、消毒次数，水槽、食槽的清洗、消毒次数等
	鸡舍周围的环境	了解附近厂矿的三废（废水、废气、废渣）的排放、处理情况及其环境卫生学的评定结果
饲养管理	饮水	检查鸡舍内是否断水、缺水；水线的水位是否保存一致，水线的压力是否满足鸡群饮水的需求，水线的乳头出水是否流畅；水线中的水质如何，是否经过严格消毒
	采食	监测采食量的变化是否符合所饲养鸡种的饲养手册规定的标准，以便及时查找原因
	饲养密度	密度大，易诱发呼吸道疾病、啄癖的发生，不利于鸡最佳生产性能的发挥
	清粪是否及时	若不及时会引起有害气体浓度超标，损伤鸡的黏膜组织，诱发呼吸道疾病等的发生
	后备鸡的发育情况	可初步判断鸡场管理的综合水平
	饲养人员的责任心	可初步判断人为因素对鸡饲养及疾病中的影响
	管理制度的执行	平时是否按已制定的正确合理的饲养、管理制度进行生产

表1-3　问清楚鸡群的既往病史和现病史

类别	项目	认症时参考
既往病史	平时疫苗免疫情况	免疫程序、免疫方法、疫苗种类、使用剂量等是否合理
	是否为疫区	过去是如何扑灭的，是否采取过加强免疫的措施等
	曾用药情况	以往鸡群的用药情况，疗效如何；在药物疗效不佳的情况下是否进行药敏试验等
现病史	发病日龄	任何日龄均易发生的疾病（如新城疫、禽流感、传染性支气管炎、大肠杆菌病、慢性呼吸道病等），0～3周龄易发生的疾病（如胚胎病、沙门氏菌病、禽脑脊髓炎、传染性法氏囊病、球虫病等），4～20周龄易发生的疾病（如传染性喉气管炎、禽霍乱、传染性鼻炎、马立克氏病、淋巴白血病、球虫病、传染性法氏囊病等），产蛋高峰期易发的疾病（如笼养鸡产蛋疲劳综合征、产蛋下降综合征、禽脑脊髓炎、传染性喉气管炎、禽霍乱、卵黄性腹膜炎等）
	发病前鸡群的处理情况	是否换料（水），饲喂制度发生变化，是否上笼，是否进行免疫接种等
	是否具有传染性	可根据传播速度初步判断是否为传染病，如鸡传染性支气管炎就是传播迅速的呼吸道传染病；了解附近鸡场的疫情，有无传入的可能等

续表

类别	项目	认症时参考
现病史	健壮鸡是否发病	若健壮鸡首先发病，可考虑中毒病的可能
	用药情况	当前已用药物是否合理、有效，用药过程中是否根据病情/病程的变化调整药物的使用，用药方式是否考虑过整群与个体用药相结合等
	死亡率、淘汰率	死淘率高时，应考虑重症疫病、中毒病、营养代谢病、混合感染等

三、用眼看

在听完主诉和问诊之后，应对鸡群的群体的状态进行观察。观察时往往先在鸡舍的一角或运动场外在不惊扰鸡群的情况下直接观察，重点查看鸡群的情况，必要时可将其中个别有代表性的（病）鸡挑出，仔细检查。观察时着重观察鸡群的精神状态、运动姿势、排泄物（粪便）的性状。

1.看精神状态

健康鸡的精神活泼，听觉灵敏，白天视力敏锐，周围稍有惊扰便伸颈四顾，甚至飞翔跳跃，鸣声响亮，食欲良好，翅膀收缩有力，紧贴躯干，神志安详。

2.看运动姿势

健康的鸡活动自如，姿势自然、优美，站立有神，行走稳健。鸡的异常运动姿势的初步诊断印象，见表1-4。

表1-4　鸡的异常运动姿势的初步诊断印象

项目	临床表现	疑似病症
"劈叉"姿势	表现为腿麻痹，不能站立，一肢前伸，一肢后伸	见于鸡马立克氏病，严重的肠道寄生虫病等
"观星"姿势	表现为两肢不能站立，仰头蹲伏	见于鸡维生素B_1缺乏症
"趾蜷曲"姿势	表现为两肢麻痹或趾爪蜷缩、瘫痪、不能站立	见于鸡维生素B_2缺乏症
"企鹅式"站立或行走姿势	表现为鸡的重心后移无法掌握平衡所致	见于肉鸡腹水综合征、蛋鸡输卵管积水、蛋鸡卵巢腺癌，偶见于鸡卵黄性腹膜炎
"鸭式"步态	表现为行走时像鸭走路一样，行走摇晃，步态不稳	见于鸡前殖吸虫病、球虫病、严重的绦虫病和蛔虫病
两腿呈"交叉"站立或行走姿势	运动时则跗关节着地	见于鸡维生素E缺乏症、维生素D缺乏症，也可见于鸡弯曲杆菌性肝炎等
行走间或呈蹲伏姿势	两腿行走无力	见于鸡佝偻病、成年鸡骨软病、笼养鸡产蛋疲劳综合征、葡萄球菌/链球菌性关节炎、传染性病毒性关节炎、肌营养不良、骨折、一些先天性遗传因素所致的小腿畸形等
滑腱症	站立时患腿超出正常的位置，行走时跛行	见于鸡锰缺乏症
向一侧倒伏	伴随头部震颤、抽搐	见于禽传染性脑脊髓炎
扭头曲颈	伴有站立不稳及翻转滚动等姿势	见于神经型新城疫、细菌性脑膜脑炎、维生素E缺乏症等

3. 呼吸运动姿势

健康鸡的呼吸自如，姿势自然，呼吸频率为20～35次/分钟。病鸡则会出现甩头（摇头）、伸颈、张口呼吸、气喘、呼吸困难等异常姿势。

4. 看排泄物（粪便）的性状

在健康鸡的粪便中混有尿的成分，刚出壳尚未采食的幼雏，排出的胎粪为白色或深绿色稀薄液体。成年健康鸡的粪便呈圆柱状、条状，多为棕绿色，粪便表面附有少量的白色尿酸盐。一般在早晨单独排出来自盲肠的黄棕色糊状粪便，有时也混有少量的尿酸盐。鸡粪便的异常往往是疾病的征兆，其异常的初步诊断印象见表1-5。

表1-5 鸡异常粪便的初步诊断印象

形态	病因/临床表现	疑似病症
白色粪便	尿酸盐增多	见于鸡白痢、鸡肾型传染性支气管炎、鸡传染性法氏囊病、鸡内脏型痛风、磺胺药物中毒、铅中毒等
红色粪便	肠道出血	见于鸡球虫病
肉红色粪便	粪便呈肉红色，成堆如烂肉样	见于鸡绦虫病、蛔虫病、鸡球虫病和出血性肠炎的恢复期
绿色粪便	因胆汁不能够在肠道内充分氧化而随肠道内容物排出形成	见于鸡新城疫、禽流感
黄色粪便	由肠道壁发生炎症、吸收功能下降而引起	见于球虫病之后，或由堆型/巨型艾美球虫病同时激发厌氧菌或大肠杆菌感染而引起
黑色粪便	上消化道、胃、肠道前段出血后，血红蛋白被氧化	见于鸡小肠球虫病、鸡肌胃糜烂症、上消化道的出血性肠炎
水样粪便	高温，饲料/饮水食盐含量高，饲料中钙含量过高，肾脏功能损伤	见于鸡食盐中毒、蛋鸡水样腹泻、肾型传染性支气管炎等
硫黄样粪便		见于鸡组织滴虫病
饲料便	表现为鸡排出的粪便和饲喂的饲料没有什么区别	见于鸡饲料中小麦的含量过高或饲料中的酶制剂部分或全部失效，偶见于鸡消化不良

四、用鼻闻

首先可对鸡吃的饲料用鼻嗅闻，以判断其是否因霉烂变质而散发出的霉味、腐败味，其次可对鸡喝的饮水用鼻嗅闻，以判断其是否因饮水器具/饮水线长期未消毒或添加药物而散发出的馊味、青苔味、药物味等，第三可对鸡舍内的气味用鼻嗅闻，以判断鸡舍内有害气体的蓄积情况，最后可对病鸡的排泄物/分泌物用鼻嗅闻，以判断其是否因组织细胞的变性、坏死、脱落而散发出的特殊腥臭味，为下一步判断疾病的病因而奠定基础。

五、用手摸

在进行上述检查后，可挑选有代表性的病鸡用手触摸。触诊的内容包括：机体体表的温度、湿度、皮肤的肿胀物、皮下组织的状态、胸廓及腹部内脏器官的状态等。触诊可从头部开始，逐步触摸头颈部（颈部皮下是否出现气肿/皮下水肿、嗉囊是否出现积食）、胸廓及翅、腹部、腿和关节。一般检查后的病鸡不宜放回原鸡舍，应对其作进一步的病理剖检、实验室检验或作其他的无害化处理。

第二节　鸡病的现场诊断

是通过对发病现场鸡群病史、环境的调查，对发病鸡的精神状态、饮食情况、粪便、运动状况、呼吸情况等进行观察，对某些疾病做出初步诊断。

一、病情调查

同熟悉情况的饲养员等相关人员详细了解通风、喂料和给水系统、生产/产蛋的详细记录、饲料消耗、饲料配方、体重、照明方案、断喙工作、育雏和饲养程序、日常用药和免疫接种、日龄、病前的情况、异常天气或养鸡场的异常事态及养鸡场的位置状况等，各种管理情况记录等均是很重要的线索。若鸡群发病突然、病程短、病鸡数量多或同时发病，可能是急性传染病或中毒病；如果发病时间较长，病鸡数量少或零星发病，则可能是慢性病或普通病。如果一个鸡舍内的少数鸡发病后在短时间内传遍整个鸡舍或相邻鸡舍，应考虑其传播方式是空气传播，在处理这类疾病时应注重切断传播途径。有些疾病具有明显的季节性，若在非发病季节出现症状相似的疾病，可不考虑该病。如住白细胞原虫病只发生于夏季和秋初，若在冬季发生了一种症状相似的疾病，一般不应怀疑是住白细胞原虫病。应了解养鸡场过去发生过什么重大疫情，有无类似疾病发生，其经过及结果如何等情况，借以分析本次发病和过去发病的关系，如过去发生禽流感疫情，而未对鸡舍进行彻底的消毒，鸡也未进行疫苗防疫，可考虑是否是旧病复发。调查附近家禽养殖场的疫情是否有与本场相似的疫情，若有，可考虑空气传播性传染病，如新城疫、流感、传染性支气管炎等。若鸡场及周围场饲养有两种以上禽类，单一禽种发病，则提示为该禽的特有传染病；若所有家禽都发病，则提示为家禽共患的传染病，如禽霍乱、流感等。了解鸡群发病前后采用何种免疫方法、使用何种疫苗，通过询问和调查可获得许多对诊断有帮助的第一手资料。

二、群体检查

在鸡舍内一角或外侧直接观察，也可以进入鸡舍对整个鸡群进行检查（见图1-4）。因为鸡胆小、敏感，因此进入鸡舍应动作缓慢，以防止惊扰鸡群。检查群体主要观察鸡群的精神状态、活动状态、采食、饮水、粪便、呼吸及生产性能等。

图1-4　对散养（左）及笼养（右）鸡群的群体观察（孙卫东 供图）

正常状态下鸡对外界的刺激反应比较敏感，听觉敏锐，两眼圆睁有神，受到外界刺激时家禽头部高抬，来回观察周围动静，行动敏捷，活动自如。勤采食，粪便多表现为棕褐色，呈螺旋状，上面有一点白色的尿酸盐。

患病鸡采食、饮水减少，产蛋下降，薄壳蛋、软壳蛋、畸形蛋增多，发病鸡羽毛蓬松，翅、尾下垂，闭目缩颈，精神委顿，离群独居，行动迟缓，粪便颜色形状异常，泄殖腔周围和腹下绒毛经常潮湿不洁或沾有粪便，冠苍白或发绀，肉髯肿胀，鼻腔、口腔有黏液或脓性分泌物，呼吸困难，有喘鸣音，嗉囊空虚或有气体、液体。

三、个体检查

通过群体检查选出具有特征病变的个体进一步做个体检查。体温变化是鸡发病的重要标志之一，可通过用手触摸鸡体或用体温计检查，正常鸡体温40～42℃，当有热源性刺激物作用时，体温中枢神经机能发生紊乱，产热和散热的平衡受到破坏，产热增多，散热减少而使体温升高，出现发热。正常状态下冠和肉垂呈鲜红色，湿润有光泽（见图1-5），用手触诊有温热感觉，检查冠、肉髯及头部无毛部分的颜色，是否苍白、发绀、发黄、出血及出现痘疹等现象，手压是否褪色；检查眼睛、鼻孔（见图1-6）、口腔（见图1-7）有无异常分泌物，口腔黏膜是否苍白、充血、出血，口腔与喉头部有无假膜或异物存在；听呼吸有无异常并压迫喉头和气管外侧，看能否诱发咳嗽；观察颈部是否掉毛，顺手触摸嗉囊有无积食、积气、积液（见图1-8）；触摸胸、腿部肌肉是否丰满（见图1-9），并观察关节（见图1-10）、骨骼有无肿胀等。最后检查被毛是否清洁、紧密、有光泽（见图1-11），并视检泄殖腔（见图1-12）周围及腹下绒毛是否有粪污，检查皮肤的色泽、外伤、肿块及寄生虫等。

图1-5　鸡冠、肉髯的检查（陈甫　供图）

图1-6 鸡眼睛、鼻孔的检查（陈甫 供图）

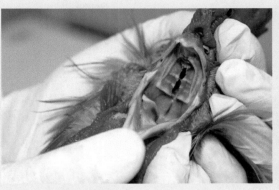

图1-7 鸡口腔的检查（陈甫 供图）

图1-8 鸡嗉囊的检查（左）与嗉囊处
羽毛掉落（右）（胡巍 供图）

图1-9 鸡胸部肌肉的检查（消
瘦，龙骨似刀）（孙卫东 供图）

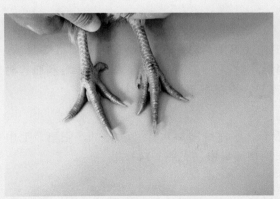

图1-10 鸡腿部关节背面（左）和腹面（右）的检查（陈甫 供图）

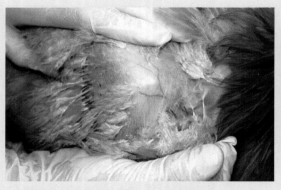 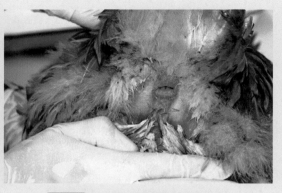

图1-11　鸡羽毛和皮肤的检查（陈甫　供图）　　　图1-12　鸡泄殖腔及其周围羽毛的
　　　　　　　　　　　　　　　　　　　　　　　　　　　　　　　检查（陈甫　供图）

第三节　鸡的病理剖检技术

　　鸡的病理剖检在鸡病诊治中具有重要的指导意义，因此在养鸡场内建立常规的病理剖检制度，对鸡场中出现的有代表性的病、残、淘或死鸡进行尸体剖检，可及时发现鸡群中存在的潜在问题，对即将发生的疾病做出早期诊断，对鸡场疾病预警和防止疾病的暴发和蔓延具有十分重要的作用。

一、病理剖检的准备

　　1.剖检地点的选择

　　养鸡场的剖检室应建在远离生产区的下风处。若无剖检室，且须剖检时，应选择在下风处的比较偏僻的地方，尽量远离生产区，下垫防渗漏的材料（如搪瓷盘、塑料或防雨布/袋），避免病原的二次污染和传播。

　　2.剖检/采样器械的准备

　　对于鸡的剖检，一般有剪刀和镊子即可工作（见图1-13）。另外可根据需要准备骨剪、肠剪、手术刀、搪瓷盆、标本缸、广口瓶、消毒注射器/一次性注射器、针头、培养皿、酒精灯、试管、抗凝剂、福尔马林固定液、记录本等，以便采集各种组织标本。

　　3.剖检防护用具的准备

　　工作服、胶靴、橡胶手套或一次性医用手套、脸盆或塑料水桶、消毒剂、肥皂、毛巾等。若需要进入鸡舍收集病/死鸡，还须准备一次性隔离服（见图1-14）。

　　4.尸体处理设施的准备

　　大型鸡场应建尸体发酵池或购置焚尸炉，以便处理剖检后的尸体和平时鸡场出现的病/死和淘汰鸡。中小型鸡场应对剖检后的尸体进行深埋或焚烧。

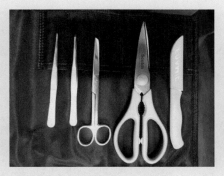

图1-13　简单便捷的鸡剖检器械套装（孙卫东　供图）

图1-14　身着一次性隔离服的人员站立在鸡场门前的消毒池中（孙卫东　供图）

二、病理剖检的注意事项

1. 做好防护工作

在进行病鸡病理剖检前，如果怀疑待检鸡感染的疾病可能对人有接触传染时（如鸟疫、丹毒、流感等），必须采取严格的卫生预防措施。剖检人员在剖检前换上工作服、胶靴、佩戴优质的橡胶手套、帽子、口罩等，在条件许可的条件下最好戴上细粒面具，以防吸入病鸡的组织或粪便形成的尘埃等。

2. 剖检前消毒

用消毒药液将病/死鸡的尸体、剖检的台面、搪瓷盘或防漏垫等完全浸湿和消毒。

3. 及时剖检病/死鸡

如果病鸡已死亡则应立即剖检，寒冷季节一般应在病鸡死后24小时内剖检，夏天则时间应相应缩短，以防尸体腐败（见图1-15）对剖检病理变化的影响。此外，在剖检时应对所有死亡鸡进行剖检，且特别注意所剖检的病/死鸡在鸡群中是否具有代表性，所出现的病理变化应与鸡死后出现的尸斑（见图1-16和图1-17）等相区别。

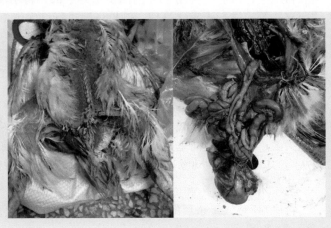

图1-15　死鸡尸体腐败、发绿（左），内脏腐败发黑（右）（孙卫东　供图）

图1-16　死鸡血液下沉，胸肌出现淤血
尸斑（下侧）（孙卫东　供图）

图1-17　死鸡血液下沉，肝脏出现淤血
尸斑（下侧）（阁光金　供图）

4.严格剖检和采样程序

剖检过程应遵循从无菌到有菌的程序，对未经仔细检查且粘连的组织，不可随意切断，更不可将腹腔内的管状器官（如肠道、血管）切断，造成其他器官的污染，给病原分离带来困难。对需要进行病原分离的样品应严格病鸡死亡的时间，防止鸡死亡时间过长导致病原从肠道向内脏器官的迁移。

5.认真观察病理变化

剖检人员在剖检过程中须认真检查和观察病变，做好记录，切忌草率行事。如需进一步检查病原和病理变化，应按检验目的正确采集病料送检。

6.剖检人员出现受伤的处理

在剖检过程中，如果剖检人员不慎割破自己的皮肤，应立即停止工作，先用清水洗净，挤出污血，涂上药物，用纱布包扎或贴上创口帖；如果剖检的液体溅入眼中，应先用清水洗净，再用2%的硼酸冲洗。

7.剖检后的消毒

剖检完毕后，所穿的工作服、剖检用具要清洗干净，消毒后保存。剖检人员应用肥皂或洗衣粉洗手，洗脸，并用75%的酒精消毒手部，再用清水洗净。剖检后的鸡尸体、剖检产生的废弃物等应进行无害化处理。剖检场地进行彻底消毒。

三、病理剖检的程序

1.活鸡的宰杀

对于尚未死亡的活鸡，应先将其宰杀。常用的方法有断颈法（即一手提起双翅，另一手掐住头部，将头部拉向垂直位置的同时，快速用力向前拉扯）；颈动脉放血（直接从颈部皮肤或从鸡的口腔剪断颈动脉）[见图1-18（A）]；静脉注射安乐死的药液、二氧化碳（CO_2）等。

2.尸体的浸泡消毒

将病/死鸡或宰杀后的鸡用消毒药液将其尸体表面及羽毛完全浸湿[见图1-18（B）]，然后将其移入搪瓷盘中或其他防漏垫上准备剖检［见图1-18（C）］。

3.固定尸体

将鸡的尸体背位仰卧，在腿腹之间切开皮肤［见图1-18（D）］，然后紧握大腿股骨，用手将两条腿掰开，直至股骨头和髋臼分离，这样两腿将整只鸡的尸体支撑在搪瓷盆上［见图1-18（E）］。

4.剥离皮肤

从鸡的腹部后侧剪开一个皮肤切口或沿中线先把胸骨嵴和泄殖腔之间的皮肤纵行切开，然后向前，剪开胸、颈的皮肤，剥离皮肤暴露颈、胸、腹部和腿部的肌肉［见图1-18（F）］，观察皮下脂肪、皮下血管、龙骨、胸肌、腿肌、气管、食道、嗉囊、胸腺、甲状腺、甲状旁腺等的变化。

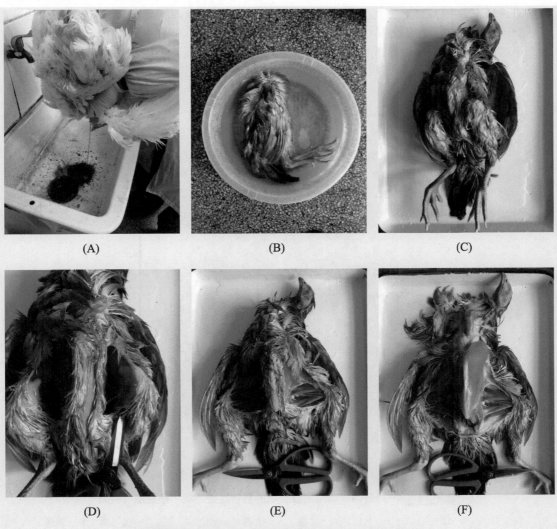

(A)　　　　　　　　(B)　　　　　　　　(C)

(D)　　　　　　　　(E)　　　　　　　　(F)

图1-18　鸡的宰杀、消毒和尸体固定（孙卫东　供图）

（A）病活鸡的宰杀；（B）尸体的浸泡消毒；（C）将消毒后的尸体移至搪瓷盘内；

（D）切开腿腹之间的皮肤；（E）掰开双腿直至股骨头和髋臼分离；（F）剥离皮肤

5.内脏的检查

用剪刀在胸骨和泄殖腔之间，横行切开腹壁，撑开切口，观察鸡机体浆膜腔的状态；然后再沿切口的两侧分别向前用剪刀或骨钳剪断胸肋骨、乌喙突和锁骨，此过程需仔细操作，不要切断大血管，尤其是不要剪到肺脏，避免出血污染；最后移去胸骨，充分暴露体腔［见图1-19（A）和图1-19（B）］。

此时应仔细：①从整体上观察各脏器的位置、颜色变化、器官表面是否光滑、有无渗出及渗出物性状、血管分布状况，体腔内有无液体及其性状，各脏器之间有无粘连。若要采集病料，应在此时进行。②检查胸、腹气囊（见图1-20）是否增厚、混浊、有无渗出及渗出物性状，气囊内有无霉菌斑或干酪样团块，团块上有无霉菌菌丝生长。③检查肝脏大小、颜色（见图1-21）、质地、边缘是否钝圆，形状有无异常，表面有无出血点、出血斑、坏死点或坏死灶；检查胆囊大小、胆汁的多少、颜色、黏稠度、沉淀物及胆囊黏膜的状况（见图1-22）。④检查脾脏（见图1-23）的大小、颜色、表面有无出血斑/点、坏死点/灶，有无肿瘤结节，剪断脾动脉，取出脾脏，将其切开检查淋巴滤泡及脾髓状况。⑤在心脏的后方剪断食道，向后牵引腺胃，剪断肌胃与背部的联系，再顺序地剪断肠道与肠系膜的联系，连同泄殖腔一起剪断，取出腺胃、肌胃（见图1-24）和肠道（见图1-25）；观察肠道/肠系膜是否光滑，有无

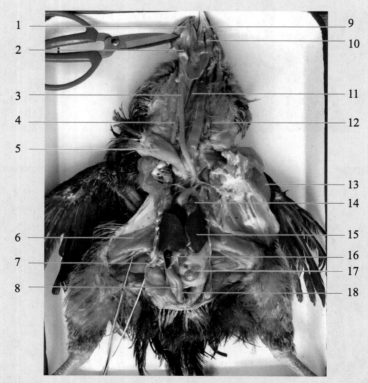

图1-19（A） 打开青年母鸡胸腹腔后的器官直接外观（孙卫东 供图）

1—舌头；2—喉口；3—气管；4—食道；5—嗉囊；6—股部肌肉；7—腹气囊；8—胰腺；
9—上腭；10—腭裂；11—颈静脉；12—胸腺；13—胸肌；14—心脏；
15—肝脏；16—胆囊；17—肌胃；18—十二指肠

图1-19（B） 打开青年母鸡胸腹腔后（挪开胃肠道）的器官直接外观（孙卫东 供图）

1—上喙；2—下喙；3—眼睛；4—勺状软骨；5—气管；6—食道；7—嗉囊；8—肝脏；9—腺胃；
10—肌胃；11—胆囊；12—肾脏；13—坐骨神经；14—十二指肠；15—胰腺；16—鼻孔；17—眶下窦；
18—颈静脉；19—胸腺；20—胸肌；21—心脏；22—肺脏；23—胸气囊；24—卵巢；25—脾脏；
26—空肠；27—盲肠；28—回肠；29—输卵管；30—小腿肌肉；31—法氏囊；32—直肠；33—泄殖腔

图1-20 鸡胸、腹气囊的检查
（陈甫 供图）

图1-21 健康7日龄内雏鸡的肝脏
色淡（孙卫东 供图）

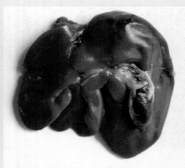

图1-22 鸡肝脏背面（左）和腹面及
胆囊（右）的检查（陈甫 供图）

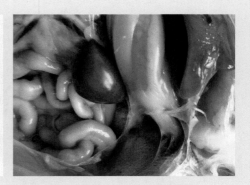

图1-23 鸡脾脏的检查
（孙卫东 供图）

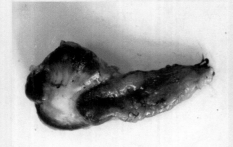

图1-24 鸡腺胃与肌胃的外观（左）和剪开后
（右）的检查（陈甫 供图）

图1-25 鸡肠道的外观
检查（陈甫 供图）

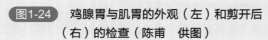

出血、坏死或结节；剪开腺胃、肌胃、十二指肠、小肠、盲肠和直肠（见图1-26），检查内容物的性状、肠道寄生虫、肠管黏膜及盲肠扁桃体（见图1-27）的变化。⑥在直肠背侧可看到法氏囊（腔上囊）（见图1-28），剪去与其相连的组织，摘取法氏囊。检查其大小，观察其表面有无水肿、出血，然后剪开法氏囊，检查黏膜是否肿胀，有无出血，皱襞是否明显，有无渗出及渗出物的性状。⑦检查肾脏（见图1-29）的颜色、质地、新生物，有无出血和花斑状条纹，肾脏和输尿管道有无尿酸盐沉积等。⑧检查睾丸（见图1-30）的大小和颜色，观察有无出血、肿瘤，两侧是否一致；检查卵巢发育情况，卵泡大小、颜色、形态（见图1-31），有无萎缩、坏死和出血，是否有肿瘤结节，剪开输卵管，检查黏膜情况，有无出血、渗出物或寄生虫。⑨观察心包膜是否增厚和混浊，纵行剪开心包膜，检查心包液的性状，心包膜与心脏的粘连情况；观察心脏外纵轴和横轴的比例，心外膜是否光滑，有无出血、渗出物、结节和肿瘤，将进出心脏的动、静脉剪断取出心脏，检查心冠脂肪有无出血点，心肌有无出血、变性和坏死；剖开左右两心室，注意心肌断面的颜色和质地，观察心内膜有无出血（见图1-32）。⑩从肋骨间用剪刀取出肺脏，检查肺的颜色和质地（见图1-33），观察其是否有出血、水肿、炎症、实变、坏死、结节和肿瘤，观察切面上气管、支气管（见图1-34）及肺泡囊的堵塞物及渗出物的性状。

图1-26 鸡肠道剪开后肠黏膜及肠内容物的检查（陈甫 供图）

图1-27 鸡盲肠扁桃体的检查（孙卫东 供图）

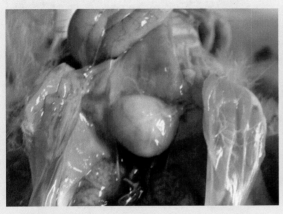

图1-28 鸡法氏囊的检查（吴志强 供图）

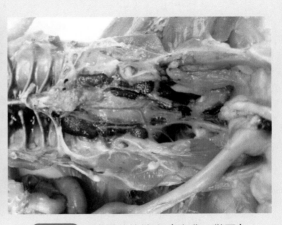

图1-29 鸡肾脏的检查（陈甫 供图）

图1-30 公鸡生殖系统的检查（陈甫 供图）

图1-31 母鸡生殖系统的检查（陈甫 供图）

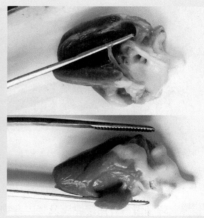

图1-32　鸡心脏的位置（左）和鸡心脏的瓣膜（右）（孙卫东　供图）

图1-33　鸡肺脏的检查（孙卫东　供图）

图1-34　鸡气管的检查（孙卫东　供图）

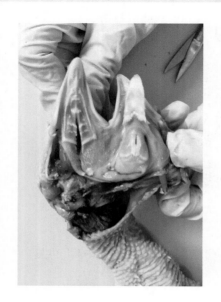

图1-35　鸡腭裂、咽、喉等的外观检查（陈甫　供图）

6.口腔及颈部的检查

　　沿下颌骨从一侧剪开口角，再剪开喉、气管、食道和嗉囊，观察鼻孔、腭裂、喉、气管、食道（见图1-35）和嗉囊（见图1-36）等的异常病理变化。同时观察颈部胸腺的变化（见图1-37）。此外在鼻孔的上方横向剪开鼻裂腔（见图1-38），观察鼻腔和鼻甲骨的异常病理变化。

图1-36　鸡嗉囊的检查（孙卫东　供图）

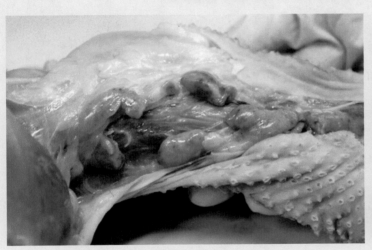

图1-37　鸡颈部胸腺的检查（陈甫　供图）

图1-38　横向剪开鼻腔，观察鼻腔和鼻甲骨的变化（孙卫东　供图）

7.外周神经的检查

在脊柱的两侧，仔细将肾脏剔除，可露出腰荐神经丛；在大腿的内侧，剥离内收肌，可找到坐骨神经（见图1-39）；将病鸡的尸体翻转，在肩胛和脊柱之间切开皮肤，可发现臂神经；在颈椎的两侧可找到迷走神经；观察两侧神经的粗细、横纹和色彩、光滑度。

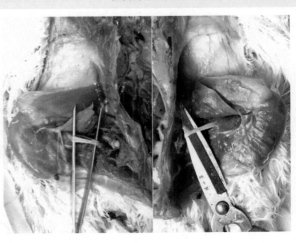

图1-39　在鸡大腿内侧剥离内收肌，找到坐骨神经（孙卫东　供图）

19

8.脑部的检查

切开头顶部的皮肤,将其剥离,露出颅骨,用剪刀在两侧眼眶后缘之间剪断额骨,再剪开顶骨至枕骨大孔(见图1-40),掀开脑盖骨,暴露大脑、丘脑和小脑,观察脑膜、脑组织的变化。

9.骨骼和关节的检查

用剪刀剪开关节囊,观察关节内部的病理变化(见图1-41);用手术刀纵向切开骨骼,观察骨髓、骨骺的病理变化。

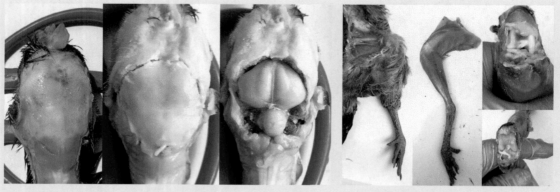

图1-40　脑部的剪开与脑组织的观察(孙卫东　供图)　　　图1-41　后肢和后肢关节的检查(孙卫东　供图)

第四节　实验室诊断技术

在现场诊断和病理学诊断的基础上,对某些疑难病症,特别是传染病,必须配合实验室诊断。

一、病料的采集、保存与运送

(一)用于病理组织学检查的病料

只能从刚死亡鸡或处死鸡采集。一般情况下,可根据剖检时肉眼可见的病理变化,选取病变明显的组织器官。但如果缺乏典型病变,应全面取材,如肝脏、脾脏、肺脏、肾脏、脑、肠、胸腺、法氏囊等,最好采取病健交界部位的组织,而且要包括器官的重要构成部分,如肝脏、脾脏应包括其被膜等。较重要的病变部位尽量多取几块病料,以便分析病变的发展过程。将采集的组织用锋利刀片修剪成3~5毫米见方的组织块,于10%福尔马林中固定,或用95%乙醇固定12~24小时,经过充分固定的组织,即可制作组织切片,进行病理组织学检查。

(二)用于病原学和血清学检测的病料

采样工具(如刀、剪、镊子)及包装用品(瓶、皿)等,需要灭菌后使用,每一种病料均应使用独立容器储存并密封；采集下一个病料时，应更换器械或将器械严格消毒后再使用。

1.抗凝血

用3.8%柠檬酸三钠溶液或0.1%的肝素作为抗凝剂，从鸡的翅静脉或颈静脉采血（见图1-42），待血液采出后立即与抗凝剂充分混匀，以确保抗凝效果。

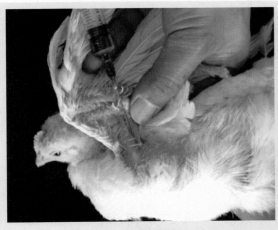

图1-42　从鸡的翅静脉或颈静脉采血（孙卫东　供图）

2.血清

采集全血于离心管或其他容器中静置，待血液完全凝固后，离心分离血清或继续放置一段时间，血清即可自动析出；将凝固的全血置于37℃温箱20～30分钟，可加快血清的析出。将血清及时吸出分装，若不能立即检测，可保存于4℃或−20℃以下冻存，注意避免溶血和反复冻融。

3.口、鼻分泌物

用灭菌棉拭子从口腔、鼻腔深部或咽部拭取分泌物，立即装入灭菌试管内密封保存待检。

4.粪便

先用消毒液或酒精棉球擦洗泄殖腔周围的污染物，再用消毒棉拭子通过泄殖腔蘸取直肠内容物，置于装有少量灭菌缓冲盐水或转运培养基的试管内。

5.脓汁或局部脓肿渗出液

先将肿胀部位拔毛并用酒精棉球彻底消毒肿胀部位外表面，对未破口的肿胀病灶，用灭菌注射器和针头抽取脓汁或渗出液，对已经破溃的病灶，可用灭菌棉签插入深部直接蘸取渗出物。

6.体液

采用穿刺法抽取胸水、腹水、脑脊液、关节腔液等液体，抽取的液体放入密封的灭菌容器待检。

7.组织器官

打开体腔，暴露内脏器官，先将欲采集的组织器官（如肝脏、脾脏、肾脏、胸腺、法氏囊等）表面消毒，再用灭菌手术刀或剪刀将脏器表面划口后，插入组织深部采取适量的组织材料，放入灭菌容器内，同时做好组织触片，备用。

8. 皮肤和体表

将病变的皮肤表面消毒后用消毒剪刀剪取，防入有保护液的容器内，密封，冷藏。对鸡体表的寄生虫（蜱、螨、虱等），可采用肉眼和显微镜观察。

（三）病料的运送

现场采集的病料应尽快送实验室进行检查。由于病料的性状及检查的目的不同，运送的方法也不同。对供病原学检查的病料，全程注意冷链保存；细菌学和血清学待检的病料不可冻结，应放在装有冰袋或冰块的保温箱内，尽快送达实验室；供病毒学检查的病料，同样应尽快送达实验室；若路途遥远，则应冷冻保存运送到实验室。

二、微生物学诊断

运用微生物学的技术进行病原检查是诊断鸡传染病的重要方法之一。微生物学诊断包括病料直接抹片镜检、病原体的分离鉴定、动物接种等步骤。

1. 抹片镜检

通常用有明显病变的组织器官或血液涂片，待自然干燥固定后，用各种方法进行染色、镜检。

2. 病原体的分离鉴定

根据各种病原微生物的不同特性，选择适宜的培养基进行接种培养。一般细菌可用普通琼脂培养基、肉汤培养基及血液琼脂培养基。真菌、螺旋体及某些有特殊要求的细菌则用特殊培养基。接种后，通常置37℃恒温箱内进行培养，必要时进行厌氧培养。病毒的分离可接种于健康鸡胚，接种途径应根据病毒的性质而定，一般呼吸道感染的病毒如新城疫病毒、传染性支气管炎病毒接种于尿囊胚或羊膜腔；鸡痘病毒、传染性喉气管炎病毒接种于绒毛尿囊膜；嗜神经性病毒如禽脑脊髓炎病毒接种于卵黄囊、脑内或绒毛尿囊膜。胚龄的大小取决于接种途径，一般以9～10日龄为宜，胚龄太大如超过15日龄，由于卵黄被利用，往往在鸡胚液中出现母源抗体，抑制相应病毒的生长繁殖。为避免接种材料的细菌污染，可在病料研磨液中加入青霉素、链霉素。病毒材料接种于鸡胚或细胞培养后，一定时间即引起接种对象的异常或死亡。但某些野外毒株不能很好地适应鸡胚或细胞培养，第一代接种可能没有明显异常，需连续继代多次，才出现病毒。如传染性支气管炎病毒的一般野外毒株在鸡胚接种后，需3～5代才引起胚体萎缩、畸形等病变。

3. 动物接种

动物接种是病原微生物分离和鉴定的一项重要方法。当病料受到比较严重的污染，要求提纯或由于病料在运输、保存过程中病原体大量死亡，残存数较少，需要增殖，或获得的病原体纯培养后，需要最后证实是否为引起该病的病原物，均可用动物接种的方法。所接种的动物，一般选择对该病原体最敏感的动物。动物接种的途径根据病原微生物的种类而异，能引起全身性疾病或菌血症的，一般采用皮下、肌内或静脉内接种，呼吸系统疾病进行气管内、腭裂或点眼、滴鼻接种；消化系统疾病，则逐只灌服或通过饲料、饮水口服接种。此外，还可根据具体疾病的特点，采取腹腔内注射、脑内注射、嗉囊内注射、皮内注射、皮肤刺种等接种方法。动物接种后应详细观察和记录，发病及死亡的动物应逐只剖检，必要时还应进行病原体的分离。

三、免疫学诊断

免疫学诊断是鸡病诊断中常用的方法，在免疫学诊断中最常使用的方法有凝集试验〔平板或试管凝集试验（见图1-43）、红细胞凝集试验及红细胞凝集抑制试验〕、沉淀试验（琼脂扩散试验、环状沉淀试验）、中和试验（病毒血清中和试验、毒素抗毒素中和试验）、酶联免疫吸附试验、免疫荧光试验等。这些试验的基本原理都是利用抗原与抗体的特异性反应，用已知的抗原或抗体检查未知的抗体或抗原。

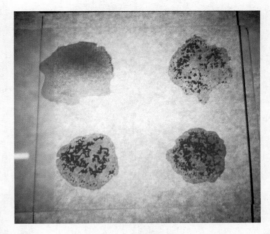

图1-43　鸡沙门氏菌的平板凝集试验（李银　供图）

四、PCR诊断

PCR是一种模拟体内DNA复制的方式，在体外特异性地将DNA某个特殊区域大量扩增出来的技术。与传统的检测方法相比，PCR具有快速、准确和灵敏度高等优点，可以在几个小时内对样本中微量的病原核酸进行检测，从而在鸡病诊断中得到广泛的应用。如从疑似患有新城疫的鸡病料中提取病毒RNA，并逆转录为DNA后，采用新城疫病毒特异PCR方法对病毒核酸进行检测，2～3小时即可获得诊断结果。

第五节　鸡的免疫接种技术

一、鸡场常用免疫接种方法

（一）滴鼻、点眼免疫

1.免疫部位

（雏）鸡眼结膜囊内、鼻孔内。

2.操作步骤

首先准备疫苗滴瓶，将已充分溶解稀释的疫苗滴瓶装上滴头，将瓶倒置，滴头向下拿在手中，或用点眼滴管吸取疫苗，握于手中并控制好胶头；其次是保定，左手握住鸡，食指和拇指固定住鸡头部，使鸡的一侧眼或鼻孔向上；最后滴疫苗，滴头与眼或鼻保持1厘米左右距离，轻捏滴瓶/管，滴1～2滴疫苗于鸡的眼或鼻中（见图1-44），稍等片刻，待疫苗完全吸收后再将鸡轻轻放回地面。

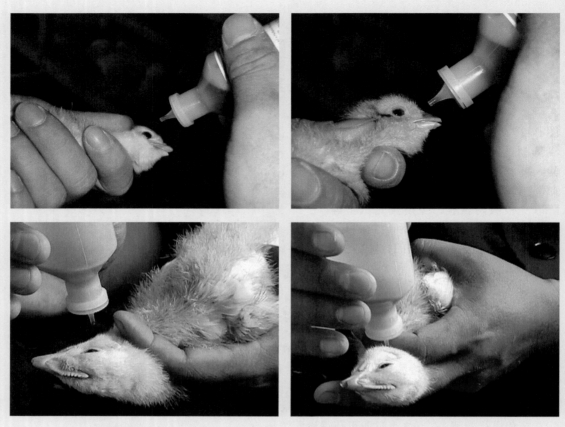

图1-44 鸡滴鼻（上）和点眼（下）免疫接种示意图（孙卫东 供图）

3.适用范围及免疫效果

尤其适合于雏鸡，一般用于呼吸道疾病疫苗的免疫，如新城疫疫苗、传染性支气管炎疫苗的接种。操作时可在稀释液中加入染料，通过观察鼻、眼周围的颜色或口腔舌头的颜色（见图1-45）来检查免疫的质量。该法可以避免疫苗病毒被母源抗体中和，应激小，从而有比较良好的免疫效果。点眼、滴鼻法是逐只进行，能保证每只鸡都能得到剂量一致的免疫，免疫效果确实，抗体水平整齐。

（二）肌内注射免疫

1.免疫部位

胸肌或腿肌。

2.操作步骤

调试好连续注射器，确保剂量准确。注射器与胸骨成平行方向，针头与胸肌成30°～45°角，在胸部中1/3处向背部方向刺入胸部肌肉，也可于腿部肌内注射，以大腿无血管处为佳（见图1-46）。

图1-45 加入染料后滴鼻、点眼鸡舌头的颜色观察（孙卫东 供图）

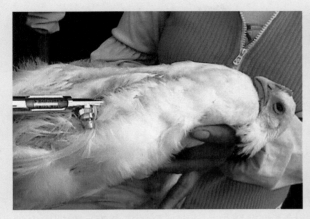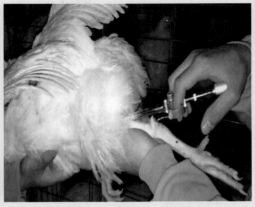

图1-46 鸡胸部（左）和腿部（右）肌内注射免疫接种示意图（孙卫东 供图）

3.适用范围及免疫效果

灭活疫苗必须采用肌内注射，不能口服，也不能用于滴鼻、点眼。肌内注射可在胸肌和腿肌部位，但进针时要注意，不要垂直刺入，以免伤及肝脏、心脏而造成死亡。肌内注射时灭活疫苗的乳化剂在免疫部位会存留较长时间，临近上市的肉鸡应避免肌内注射油乳剂灭活苗，以免造成胴体质量下降。该法接种的疫苗吸收快、免疫效果较好，操作简便、应用广泛、副作用较小。

（三）颈部皮下注射免疫

1.免疫部位

颈背部下1/3处。

2.操作步骤

首先用左手/右手握住鸡；其次在颈背部下1/3处用大拇指和食指捏住颈中线的皮肤并向上提起，使其形成一囊，或用左手将皮肤提起呈三角形；最后将注射针头与颈部纵轴基本平行，针孔方向向下，针头与皮肤呈45°角从前向后方向刺入皮下0.5～1厘米，推动注射器活塞，缓缓注入疫苗，注射完后快速拔出针头（见图1-47）。现在一些孵化场为提高效率，已经采用机器进行苗鸡的颈部皮下注射（见图1-48）。

图1-47 鸡颈部皮下人工注射免疫
接种（郎应仁 供图）

图1-48 鸡颈部皮下机器自动注射
（左为注射器）（孙卫东 供图）

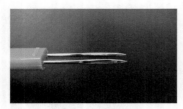

图1-49 鸡皮肤刺种针（左）和皮肤刺种免疫（右）

（孙卫东 供图）

视频1-1

（扫码观看：鸡疫苗普拉松饮水器饮水免疫）

视频1-2

（扫码观看：鸡疫苗水线乳头饮水免疫）

3.适用范围及免疫效果

马立克病疫苗多采用颈背部皮下注射。皮下注射时疫苗通过毛细血管和淋巴系统吸收，疫苗吸收缓慢而均匀，维持时间长。

（四）皮肤刺种免疫

1.免疫部位

鸡翅膀内侧三角区无血管处。

2.操作步骤

首先用左手/右手握住鸡，然后用左手抓住鸡的一只翅膀，右手持刺种针插入疫苗瓶中，蘸取稀释的疫苗液，在翅膀内侧无血管处刺针（见图1-49）；拔出刺种针，稍停片刻，待疫苗被吸收后，将鸡轻轻放开；再将刺针插入疫苗瓶中，蘸取疫苗，准备下次刺种。

3.适用范围及免疫效果

主要适用于鸡痘疫苗。常用专用的刺种针，形状为约3厘米长的塑料把，顶端有两根坚硬的不锈钢尖头叉，约2厘米长，针尖端均有一个斜面。刺种7～10天后可触摸疫苗接种部位是否有结节状痘斑来检查免疫的质量，以便及时补种。

（五）饮水免疫

1.停水

鸡群停止供水1～4小时，一般当70%～80%的鸡找水喝时，即可进行饮水免疫。

2.疫苗稀释及饮用

饮水量为平时日耗水量的40%，一般4周龄以内的鸡每千只12升，4～8周龄的鸡每千只20升，8周龄以上的鸡每千只40升。计算好疫苗和稀释液用量后，在稀释液中加入0.1%～0.3%脱脂奶粉。将配制好的疫苗水加入饮水器（见图1-50和视频1-1）或水线（见图1-50和视频1-2），给鸡饮用。给疫苗水时间一致，饮水器分布均匀，使同一群鸡基本上同时喝上疫苗水。并在1～1.5小时内喝完。

3.适用范围及免疫效果

该法是养鸡场普遍使用的一种免疫技术。该方法操作方便，对鸡群影响较小，能在短时间内达到整群免疫。但由于种种原因会造成鸡饮入疫苗的量不均一，造成抗体效价参差不齐。许多研究表明，饮水免疫引起的免疫反应最小，往往不能产生足够的免疫力，不能抵御强毒株的感染。为使饮水免疫达到预期效果，免疫前两天饮水系统应做好适当的准备，去除所有消毒剂（如氯）。

图1-50 鸡水线饮水免疫（左）和水壶饮水免疫（右）（吴志强 供图）

（六）气雾免疫

1.粗雾滴喷雾免疫法

喷雾器可选择手提式或背负式喷雾器。喷雾量按1000只鸡计算，1日龄雏鸡150～200毫升，平养鸡250～500毫升，笼养鸡250毫升。操作：1日龄雏鸡装在纸箱内，纸箱排成一排，在距离鸡40厘米处向鸡喷雾，边喷边走，往返2～3次将疫苗均匀喷完。喷完后应使鸡在纸箱内停留半小时。平养鸡在喷雾前先将鸡轻轻赶靠到较暗的一侧墙根，在距离鸡50厘米处对鸡喷雾，边喷边走，至少应往返喷雾2～3次将疫苗均匀喷完。笼养鸡与平养鸡喷雾方法相同。在孵化场也可选择专用的气雾免疫装置（空压机）进行喷雾免疫（见图1-51和视频1-3，视频1-4）。

2.细雾滴喷雾免疫法

喷雾器选择同前所述。喷雾量按1000只鸡计算，平养鸡400毫升，多层笼养鸡200毫升。操作：在鸡上方1～1.5米处喷雾，让鸡自然吸入带有疫苗的雾滴。

3.适用范围及免疫效果

适用与某些对呼吸道有亲嗜性的疫苗，如新城疫弱毒疫苗、传染性支气管炎弱毒疫苗等。但是气雾免疫对鸡的应激作用较大，尤其会加重慢性呼吸道病及大肠杆菌

视频1-3
（扫码观看：喷雾消毒视频）

视频1-4
（扫码观看：孵化场1日龄喷雾免疫）

图1-51 鸡的喷雾免疫（吴志强 供图）

引起的气囊炎的发生。所以，必要时可在气雾免疫前后在饲料中加入抗菌药物。喷雾免疫时雾滴的大小非常重要，在喷雾前可以用定量的水试喷，掌握好最佳的喷雾速度、喷雾流量和雾化粒子大小。一般对6周龄以内的雏鸡气雾免疫，气雾粒子为50微米；而对12周龄雏鸡气雾免疫时，气雾粒子取20～30微米为宜。相对湿度低时，雾滴到达鸡体时的颗粒大小就会降低，可能导致雾滴太小。直径小于20微米的小雾滴可直接进入到呼吸道的深部，如果是呼吸道病疫苗可能会引起较强的免疫反应。

（七）胚内免疫

胚胎免疫可在种蛋从孵化器转到出雏器的过程中进行。在蛋壳上打孔，在气室底部的尿囊膜下注射疫苗。对于鸡的马立克病预防，欧美国家普遍采用胚胎免疫法，即对孵化过程中的胚蛋（约18日龄）实施疫苗接种，这种方法有着速度快、接种量准确、不会漏免、没有应激、最早产生抵抗力、节省人力、节省疫苗等优点。但胚内免疫方法会在出雏最后几天的鸡胚上留下一孔，如果孵化场卫生条件差，出雏器被细菌或真菌感染，会导致幼雏早期存活率低。孵化厂应注意控制曲霉菌污染，这样才会保证蛋内注射的成功。

（八）擦肛

此法仅用于传染性喉气管炎强毒性疫苗的接种，将鸡倒提，泄殖腔向上，用手握腹，使泄殖腔黏膜翻出，用接种刷蘸取疫苗涂擦泄殖腔黏膜。

二、鸡疫苗注射后常见的一些异常现象

（一）过敏

引起头面部、颈部等处肿胀（见图1-52）。

（二）注射到内脏

往往是由于疫苗接种操作不当，将疫苗注射到肺脏（见图1-53）、肝脏（见图1-54），往往会引起动物死亡。

图1-52　注射疫苗后过敏后引起的头面部肿胀（孙卫东　供图）

图1-53　将油乳剂疫苗注射到肺脏（孙卫东　供图）

图1-54　将油乳剂疫苗注射到肝脏，肝脏表面血凝块中混有油乳剂疫苗（贡奇胜　供图）

（三）吸收不良

在注射部位形成大小不等的油球颗粒等（见图1-55）。

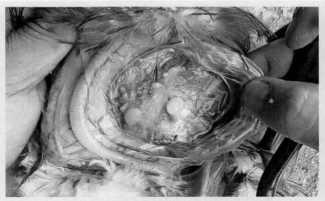

图1-55　颈部皮下吸收不良的油球颗粒（孙卫东　供图）

（四）感染

引起注射部位炎症、肿胀、化脓等（见图1-56至图1-58）。

图1-56　注射疫苗后引起的颈部感染（孙卫东　供图）

图1-57　注射疫苗后引起的胸部肌肉铜绿假单胞菌感染（王永鑫　供图）

图1-58　注射疫苗后引起的皮下和胸部肌肉葡萄球菌感染（孙卫东　供图）

（五）肌肉变性坏死

主要是由劣质油乳型疫苗引起，在注射部位或周围出现大小不等的肿块或坏死（见图1-59至图1-61），有时可导致鸡只跛行。

图1-59　注射疫苗后引起的颈部肌肉肿胀坏死（孙卫东　供图）

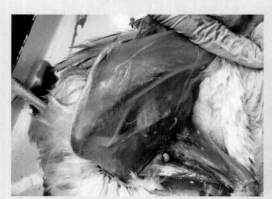
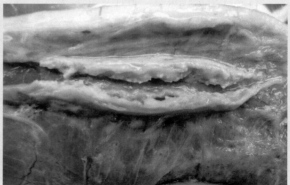

图1-60　注射疫苗后引起的胸部肌肉肿胀坏死（孙卫东　供图）

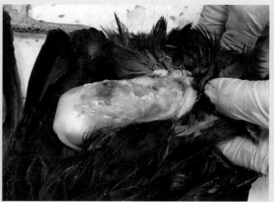

图1-61　注射疫苗后引起的腿部肌肉肿胀坏死（孙卫东　供图）

（六）疫苗的副作用

常常是由于加大疫苗剂量引起头面部肿胀，伴有呼吸音的变化，精神不振等临床表现。如某些传染性喉气管炎疫苗加大剂量点眼后会出现较为严重的眼睑肿胀（见图1-62），呼吸困难，鸡冠发绀（见图1-63），伴有明显的呼吸啰音（见视频1-5）；新城疫疫苗加大剂量饮水后会在鸡群中出现反复循环，导致鸡群30日龄后的呼吸道疾病的持续发生；法氏囊疫苗加大剂量滴口或饮水后会引起一些鸡群的免疫抑制。此外，有研究表明，某些病原的VP2疫苗产生的中和抗体与其全抗原产生的中和抗体有一些差异，在临床生产上应注意其可能带来的潜在风险。

视频1-5

（扫码观看：鸡群在加大剂量点眼传染性喉气管炎疫苗后出现头面部肿胀、呼吸啰音等）

图1-62　传染性喉气管炎疫苗加大剂量点眼后病鸡眼睑肿胀（孙卫东　供图）

图1-63　传染性喉气管炎疫苗加大剂量点眼后病鸡鸡冠发绀、羽毛蓬松（孙卫东　供图）

三、鸡场参考免疫程序

（一）种鸡和蛋鸡的建议参考免疫程序

见表1-6。

表1-6　种鸡和蛋鸡的建议参考免疫程序表

免疫日龄	免疫用疫苗	免疫接种方法	免疫剂量
1	鸡马立氏病疫苗	颈部皮下注射	1～2头份
3	传染性支气管H_{120}、491/类491或Ma5	点眼、滴鼻或喷雾	1～2头份
7～10	①新城疫Ⅳ系+传支Ma5活疫苗 ②新城疫-禽流感二价油剂灭活苗	点眼/滴鼻 颈部皮下注射	1.5头份 0.3毫升
15	法氏囊三价苗或进口法氏囊苗	滴口或饮水	1～2头份

续表

免疫日龄	免疫用疫苗	免疫接种方法	免疫剂量
20～21	① VH-H$_{120}$-28/86三联弱毒疫苗或ND-H$_{120}$二联苗 ② 新-肾二联油苗或新城疫-肾传支-腺胃传支三联油苗	点眼/滴鼻 颈部皮下注射	1～1.5头份 0.5毫升
28	法氏囊中毒苗	滴口或饮水	1-2头份
30～35	鸡痘疫苗	翅膜刺种	1头份
42	传染性喉气管炎苗（疫区用）	点眼或涂肛	1头份
40～50	大肠杆菌油苗	颈部皮下注射	0.5毫升
50～60	VH-H$_{120}$二联苗 同时免疫新城疫-禽流感多价油乳剂灭活疫苗 传染性喉气管炎苗（非疫区用） 新支三联苗或新城疫Ⅰ系苗	滴鼻点眼 颈部皮下注射 点眼或涂肛 饮水或肌注	2头份 0.5毫升 1头份 1头份
80	传染性喉气管炎苗（疫区用）	点眼或涂肛	1头份
90	传染性脑脊髓炎苗（疫区用）	饮水或滴口	1头份
90～100	鸡痘疫苗 传染性脑脊髓炎苗（疫区用）	翅膜刺种 饮水或滴口	1头份 1头份
120	ND+IB+EDS+AI多价四联苗或ND二价+IB+EDS+AI多价及腺胃传支四联苗	颈部皮下注射	1毫升
140	法氏囊油苗	胸部肌注	0.5毫升
160～180	新城疫Ⅳ系冻干苗	饮水或喷雾	2头份
220～240	新城疫-禽流感多价油乳剂灭活疫苗	肌内注射	0.5毫升
300～320	法氏囊油苗或新城疫—法氏囊二联油苗	颈部皮下注射	0.5毫升

注：其他如慢性呼吸道病、传染性鼻炎、禽霍乱及葡萄球菌病等视疫情而定。不同地区选用不同免疫程序。①和②最好同时使用。

（二）肉种鸡的建议参考免疫程序

见表1-7。

表1-7　肉种鸡的建议参考免疫程序表

免疫日龄	免疫用疫苗	免疫接种方法	免疫剂量
1	鸡马立氏病疫苗	颈部皮下注射	1～2头份
5	病毒性关节炎弱毒苗	颈部皮下注射	1头份
7	肾型传染性支气管炎MA5或湿苗	点眼、滴鼻或喷雾	1～1.5头份
10～20	① 新城疫Lasota系或Clone30+传支H$_{120}$二联苗或VH-H$_{120}$-28/86三联苗 ② 新城疫-禽流感二价油剂灭活苗	滴鼻点眼 颈部皮下注射	1～1.5头份 0.3毫升
15	法氏囊弱毒苗或进口法氏囊苗	滴口或饮水	1头份

续表

免疫日龄	免疫用疫苗	免疫接种方法	免疫剂量
25～28	法氏囊中等毒力苗	滴口或饮水	1.5头份
30～35	鸡痘疫苗 大肠杆菌油苗	翅膜刺种 颈部皮下注射	1头份 0.5毫升
40	传染性喉气管炎苗（疫区用）	点眼或涂肛	1头份
45	传染性鼻炎灭活菌	肌注	0.5毫升
60	VH-H$_{120}$二联苗 同时免疫新城疫-禽流感多价油乳剂灭活疫苗 传染性喉气管炎苗（非疫区用） 新支三联苗	点眼/滴鼻 颈部皮下注射 点眼或涂肛 点眼/滴鼻/饮水	2头份 0.5毫升 1头份 1头份
75	传染性喉气管炎苗（疫区用）	点眼或涂肛	1头份
80	传染性鼻炎灭活菌	肌注	0.5毫升
90	鸡痘疫苗 传染性脑脊髓炎苗（疫区用）	翅膜刺种 饮水或滴口	1头份 1头份
100	传染性喉气管炎苗（非疫区用）	点眼或涂肛	1头份
115	病毒性关节炎弱毒苗	颈部皮下注射	1头份
120	① ND+IB+EDS+AI多价四联苗或ND二价+IB+EDS+AI多价及腺胃传支四联苗 ② 法氏囊油苗	颈部皮下注射 颈部皮下注射	1毫升 0.5毫升
145	法氏囊油苗或新城疫-法氏囊二联苗	颈部皮下注射	0.5毫升
220～240	新城疫-禽流感多价油乳剂灭活疫苗	肌内注射	0.5毫升
300	法氏囊油苗或新城疫-法氏囊二联苗	颈部皮下注射	0.5毫升

注：其他如慢性呼吸道病、传染性鼻炎、禽霍乱及葡萄球菌病等视疫情而定。①和②最好同时使用。

（三）商品肉鸡的建议参考免疫程序

见表1-8。

表1-8　商品肉鸡的建议参考免疫程序表

免疫日龄	免疫用疫苗	免疫接种方法	免疫剂量
1～3	VH-H$_{120}$-28/86三联弱毒疫苗	点眼/滴鼻	1.5头份
7～10	① 新城疫Ⅳ系+传支Ma5活疫苗 ② 新城疫-禽流感二价油剂灭活苗皮下注射1～1.5羽份	点眼/滴鼻 颈部皮下注射	1.5头份 0.3毫升
14	传染性法氏囊炎活疫苗（D78）	饮水	1头份
19～21	新城疫Ⅳ系+H$_{52}$活疫苗	喷雾或饮水	2头份
24～26	传染性法氏囊炎活疫苗（法倍灵）	滴口/饮水	1～1.5头份

注：其他如葡萄球菌病等视疫情而定。①和②最好同时使用。

四、影响免疫效果的因素

疫苗免疫接种是控制鸡疫病的重要手段，几乎所有品种鸡群都需采取免疫接种，然而实际生产表明，免疫接种后仍然会有疫病的发生，这种在接种疫苗后仍然发生同一种疾病的现象常称为免疫失败。影响免疫效果的因素是多方面的，但主要为疫苗因素、鸡及人为因素。

（一）母源抗体的影响

由于种鸡各种疫苗的广泛应用，使雏鸡母源抗体水平可能很高，母源抗体具有双重性，既有保护作用，也影响免疫效果。母源抗体滴度高时，进行免疫接种，疫苗病毒会被母源抗体中和而不起保护作用。因此在进行免疫接种时要考虑母源抗体的滴度，最好在免疫接种前测定母源抗体滴度，根据母源抗体消退规律制定合理的免疫程序。

（二）应激及免疫抑制因素的影响

饥渴、寒冷、过热、拥挤等不良因素的刺激，能抑制机体的体液免疫和细胞免疫，从而导致疫苗免疫保护力的下降。鸡感染传染性法氏囊病病毒、白血病病毒、马立克病病毒、网状内皮组织增生病病毒、传染性贫血病病毒、病毒性关节炎病毒等免疫抑制性疾病后，鸡的免疫功能显著下降，降低了对疫苗的免疫应答，而导致免疫失败。一些疫苗（如中等毒力的传染性法氏囊病病毒疫苗）本身具有免疫抑制作用，若使用剂量过大，则会造成鸡的免疫抑制，降低对其他疫苗的免疫效果。此外，饲料中的霉菌毒素对免疫系统的破坏造成的免疫抑制也是疫苗免疫失败的主要原因。

（三）疫苗相关问题

疫苗作为一种特殊的商品，在运输过程中必须严格按特定温度保存，否则就会降低其效价甚至失效。温度要求：细胞结合性疫苗必须在液氮保存、冻干苗–15℃保存、灭活苗2～8℃保存。疫苗在运输过程中如果不能达到低温要求，运输时间过长，中途周转次数过多，使活毒疫苗抗原失活，使疫苗的效价下降，影响疫苗的免疫效果。

有的养鸡场在饮水免疫时直接用井水稀释疫苗，由于工业污水、农药、畜禽粪水、生活污水等渗入井水中，使井水中的重金属离子、农药、含菌量严重超标，用这种井水稀释疫苗，疫苗就会被干扰、破坏，使疫苗失活。所以采用合格的稀释液（厂家提供专用稀释液、灭菌生理盐水等）是免疫成功的关键。

用疫苗的同时饮服消毒水；饲料中添加抗菌药物；舍内喷洒消毒剂；紧急免疫时同时用抗菌药物进行防治。上述现象的结果是鸡体内同时存在疫苗成分及抗菌药物，造成活菌苗被抑杀、活毒苗被直接或间接干扰，灭活苗也会因药物的存在不能充分发挥其免疫潜能，最终疫苗的免疫力和药物的防治效果都受到影响。

盲目联合应用疫苗主要表现在同一时间内以不同的途径接种几种不同的疫苗。如同时用新城疫疫苗点眼、传染性支气管炎疫苗滴鼻、传染性法氏囊病疫苗滴口、鸡痘疫苗刺种，多种疫苗进入体内后，其中一种或几种抗原成分产生的免疫成分，可能被另一种抗原性最强的成分产生的免疫反应所遮盖，另外的疫苗病毒进入体内后，在复制过程中会产生相互干扰作用，而导致免疫失败。

免疫接种的途径取决于相应疾病病原体的性质及入侵途径。全嗜性的可用多渠道接种，嗜消化道的多用滴口或饮水，嗜呼吸道的用滴鼻或点眼等。若免疫途径错误也会影响免疫效果，如传染性法氏囊病病毒的入侵途径是消化道，该病毒是嗜消化道的，所以传染性法氏囊病疫苗的免疫应采用饮水，滴鼻效果就比较差。

有些养鸡场在免疫接种时常因经济原因而随意缩小疫苗剂量，或过于追求效果而加大剂量。这都不符合免疫要求，因为剂量过小就会造成免疫水平低，过大就会造成免疫耐受或免疫麻痹。

（四）血清型不同

有的病原微生物有多种血清型，由于各种因素的作用，病原微生物在增殖过程中会发生变异，形成多种血清型和亚型。因此，若疫苗所含毒株与本地区流行毒株的血清型不一致，免疫接种后就不可能达到预期的免疫效果，导致免疫失败。如现阶段我国用于防控H5N1亚型高致病性禽流感病毒的Re-4株疫苗虽然疫苗毒（A/chicken/Shanxi/2/2006）的基因型属于Clade7分支，但与我国鸡中流行的Clade7.2分支的野毒抗原性差异很大，免疫后虽然能够产生高水平抗体，但仍不能很好地抵抗Clade7.2分支H5亚型禽流感病毒的感染。

第六节　药物合理使用技术

尽管养鸡业是向着提高疾病预防和管理水平的方向发展，但是疾病的暴发还是不可避免的。随着我国多种疫病的出现，各种鸡用药越来越多，应用也越来越普遍。防控鸡病用药是一项技术性很强的工作，因此必须充分了解所使用的药物和治疗程序，科学缜密地把握各个环节，才能达到快速、高效、安全的目的。

药物的治疗成功与否与许多方面有关，包括病原的鉴定、药物的选择、有效药物浓度、合适的剂量、给药途径及药物之间的相互作用等。鸡发生的许多疾病（特别是细菌病）多是其他原发感染所引起的继发感染，确定原发感染的原因对最大限度降低现代化养禽业生产中药物的滥用极为重要。需要注意的是，药物治疗只是控制疾病暴发的一种手段，不是对管理疏漏和营养缺乏的一种补救。

一、给药的途径

在养鸡生产中，针对鸡的药物给药方法很多，但由于一些养鸡场、养鸡户不了解给药途径的使用范围，常导致药物浪费或防治效果差，或药物中毒，造成不必要的经济损失。鸡给药方式主要有以下几种。

（一）混饲给药

是将药物按一定比例均匀拌入饲料（图1-64），供鸡自由采食，此法适用鸡保健和鸡病的预防治疗，特别适用于大群饲养的鸡，以及不溶于水、适口性差的药物。混饲的药物有粉剂和液剂。拌药时先取少量的饲料，与药粉或药液充分拌匀，再将这些"预混料"拌到饲料中。对于液剂药物，应先用适量的水稀释，再参照粉剂的方

图1-64　饲料厂药物的添加与混合（孙卫东　供图）

图1-65 药物通过加药器加到水线中（孙卫东 供图）

法进行拌料。

（二）饮水给药

这种方法是最为方便、最为常用的给药方式，即把药物直接拌入水中，充分拌均匀后分别装到饮水器或通过加药器加到水线中（图1-65）。加入水中的药物应该是较易溶于水的粉剂或液剂。对油剂及难溶于水的药物不能用此法给药；对其水溶液稳定性较差的药物（如青霉素），要现配现用，饮用时间一般不宜超过6小时。此外，对于短期或紧急使用的药物，在配药饮用前，应先停止饮水2～3小时，饮用时摆放要均匀，尽量使每只鸡都能饮到。

（三）经口灌服

此法多用于用药量较少或用药量要求较精确的鸡群，对饲养较少的专业户或只有少量饲养的农户也可用此法。

（四）注射给药

主要是治疗疾病注射抗生素针剂时使用，优点是药液吸收快，用药量容易精确掌握，缺点是操作麻烦，工作量大。

（五）气雾法

即利用气雾发生器形成雾化粒子，均匀漂浮于空气中，通过鸡呼吸道给药的一种方法。这种方法吸收快、作用迅速，是一种既能局部作用又能经肺部吸收，并对呼吸道刺激不大的给药方式。

二、鸡药物使用的注意事项

鸡用药除了要掌握各种药物的药理作用、合理用药外，还要注意根据家禽的特点选择和使用药物，避免套用家畜甚至人医临床用药经验。

（一）鸡用药特点

与家畜相比，鸡具有一些不同的生理特点，这些特点与选用药物有密切关系。

① 不同鸡的食性不同。如鸡可采食粉料和颗粒料，可混饲给药，也可采用饮水给药。鸡有挑食饲料中颗粒的习性，饲料中添加氯化钠、碳酸氢钠、乳酸钠、丙酸钠时应严格控制其比例、粒度和搅拌均匀度，否则会出现矿物质中毒。根据鸡的食性，在临床用药时应注意药物的物理特性、饲料的混合均匀度及是否采用饮水给药等。②鸡味觉不灵敏。常会无鉴别地挑食饲料中的食盐颗粒而引起中毒。在饲料中添加食盐时，一定要注意其粒度大小，且要注意混合均匀并严格按标准添加。③鸡的肠道长度与体长的比值较哺乳动物小，食物从胃进入肠后，在肠内停留的时间一般不超过一昼夜，添加在饲料或饮水中的药物可能未经充分消化就随粪便排出体外，有时药物尚未被完全吸收进入血液循环就被排到体外，药效维持时间短。因此，在生产实际中，为了维持较长时间的药效，常常需要长时间或经常性添加药物才能达到治疗目的。④鸡无膀胱，尿在 - 肾脏中生成后，经输尿管直接输送到泄殖腔，与粪便

一起排出。鸡尿一般呈弱酸性（pH6.2～6.7）。磺胺类药物的代谢产物乙酰化磺胺在酸性尿液中会出现结晶，从而导致肾损伤。因此，在应用磺胺类药物时，要适当添加一些碳酸氢钠，以减少乙酰化磺胺结晶，减轻对肾的损伤。⑤禽类无汗腺，高温季节热应激时，应加强物理降温措施，也可在日粮或饮水中添加小苏打、氯化钾、维生素C等药物。

（二）家禽对药物的敏感性

家禽对某些药物具有较高的敏感性，应用药物时必须慎重，防止引起中毒。如鸡对有机磷酸酯类非常敏感，所以鸡一般不能用敌百虫作驱虫药内服。家禽对氯化钠较为敏感，日粮中超过0.5%，易引起不良反应，雏鸡饮用0.9%食盐水，可在5天内致雏鸡100%死亡。

鸡对磺胺类药物的吸收率较其他动物高，当药量偏大或用药时间过长，对鸡特别是外来纯种鸡或雏鸡会产生较强的毒性作用。磺胺类药物还能影响肠道微生物对维生素K和B族维生素的合成。故磺胺类药物一般不宜作饲料添加剂长期应用，在治疗鸡肠炎、球虫病、禽霍乱、传染性鼻炎等疾病时应选择乙酰化率低、与蛋白结合程度低、乙酰化物溶解度高而容易排泄的磺胺类药物，并同时使用小苏打以碱化尿液促进乙酰化物排出。鸡对链霉素、卡那霉素也比较敏感，应用不当时易致中毒。鸡长期大剂量使用四环素可以引起肝的损伤，甚至引起肝脏急性中毒而造成鸡死亡；四环素还可以引起肾小管的损伤、尿酸盐沉积及造成肾功能不全。长期口服四环素和金霉素可刺激胃肠道蠕动增强，影响营养物质吸收，造成呕吐、流涎、腹泻等症状。聚醚类抗生素（莫能菌素、盐霉素、马杜霉素和拉沙菌素等）对鸡的常用剂量的安全范围较窄，易产生毒性。同时，这类药物禁止与泰妙菌素（支原净）、泰乐菌素、竹桃霉素合用，因这些药物可影响聚醚类抗生素的代谢，合用时导致中毒，引起鸡生长迟缓、运动失调、麻痹瘫痪，直至死亡。家禽禁用药详见本书附录《食品动物禁用的兽药及其他化合物清单》。

（三）饲料对药物作用的影响

有些饲料能降低药效，阻碍药物被吸收，达不到治病的目的，因此，对鸡使用某些药物时必须注意饲料对药效的影响，以确保治疗效果。如用四环素、铁制剂等药物时应停止喂石粉、骨粉、贝壳粉、蛋壳粉等含钙质饲料；用维生素A时停用棉籽饼，因棉籽饼可以影响维生素A的吸收利用；使用磺胺类药物时少用或停喂富含硫的饲料；因硫可加重磺胺类药物对血液的毒性，引起硫化血红蛋白血症。在应用含硫药物如硫酸链霉素、硫酸钙、硫酸钠、人工盐时，也应停止用含磺胺类药物饲料。用硫酸亚铁治疗鸡贫血时要停喂麦麸。在治疗因钙磷失调而患的软骨症或佝偻病时，应停喂麸皮。因麸皮是高磷低钙饲料，含磷量为含钙量的4倍以上。在以下情况应限制或停喂食盐：一是在用溴化物制剂时，食盐中的氯离子可促进溴离子加快排泄；二是在口服链霉素时，食盐可降低链霉素的疗效；三是治疗肾炎期间，因食盐中的钠离子可使水分在体内滞留，引起水肿，使肾炎加重。

（四）药物的配合使用

不同的药物都有其独特的物理和化学特性。药物之间不合理的配伍使用会造成药物之间发生作用，轻者影响药物的效果，重者造成家禽死亡。例如，微酸性的药物不能与微碱性的药物混合使用。微酸性药物有磺胺药和青霉素，微碱性的药物有红霉素、链霉素、庆大霉素、新霉素、四环素和林可霉素。有些药物，如磺胺药和青霉素在碱性溶液中（pH>7）效果更好，而红霉素和四环素在酸性溶液中（pH6～7）效果更好。抗生素中添加维生素和电解质会影响抗生素贮存液的pH，青霉素与维生素混合使用会出现拮抗作用，因此不能混合使用。此外，有的药物之间作用还会产生沉淀、失效、毒性增强等负面效果。

第七节　鸡场生物安全技术

鸡场生物安全体系的建设是一项系统工程，不仅要注重鸡场的总体合理规划，还要注意建立严格的卫生消毒管理制度。因此，加强养鸡场生物安全体系建设，采取规范的管理措施，执行严格的隔离消毒和防疫制度，落实各项防控措施，对降低鸡场鸡群的发病率、提高养殖效益具有重要意义。

一、鸡场场址的选择和布局

养鸡场应建在地势较高、气候干燥、便于排水、通风、水源充足、水质良好的地方，同时必须避开候鸟的迁徙路线和疫病的自然疫源地。同时应充分利用山地（见图1-66）、林地（见图1-67）等非农耕地进行鸡场建设，有利于节省土地；或利用葡萄架（见图1-68）、玉米地（见图1-69）等进行优质土鸡的养殖。养鸡场可分为生产区、生活区和隔离区，各区既要相互联系，又要严格划分（见图1-70至图1-72）。生产区应建在上风地方，病死鸡剖检室、堆粪场、尸体处理等无害化处理设施应设在远离生产区和生活区的下风位置。

图1-66　山地养鸡

图1-67　林地养鸡（孙卫东　供图）

图1-68　葡萄架下饲养的芦花鸡（孙卫东　供图）

图1-69　玉米地饲养的优质土鸡
（孙卫东　供图）

图1-70　某规模化肉鸡养殖场的设计
效果图（孙卫东　供图）

图1-71　某规模化种鸡养殖场的设计
效果图（孙卫东　供图）

图1-72　某规模化孵化场的设计
效果图（孙卫东　供图）

二、切断外来传染源

人员的流动是疾病传入养鸡场的最主要潜在原因之一。鞋靴是最容易传播疾病的媒介物，最常见的情况是人鞋靴粘上传染源进入养鸡场饲养区。在检查病死鸡或排泄物时，手也会被污染，衣服及头发上也会受到灰尘、羽毛、粪便等污染。此外，研究发现新城疫病毒能在人呼吸道黏膜上存活几天，并能从痰里分离到病毒，因而携带新城疫病毒的人员可能引发鸡群新城疫的发生。为控制人员带来的病原，应要求生产人员不得随意进出养鸡场，进入生产区时要在消毒室漱口水清理口腔，用消毒棉棒清理鼻腔，经过冲淋洗澡后更换消毒的工作服、胶鞋，方可进入生产区。严格控制参观人员，必须进入的人员应更换消毒的衣、帽、靴，并认真消毒后由场内人员引导。所有的生产用具和运输工具都须经过严格冲洗消毒后才能进入养鸡场。

养鸡场最好实行专业化生产，一个养鸡场只饲养一个品种的鸡，应避免多种家禽混养。从孵化、雏鸡饲养到成年鸡上市，应采取全进全出制度。鸡群一批出栏后，鸡舍经清洗、消毒后空舍1～2周，再引进下一批，这样可大大减少疫病的发生。许多疫病常表现一定的周期性，采用全进全出式饲养方式就不会给疫病循环的机会。

一些昆虫是疾病的传播者，有些是血液和肠道寄生虫的中间宿主，还有一些昆虫具有叮咬习性而起着机械传播病毒的作用。野鸟可携带许多病原体和寄生虫，有些病原能引起野鸟发病，而有些病原野鸟只是机械携带者。现已证明新城疫、禽流感等病毒能感染麻雀，带毒麻雀在不同鸡舍间自由飞翔在病毒的散播过程中具有重要作用（图1-73）。因此，养鸡场需要搞好环境卫生，消灭蚊蝇滋生地、杀灭体外寄生虫，经常灭鼠，鸡舍安装防鸟网（图1-74），消灭疫病的传播媒介。

图1-73　鸡舍旁树上的麻雀（孙卫东　供图）　　图1-74　鸡舍墙壁上的防鸟网（孙卫东　供图）

三、鸡舍的清洁

　　清洁鸡舍是养殖过程中的重要环节，也是防止因各种因素引起疾病暴发的一个有效的保证，鸡舍整理完毕后2～3天可对鸡舍进行清洁。

　　清洁工作可以按照先上后下、先里后外的原则，这样能够保证清洁的效果和效率。清洁的顺序为：顶棚、笼架、料槽、粪板、进风口、墙壁、地面、储料间、休息室、操作间、粪沟，其中，墙角和粪沟等角落是冲洗的重点，避免形成死角。冲洗的废水通过禽舍后部排出舍外并及时清理或处理，防止其对场区和鸡舍环境造成污染。清洁完毕后，要对工作效果进行检查，储料间、鸡笼、粪板、粪沟、设备的控制开关、闸盒、排风口等部位均要进行检查，保证无残留饲料、鸡粪及鸡毛等污物。对于清洁不合格的，应立即重新冲洗，直到符合要求。

　　只要能够达到有效清洁消毒的目的，最好在不挪动设备的情况下对鸡舍加以清洁。否则，应该撤离全部设备，用水浸泡，然后彻底清洗，并使其干燥。高压水龙头能够有效地将设备清洗干净。凡是不能移动的设备应就地清洗，随后把内壁全部洗净。对饮水管与笼具接触处、线槽、料槽、电机、风机等冲洗不到或不易冲洗的部位进行擦洗。进入鸡舍的人员必须穿干净的工作服和工作鞋；擦洗时使用清洁水源和干净抹布；洗抹布的污水不能在禽舍内随意排放或泼洒，要集中到鸡舍外排放。

　　在鸡舍和设备清洁之后，病原体还会通过人员物品的流通、不洁净的衣物鞋子，或者清洁程序中的某环节未做到位等方式被带进鸡舍。因此，单靠清洁卫生并不能取得完全有效的预防效果。

四、垫料的使用和处理

　　垫料原料应稀释、疏松、低尘或无尘、无污染、有生物降解能力且有可靠的生物安全保证。在实际生产中应使用来源充足的、高质量的垫料原料，保证其干燥、暖和并使其覆盖整个地面，以使鸡群体感舒适。

（1）垫料的验收 运输垫料的车辆要在场区安全范围外经消毒池彻底消毒后方可靠近场区；在路面没有硬化处理的垫料库前应事先铺好篷布或遮黑网，以便收集散落的垫料；经检验，车上垫料干净、蓬松、无霉变、无明显的沙土或杂质等，方可开始卸车；垫料入库结束后，工人应立即更换所穿的接触过未经消毒垫料的工作服并对其进行消毒。

（2）垫料使用前消毒 在垫料库外，用5%甲醛或2%过氧乙酸，通过垫料消毒装置对垫料进行消毒，将消毒后的垫料装入包装袋内，扎口密封24小时，然后再经化验室检验合格后方可使用。垫料消毒结束后，工人必须更换工作服后再进入生产区。

（3）垫料入舍前消毒 使用消毒剂消毒垫料包装袋表面，垫料入舍后每周带鸡消毒2～3次，产蛋栏内的垫料每周用4%硫酸铜或消毒剂交替消毒2～3次。

（4）生产实际中造成垫料质量差的原因 ①垫料自身原因：垫料的材质差，或垫料的厚度太薄（图1-75）、太厚、潮湿、结块、发霉；垫料中的黑甲虫（图1-76）会骚扰鸡只，引起鸡只不安；垫料中的其他虫类（图1-77），鸡采食后可能会引起中毒或死亡（图1-78）。②鸡群排泄原因：鸡群肠炎等腹泻、饲料质量差、配合饲料利用的脂肪质量差等，导致鸡群

图1-75 地面的垫料太薄（孙卫东 供图）

图1-76 垫料中的黑甲虫（左下小图分别是黑甲虫的背面和腹面）（孙卫东 供图）

图1-77 垫料中的其他昆虫（左下小图分别是昆虫的背面和腹面）（孙卫东 供图）

排泄量大造成垫料稀、潮湿、结块（图1-79）、发霉（图1-80）。③鸡舍环境控制不到位导致垫料潮湿（图1-81）：主要是饮水器设计与调整不合理，饮水系统漏水；进风口压力低，冷空气落到地面、地面上有贼风；鸡舍温度低而引起潮气的容量增加；滥用降温喷雾或蒸发降温系统；相对湿度高等。

图1-78　鸡嗉囊（左）和肌胃（右）内的垫料昆虫（孙卫东　供图）

图1-79　鸡舍内结块的垫料（孙卫东　供图）

图1-80　鸡舍内发霉的垫料（孙卫东　供图）

图1-81 鸡舍内潮湿的垫料
（孙卫东 供图）

（5）改进垫料质量的措施　良好的鸡舍通风换气；经常性翻动垫料，更新垫料；加强饮水器具管理等措施来改进垫料质量；避免饲料中粗蛋白水平和盐分过高；避免使用消化率较差和粗纤维含量较高的原料，使用高质量的油脂。

五、室外放牧场/运动场的消毒

对于长期生产基地、刚使用过的牧场必须采取有效的措施杀灭病原，清除残余有机物。半天然或天然牧场最好进行轮牧，这样至少可以空置一个完整的生产周期，从而利用日光和土壤的联合作用来杀灭大多数病原。以防止有害微生物滞留或滋生。

六、鸡舍周围的场地的消毒

鸡舍周围环境每2～3周可用火碱或生石灰消毒1次，养殖场周围及场内污水池、排粪坑、下水道出口等地，每月消毒1次。在养鸡场门口、鸡舍入口均须设消毒池，注意定期更换消毒液。路面每隔1～2周也需要进行消毒。被病鸡的排泄物和污染物污染的地面土壤，停放过病鸡尸体的场所，应对地面加以严格消毒。

昆虫是养禽场最常见的生物。许多寄生虫和致病因子可在禽舍中的昆虫体内持续隐匿存在，有的则需要某种昆虫完成中间的发育阶段（如绦虫），有的可以通过叮咬等方式在禽间传播（如禽痘病毒），因此防虫也是养鸡环境卫生的一个重要部分。进行清洁卫生时，在鸡群转出后立即向地面、垫料和鸡舍喷洒杀虫剂，作用几天后再进行清洁消毒，以便有效地杀灭昆虫。这对于前一批育雏中曾发生过虫媒疾病的鸡舍尤为重要。鸡舍在清洗以后，应该采用具有持续效果的杀虫剂再次喷洒，以防重新滋生。

堆积废料和废弃设备的地方是大鼠、小鼠、黄鼠等啮齿动物藏身和繁殖的良好场所，它们很可能成为疾病的储存宿主并通过接触或排泄物污染鸡舍。这类动物体型较小，有利于它们穿梭于设备之间的孔隙来摄取饲料，这样就有机会与鸡发生密切接触。一旦鸡舍中有大批的啮齿动物出没，要想清除它们就会比开始设法避免时困难得多。因此，有必要采用相应的措施来控制这些啮齿动物。

七、鸡舍的消毒

消毒前，首先应将鸡舍中的垫料、粪便、灰尘、污物等清理干净，特别是存在于运输工具、饲料槽、饮水器、蛋托、墙壁、地面、栖息处或笼具、室外地面及进入禽舍的通道的污染物，否则病毒、细菌及球虫卵混在这些残留有机物中，消毒的效果会受到影响。彻底清洗后即可按程序进行消毒。

目前有许多效果好的消毒剂可供选择。消毒剂要按照制造商的说明进行选择，重要的是，在用消毒剂之前一定要将表面清理干净。在有积垢的表面使用清洁剂均无效，因为消毒剂很快会被脏物里的有机物灭活。在使用消毒药物时应根据不同环境特点，选择与其相适应的消毒药物。如饮水消毒常可选用漂白粉、百毒杀等；烧碱和生石灰常用于地面和环境的消毒；高锰酸钾与福尔马林溶液配合使用可用于清洁空舍的熏蒸消毒等。在引进鸡前应空舍2～4周，这样可以防止病原存留，但空舍只能作为一个辅助手段，不能代替彻底清洁、洗涤和消毒措施。

为了达到良好的效果，一定要正确使用消毒药物。消毒药物的用量要按规定执行，不减少用量，但如用量过高也会对鸡机体产生毒害作用。消毒过程中要尽可能使药物长时间与病原微生物接触，一般消毒的时间不能少于30分钟，消毒药物应现用现配，防止久置氧化或日照分解而失效，在露天场所需长期使用的消毒药物应定期更换，以保证有足够的活性成分。消毒过程中还要注意交替或配合使用消毒药物。对各种病毒、细菌、真菌、原虫等只用一种消毒药物是无法将所有病原体消灭干净的，而且长期使用一种消毒药物会使病原微生物产生抗药性。根据不同消毒药物的消毒特性和原理，可选用多种消毒药物交替使用或配合使用，以提高消毒效果，但应注意药物间的配伍禁忌，防止配合后反而引起减效或失效。

八、消毒剂与杀虫剂

消毒就是清除致病性物质或微生物，或使微生物失去活性。消毒剂主要是指能消灭感染性因子（致病微生物），或者能够使其失去活性的药剂或物质。在养殖过程中，清洁卫生的作用是减少微生物的数量和防止微生物增殖，而消毒是消灭致病微生物的过程。

一种理想的消毒剂应该具备以下几种特征。①广谱：能够抑制和杀灭多种病毒、细菌、真菌、芽孢等。②高效：可快速杀灭病原体，且效力强大，不易产生抗药性。③安全：对人、鸡无毒、无害、无刺激性、无残留，对容器和纤维织物没有破坏性。④稳定：易于溶解，不易受有机物、温湿度、酸碱度和水的硬度影响，且不易氧化分解，能长期储存。可根据消毒需要采用喷雾、饮水、浸泡等方法消毒。

杀虫剂的特性及使用。鸡易携带寄生虫，可影响禽类生产性能，并可能引起许多疾病问题。杀虫剂可杀灭动物寄生虫，如虱、螨、蜱和蚤等，也能杀灭其他昆虫，如苍蝇、甲虫、蚂蚁和臭虫。某些杀虫剂对人和鸡有很强的毒性，仅可作为卫生控制措施的一种辅助手段。合适的杀虫剂是指可以用于鸡或其周围环境，并且在接触和摄入时对人和鸡没有毒性，也不会因为吞食或吸收而在可食用的组织或蛋里积聚达到有害程度的药物。

控制这些体外寄生虫或有害昆虫最好的办法是其与杀虫剂直接接触。目前使用的鸡舍类型和生产系统很多，没有适用于各种系统的统一方法，应先确定最适用于特定的鸡舍类型和管理系统的杀虫药，然后按照说明使用。喷雾剂只有在鸡舍内部应用才能杀灭缝隙中及羽毛上的寄生虫。能控制光照和温度的鸡舍可使用含有增效剂的除虫菊素，但在作业时必须停止自动通风系统，改为手控。寄生虫虫卵很难被杀灭，它们可以发育产生下一代寄生虫，因此应在第一次用药后2～3周内再用1次。通常需交替使用不同的方法或杀虫剂来确保杀虫效果。

许多杀虫剂对人类和动物可能带来伤害，施药时最好戴上防毒面具、橡皮手套，并穿上防护服。最重要的是在使用化学杀虫剂前阅读容器标签上的使用说明，以及可能带来的危害和解毒剂等资料。

各种杀虫剂都有其优缺点，寄生虫也可对药剂产生抗药性，因而，需要不断有新的药物开发出来。养殖场应关注那些更适合自己生产管理系统的产品、制剂。但无论如何，最好的办法是通过良好的管理达到预防寄生虫侵袭的目的。

九、鸡舍空舍期（进鸡前15天）的清洁消毒程序

时间	目标工作	具体内容	操作标准	备注事项
进雏前15日	清理鸡舍	1.饲养设备搬到舍外； 2.彻底清除鸡舍粪便、鸡毛等杂物； 3.清扫房顶、墙壁、门窗等	无鸡粪、羽毛、煤灰、尘土等残留	设备包括料桶、饮水器、塑料网、可拆除的棚架、灯泡、温度计、湿度计、煤炉、工作服等
进雏前14日	清洗鸡舍	1.冲洗地面和墙壁、门窗； 2.设备在舍外用消毒药浸泡消毒，用清水冲洗干净、晒干	地面无积水，舍内任何表面都要冲洗到，无污物附着，特别注意房顶的灰尘要冲净	清扫、清洗应由上至下，由内向外。设备及地面干燥后方可消毒。利用对设备腐蚀性小的消毒液消毒
进雏前13日	检修工作	1.维修鸡舍设备； 2.修补网床、笼具； 3.检修电路和供热设施	设备至少能保证再养一批鸡，否则应予更换	损坏的灯泡要全部换好
进雏前12日	治理环境	1.清除舍外排水沟杂物； 2.清理鸡舍四周杂物	排水畅通，不影响通风	清除后喷洒火碱等消毒液
进雏前11日	室外清扫	1.修理道路； 2.清扫场区	无鸡粪、羽毛、垃圾、凹坑	同时喷洒火碱等消毒液
进雏前10日	鸡舍准备消毒	1.把设备搬进鸡舍； 2.关闭门窗和通风孔	封闭严密不漏风	准备好消毒设备及药物
进雏前9日	鸡舍消毒	1.喷洒消毒； 2.消毒10小时后通风； 3.通风3～4小时后关闭门窗	鸡舍所有表面、顶棚、墙壁、网床及地面都要用3%热火碱水刷洗或喷洒	容易腐蚀的设备使用腐蚀性较小的消毒液
进雏前8日	干燥鸡舍	1.清水冲舍； 2.检查网床、笼具； 3.门口消毒	用清水冲洗掉遗留火碱	人员入舍前鞋底应认真消毒，网架表面要求平整光滑，无钉头，毛刺
进雏前7日	安装设备	1.料桶、饮水器入舍； 2.安装采暖设备（煤炉、烟筒、调试锅炉等）； 3.工具、车辆、服装入舍	按照鸡群需要配置好饲养用的各种设备	设备提前调试好

续表

时间	目标工作	具体内容	操作标准	备注事项
进雏前6日	熏蒸消毒	1.关闭门窗和通风孔； 2.检查温度和湿度； 3.用甲醛或戊二醛熏蒸	鸡舍密闭，舍温24℃以上，湿度80%，每立方米用高锰酸钾21克，福尔马林液42毫升，水21毫升	地面洒水，走廊每隔10米放一个熏蒸盆，盆内放好高锰酸钾加水搅匀，然后从舍内最远端依次快速倒入福尔马林，完成后立即把门封存严，人员进入必须穿戴防毒面具
进雏前5日	通风	熏蒸后24小时打开门窗、通气孔	全部打开，充分换气	人员进入时必须穿消毒过的鞋和衣服
进雏前4日	关闭门窗	1.落实进鸡、运料、药品、疫苗、购物事宜； 2.下午4～5点关上门窗	育雏人员及用品进入鸡舍前必须经过消毒处理	准备鸡舍预温设备
进雏前3日	育雏参数设置与预温	1.舍门口设消毒盆； 2.冬春季开始生炉预温； 3.防火安全检查，检查煤炉、烟筒	育雏间及缓冲间隔断用塑料布密封好。 排除火灾隐患，防止漏烟、倒烟现象	第一周育雏密度40～50只/平方米，人员进舍要消毒
进雏前1～2日	预温及准备接雏工作	1.准备好记录表格及接雏育雏用的其他器具； 2.准备饲料、兽药、疫苗； 3.饮水器、开食盘用流动水冲洗备用； 4.笼中铺垫网，垫好报纸； 5.安装好灯泡，有坏的及时更换	1.排除火灾隐患，防止漏烟、倒烟； 2.预温达到开始育雏温度（35℃）、湿度（65%～70%）要求； 3.舍内光照强度达到20～40lux	落实好1号饲料，准备好免疫或投药使用的药物

第八节　鸡场常用的其他技术

一、鸡的断喙术

1.术式

在1日龄（见图1-82和图1-83）或6～7日龄［见图1-84（A）］进行，70日龄前后再进行修喙。1日龄单独断喙见视频1-6；1日龄断喙和接种疫苗一体化操作见视频1-7。断喙的要点是长短适度，上短下长。上喙在喙尖与鼻孔之间的中点偏前一点切断，下喙稍微留长一点。只有上短下长，咬不住东西，才有较好效果。种公鸡如果将来要自然配种，上下喙只能去喙尖，而且要上下整齐，以便配种时能咬住母鸡的鸡冠。

视频1-6

（扫码观看：苗鸡1日龄断喙）

视频1-7

（扫码观看：苗鸡1日龄断喙、疫苗注射）

图1-82　1日龄鸡机器断喙（孙卫东　供图）

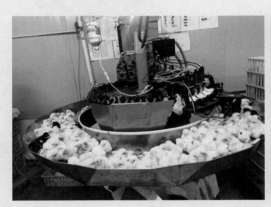

图1-83　1日龄鸡机器断喙和疫苗注射一体化（右图为刚断喙的雏鸡）（孙卫东　供图）

2.适应症

鸡的啄癖。

3.断喙不当

可见喙的灼伤，表现为喙上有一些结痂，见于喙被热（如烙铁）或化学物质灼伤；蛋鸡上喙过短或下喙过长，多由断喙时所切位置不当所致。鸡的断喙及断喙出现的一些情况，见图1-84（B）至图1-84（H）。断喙处的感染见图1-85。

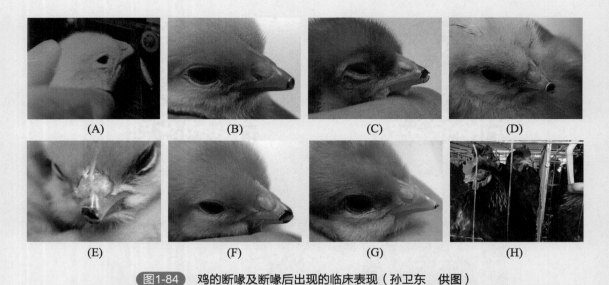

图1-84 鸡的断喙及断喙后出现的临床表现（孙卫东 供图）

（A）鸡的断喙操作；（B）断喙良好的鸡；（C）断喙温度过高；（D）断喙温度过高且断喙过多；
（E）断喙温度过高且偏向一侧；（F）断喙偏向一侧；（G）断喙过少；（H）断喙良好的鸡成年后喙的形态

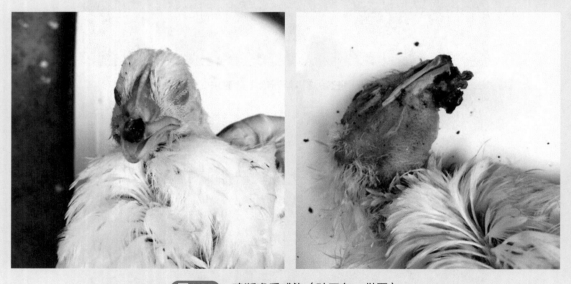

图1-85 鸡断喙后感染（孙卫东 供图）

二、鸡的阉割术

1.公鸡阉割术术式

（1）位置 公鸡的睾丸为于腹腔内肾脏的前方，呈豆形，淡黄色或橙红色。其位置在最后两肋骨处，两侧睾丸相距0.5～1厘米，其间有肠系膜，且主动脉及后腔静脉居于其间，阉割最适合的时间为2～3月龄，6个月以上的公鸡血管很发达，不易阉割，常因阉割后出血死亡。

（2）术前准备　术前禁食1天，并清理鸡舍；准备切口刀，开口弓，睾丸勺及套签等（见图1-86）。

（3）保定方法　将鸡翅在其根部扭交，将两翅向后拉并用细绳缚住，同时缚一细木杆。

（4）切口部位　常采用最后两肋之间，但较大的鸡也可于最后肋骨的后方，距离0.5厘米进行。

（5）阉割方法　先拔去术部羽毛，皮肤用酒精消毒，右手持切口刀，将皮肤和肌肉错开，沿肋骨的前缘作长约3厘米的切口，当切开腹壁后，用开口刀的钩子将皮肤、腹肌、腹膜同时钩住，并调节弓的弯曲度，使切口扩张大小适当（见图1-87）。左手持睾丸勺，将肠管轻轻向前下方拨开，就可以看到右侧睾丸，左侧睾丸位于其下，二者之间相隔一层薄膜，用刀柄末端将薄膜轻轻拨破，即可看到左侧睾丸，注意不要伤及肾脏，2月龄内较小的鸡不必破膜，向后拨开肠系膜根部即可。然后左手持睾丸套签，右手持睾丸勺伸向睾丸，借睾丸勺的帮助先套住下边的睾丸，这时用手指以拉锯方式上下拉住睾丸套签上的线端，睾丸即会脱落，再用睾丸勺取出（见图1-88）。用同法取出另一侧睾丸。取出睾丸后，解除开口弓，肋间切口不必缝合，但在髂区切口时，须缝合2～3针。用左手拇指压住切口，右手松开交扭的翅膀及缚住两翅的绳子，然后将鸡轻放地上。阉割过程见视频1-8。

（6）注意事项　手术结束后，将鸡轻轻放到地上，切勿追逐奔跑；保持鸡舍清洁卫生，防止伤口感染。

2. 适应症

提高肉的品质，使鸡肉鲜嫩味美、胴体瘦肉率高。

3. 并发症/继发症

① 术后若发现创口附近有气肿现象，可用注射针穿刺放气。② 术后伤口感染、皮下炎性渗出、腹膜炎（见图1-89）。

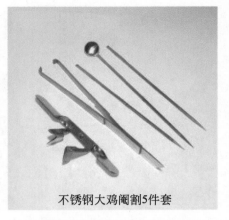

不锈钢大鸡阉割5件套

图1-86　鸡阉割不锈钢器械5件套（孙卫东　供图）

视频1-8

（扫码观看：公鸡阉割）

图1-87　公鸡阉割的切口（孙卫东　供图）

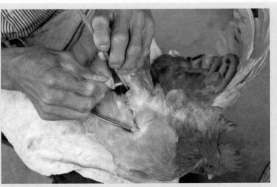

图1-88　从切口内取出睾丸（孙卫东　供图）

图1-89　术后伤口感染、皮下炎性渗
出（左）及腹膜炎（右）
（孙卫东　供图）

三、鸡的难产助产术

1.术式

让饲养员一手托住鸡的腹部，然后用小锤将蛋轻轻敲碎后，让蛋内容物流出，再在手指上涂适量的矿物油/食用油将手指伸入母鸡泄殖腔内轻柔地按摩，将蛋壳取出，最后再在泄殖腔内涂上抗生素软膏，防止继发细菌感染。若上述方法不能奏效，可通过手术经输卵管取出蛋，此法虽然在切口会留下疤痕，但在痊愈后仍会正常产蛋。

2.适应症

不同品种的蛋鸡（尤其是初产蛋鸡）的秘蛋。

四、鸡的人工授精技术

鸡的人工授精技术难度不大，容易掌握，设备简单，投资少。鸡的人工授精可以减少种公鸡的饲养量，自然交配时，一般鸡的公母比例为1∶（10～15）左右，而采用人工授精时，如按每周授精一次，则1只公鸡可配100只甚至更多的母鸡。生产实践中为保证种蛋的高受精率，一般多采用3～5天输精一次。按此计算，人工授精时鸡的公母比例多为1∶50左右。采用人工授精时，公母鸡是分笼饲养的。公鸡都采用单笼饲养，可减少鸡间的啄斗，降低死淘率。

1.准备

（1）器具的准备与消毒　常用的鸡人工授精器具包括保温杯、小试管、胶塞、采精杯、刻度试管、水温计、试管架、玻璃吸管、注射器、药棉、纱布、毛巾、胶用手套、生理盐水等，有条件的还可以购置一台显微镜，用来检查精液质量。集精杯、滴头等先用0.1%的新洁尔灭或0.1%的百毒杀浸泡，待刷洗用清水冲净后再用蒸馏水荡涤数次，然后放入消毒盒中加蒸馏水煮沸15分钟，晾干或烘干备用。

（2）种公鸡采精适应性训练　经选择留种的公鸡单独饲养至24周左右便可进行按摩训练。训练前应剪去公鸡泄殖腔周围的羽毛，使裸露区直径约5厘米并剪短两侧鞍羽，便于以后采精操作和收集精液。经过数次按摩调教，使公鸡对保定、按摩、采精过程形成条件反射。公鸡的保定、按摩、采精人员要固定。

2.采精与精液品质的评定

（1）采精 多采用按摩法采精，具体操作因场地设备而异。生产实际中多采用双人立式背腹部按摩采精法，现以笼养种鸡的采精输精为例，简要介绍其具体操作。

①保定：一人从种公鸡笼中用一只手抓住公鸡的双脚，另一只手轻压在公鸡的颈背部。②固定采精杯：采精者用右手食指与中指或无名指夹住采精杯，采精杯口朝向手背。③按摩：夹持好采精杯后，采精者用其左手从公鸡的背鞍部向尾羽方向抚摩数次，刺激公鸡尾羽翘起。与此同时，持采精杯的右手大拇指和其余四指分开从公鸡的腹部向肛门方向紧贴鸡体作同步按摩。当公鸡尾部向上翘起，肛门也向外翻时，左手迅速转向尾下方，用拇指和食指跨捏在耻骨间肛门两侧挤压，此时右手也同步向公鸡腹部柔软部位快捷地按压，使公鸡的肛门更明显地向外翻出。④采精：当公鸡的肛门明显外翻，并有射精动作和乳白色精液排出时，右手离开鸡体，将夹持的采精杯口朝上贴住向外翻的肛门，接收外流的精液。公鸡排精时，左手一定要捏紧肛门两则，不得放松，否则精液排出不完全，影响采精量。在采精时间上要相对固定，以给公鸡建立良好的条件反射，采精的次数因鸡龄不同而异，一般青年公鸡开始采精的第一月，可隔日采精一次，随鸡龄增大，也可一周内连续采精5天，休息两天。

（2）精液品质评定

① 精液的颜色：健康公鸡的精液为乳白色浓稠如牛奶。若颜色不一致或混有血、粪尿等，或呈透明，都不是正常的精液，不能用于输精。

② 射精量：射精量的多少与鸡的品种、年龄、生理状况、光照以及饲养管理条件有关，同时也与公鸡的使用制度和采精者的熟练程度有关。平均射精量为0.3～0.45毫升，其变化范围较大，可从0.05～1.00毫升。

③ 精液的浓度：一般把鸡精液浓度分为浓、中、稀三种，在显微镜下观察视野中精子的数量，一次射精的平均浓度为30.4亿个/毫升，其计算方法是用血细胞计数板一个视野中的精子数量而推算，范围在1～100亿个/毫升变化。

④ 精子活力：精子活力对蛋的受精率大小影响很大，只有活力大的精子才能进入母鸡输卵管，到达漏斗部使卵子受精，精子的活力也是在显微镜下观察，用精液中直线摆动前进的精子的百分比来衡量。

⑤ 精液的pH值：采精过程中，有异物落入其中是精液pH值变化的主要原因。正常的精液pH值通常为中性到弱碱性，6.2～7.4。精液pH值的变化影响精子的活力，从而也影响种蛋的受精率。

3.输精

（1）输精时间 从理论上讲，一次输精后母鸡能在12～16天内产受精蛋，但生产实际中为保证种蛋的高受精率，一般每间隔5天输精1次，肉鸡因其排卵间隔时间较蛋鸡长，同时生殖器官周围组织脂肪较多而肥厚，输精的间隔时间应短一些，一般3天为一个周期。每次输精应在大部分鸡产完蛋后进行，一般在下午3～4点以后。为平衡使用人力，一个鸡群常采用分期分批输精，即按一定的周期每天给一部分母鸡输精。

（2）输精量 输精量的多少主要取决于精液中精子的浓度和活力，一般要求输入8000万～1亿个精子，约相当于0.025毫升精液中的精子数量。

（3）输精部位与深度 在生产实际中多采用母鸡阴道子宫部的浅部输精，以翻开母鸡肛门看到阴道口与排粪口时为度，然后将输精管插入阴道口1.5～2厘米就可输精了。

（4）输精的具体操作及注意事项 生产实际中常采用两人配合。一人左手从笼中抓着母鸡双腿，拖至笼门口，右手拇指与其余手指跨在泄殖腔柔软部分上，用巧力压向腹部，同时握两腿的左手，一面向后微拉，一面用手指和食指在胸骨处向上稍加压力，泄殖腔立即翻出阴道口，将吸有精液的输精管插入，随即用握着输精管手的拇指与食指轻压输精管上的胶塞，将精液压入。注意母鸡的阴道口在泄殖腔左上方。目前绝大多数的生产场都采用新鲜采集不经稀释的精液输精。具体操作时宜将多只公鸡的精液混合后并在不超过半小时的时间内使用，以提高种蛋的受精率。人工采精输精的器具，应严格消毒，防止疾病的交叉感染。

4.输精易出现的一些问题

临床上由于输精器具消毒不严、精液稀释液含有细菌或输精操作不规范，往往会引起种鸡的泄殖腔炎（见图1-90）、输卵管炎（见图1-91）和腹膜炎（见图1-92）。

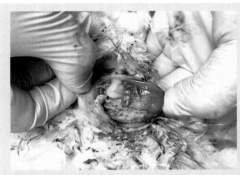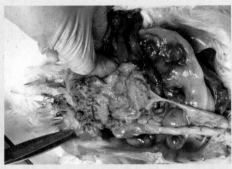

图1-90　因输精引起的鸡泄殖腔炎（左）和泄殖腔出血、坏死（右）（孙卫东　供图）

图1-91　鸡输卵管内炎性渗出物（左）引起炎症向腹腔蔓延（右）（孙卫东　供图）

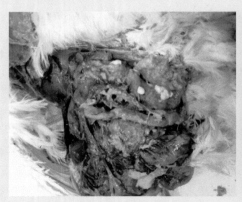

图1-92　鸡输卵管炎（左）引起的腹膜炎（右）（孙卫东　供图）

五、雏鸡雌雄鉴别法

在养鸡生产上，及早鉴别出公母雏鸡，对于育种和提高鸡场经济效益具有重要意义。

1. 肛门鉴别法

① 看肛门张缩：将出壳小鸡握在手中，使肛门朝上，吹开肛门周围的绒毛，用左右手拇指拨动肛门外壁，观察小鸡肛门张缩情况。拨动时如果肛门闪动快而有力，就是公鸡；如果闪动一阵停一会，再闪动一阵，张缩次数少而慢，同时容易将肛门翻开，就是母鸡。

② 翻肛门看生殖突起：先轻轻地握住刚出壳的小鸡，排掉它的粪便，再翻开肛门的排泄口，观察生殖突起的发达程度和状态。观察时主要是以生殖突起的有无和隆起的特征进行鉴别。公鸡的生殖突起（即阴茎）位于泄殖腔下端八字皱襞的中央，是一个小圆点，直径 $0.3 \sim 1$ 毫米，一般 0.5 毫米，且充实有光泽，轮廓明显。母鸡的生殖突起退化无突起点，或有少许残余，明显正常型的呈凹陷状。少数母鸡的小突起不规则或有大突起，但不充实，突起下有凹陷，八字皱襞不发达。有些公鸡的突起肥厚，与八字皱襞连成一片，并比较发达。这个方法最好是用来鉴别出壳 $12 \sim 24$ 小时内的小鸡。因为此时公母鸡生殖突起差异最明显，以后随着时间的推移，突起就会逐渐萎缩而陷入泄殖腔的深处，不容易鉴别。

③ 用仪器观察：把安在光学仪器尖端的小玻璃管，从小鸡肛门插入直肠内，通过肠壁来观察卵巢和睾丸，公鸡左右侧各有 1 个睾丸，呈黄色，形似香蕉；母鸡只在左侧有 1 个卵巢，三角形，呈桃红色，右侧卵巢退化。用这个方法同样要求熟练，否则会弄破肠壁影响鸡的健康成长，熟练后鉴别速度也较快，每 6 分钟可鉴别 100 只左右。

2. 伴性遗传羽毛鉴别法

① 用伴性遗传羽色来鉴别：是应用伴性遗传的羽色这一性状进行鉴别。由于亲代母鸡的白色羽毛这一性状是显性，亲代公鸡的红色羽毛这一性状为隐性，因而在子代小鸡中，凡是白色羽毛的都是公鸡，凡是红色羽毛的都是母鸡。例如，我国引进的罗斯、罗曼、伊莎、星杂 579 等肉鸡的商品代鸡，就是应用这个方法来鉴别小鸡公母的。

② 用伴性遗传快慢羽来鉴别：用速羽型的公鸡与慢羽型的母鸡进行交配，其子代小鸡凡是慢羽型的都是公鸡，凡是速羽型的都是母鸡。鉴别的操作方法是，将小鸡翅膀拉开，可看见两排羽毛，前面一排叫主翼羽，后面一排叫覆主翼羽，覆盖在主翼羽上。如果主翼羽的毛管比覆主翼羽的长，就是母鸡；如果两排翼羽平齐、不分长短，就是公鸡。

3. 体形外貌鉴别法

① 看羽毛：小鸡出壳后 4 天，开始换新羽毛，如果此时胸部和肩尖已有新羽毛长出，就是母鸡；没有新羽毛长出，就是公鸡，公鸡一般出壳后 7 天，胸部和肩尖才能见到新羽毛。兼用型鸡和杂交鸡可根据翅、尾羽生长的快慢来鉴别。一般小母鸡的翅、尾羽长得比小公鸡快。此外，翼羽形状在小鸡阶段公母也有区别。公鸡翅膀长出的新羽毛为尖形，母鸡的则为圆形；红羽品种小母鸡的翅羽颜色浅，公鸡较深。

② 看鸡冠和肉髯：鸡冠和肉髯是鸡的第二性征，一般来说，公鸡的冠基部肥厚，冠齿较深，颜色较黄，肉髯明显；母鸡的冠基部薄而矮小，冠齿较浅，颜色微黄或苍白，肉髯不明显。

③ 看外表：公鸡的外表特征是头大，眼圆有神；喙长而有尖钩，好啄斗；体长、眼高、脚粗，叫声粗短而声音清脆；行走时两只脚的脚印成一条直线，倒抓时双脚和头钩起，握在手中想挣脱，喂食时争吃，而且吃得快。母鸡与公鸡相反，头小，眼睛椭圆，反应迟钝，喙

短而圆直，性情温和；体圆、眼矮、脚颈细；握在手中无反抗能力，行走时两只脚的脚印互相交叉；叫声细长而声音尖嫩，倒抓时双脚和头伸直；开食迟，吃得慢。

4.出壳时间鉴别法

同一批孵化的雏鸡，20天半时出壳的公鸡占多数，第21天出壳的公母鸡数均等，第21天以后出壳的母鸡占多数。

此外，人们在生产实践中总结出雏鸡雌雄鉴别口诀，罗列如下：小鸡破壳刚下地，雌雄体态有差异；头大脚高常是雄，头小脚短是母鸡；母鸡厕屎向后蹲，公鸡走路直线行；用手轻摸鸡体尾，公略尖来母圆肥；抓住鸡脚倒提起，头部朝下是母鸡；把鸡抓起轻放下，若是公鸡跑得急；吹开尾巴看屁股，下有白点为公鸡；虽然此法非绝对，十有八九差不离。

六、鸡的强制换羽技术

1.停饲或/和限饲型强制换羽法

停饲是种鸡生产中应用最为广泛的换羽方法，这是因为这种方法既简单，又实用和经济，还能与光照和/或饮水的控制结合起来。停饲期间，种鸡可以利用自身体内额外的储备作为养分以维持生存，但产蛋停止。然而，众所周知停饲会引发分解代谢，从而导致异常生理机制的产生，如免疫力下降、行为异常，甚至死亡。不同程度的限饲是停饲换羽法可接受的替代方法，但是，其效果不仅取决于限饲的程度，而且取决于能诱发产蛋母鸡换羽的相关日粮的原料和养分密度。

2.可变养分日粮法

研究人员最近利用了促甲状腺素蛋白、不同种比例的苜蓿、醋酸美仑孕酮、苜蓿和寡聚糖诱发种鸡换羽。苜蓿之所以能用来诱发产蛋母鸡强制换羽，是因为它含有较高水平的粗蛋白和钙，同时其在肠道中的排空速度较慢，从而可获得较高的消化率和微生物发酵率。虽然不同养分密度的日粮已成功地用来诱发种鸡的强制换羽，但是要精确地定位到用于此目的的单个养分或某种饲料是非常困难的。同样，仅一种养分的缺乏可能会对种鸡的健康造成潜在的损害。

3.饲料添加剂法

通过向日粮中添加铜、锌、钠或铝等矿物质诱发换羽已被多方面的科学家所采用，以此提高换羽后的产蛋量。通过在饲料中添加高水平的铝盐或锌促使产蛋母鸡进行强制换羽都取得了成功。然而，在饲料中添加低浓度的锌，结合降低饲料的钙水平也能成功诱发产蛋母鸡换羽。利用低钠水平的日粮同样可作为强制换羽的限饲技术。铜也是一种有效的强制换羽制剂。与对照组相比，添加矿物质的换羽法已经能使换羽后的产蛋母鸡获得较好的生产性能。然而，利用含高水平矿物质的日粮进行强制换羽，已经引起了公众对健康问题的担忧，担心这些矿物质在蛋和肉中的潜在残留会影响人类健康。通过利用含有低矿物质水平的日粮，能将高矿物质残留风险降至最小，同时也能诱发产蛋母鸡换羽。

4.激素法

激素诱导型换羽法包括利用促性腺激素释放激素（GnRH）制剂和醋酸亮丙瑞林进行强制换羽。据报道，注射孕酮诱发换羽的母鸡可比对照组母鸡获得更高的产蛋量，这种换羽法已经成功地用于产蛋母鸡的强制换羽。利用甲状腺素也能有效地诱发产蛋母鸡换羽。与停饲法相比，采用孕酮法换羽的母鸡羽毛更换要多，但换羽后的产蛋率要低。激素型强制换羽法似乎不是一种实用的强制换羽方法，因为采用此方法换羽的母鸡生产性能多变，需高强度地捕捉，因而成本较高。因此，其他非停饲型强制换羽法似乎更适合一些，因为这些方法操作简单，母鸡换羽后产蛋性能高，经济收益提高。

5.强制换羽的理由和好处

强制换羽以其对提高生产力、降低成本和减少养禽业对种鸡场、商业养殖场和孵化场的工业性投资所产生的积极效应而被认为是合理的生产管理策略。强制换羽在经济和福利上的好处包括延长商品蛋鸡群的使用期、减少蛋鸡的饲养数量大约50%、减少公雏的孵出。强制换羽后的产蛋母鸡生产性能和蛋的质量参数明显得到提高，这些提高包括蛋较大、蛋壳质量提高和产蛋率上升，其所产蛋的蛋白质量、照蛋等级、蛋壳厚度、蛋比重和蛋壳结构都得到了改进。

6.强制换羽后种鸡/蛋鸡可能会出现的一些产蛋方面的问题

有一定比例的蛋鸡产出的鸡蛋有大有小（见图1-93）、蛋壳厚薄不等（见图1-94）、色泽不一（见图1-95）、出现色斑（见图1-96）、形状各异的畸形蛋（见图1-97至图1-114）等，应及时检查母鸡的健康状况、分析饲料的成分和/或者产蛋箱的污染等方面的因素，淘汰病鸡，提高管理水平，及早让母鸡进入第二个产蛋高峰。

图1-93 鸡蛋大小不一
（孙卫东 供图）

图1-94 鸡蛋的蛋壳变脆易碎（孙卫东 供图）

图1-95 鸡蛋的蛋壳色泽不同（孙卫东 供图）

图1-96 蛋壳上出现色斑（孙卫东 供图）

图1-97 蛋壳表面凹凸不平、粗糙不光（孙卫东 供图）

图1-98 脊状蛋壳略偏于鸡蛋小头（孙卫东 供图）

图1-99 鸡蛋顶部的脊状蛋壳（孙卫东 供图）

图1-100　芒果样鸡蛋
（孙卫东　供图）

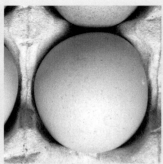

图1-101　方形鸡蛋
（孙卫东　供图）

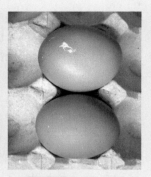

图1-102　圆形鸡蛋
（孙卫东　供图）

图1-103　蛋壳上的钙斑
（孙卫东　供图）

图1-104　蛋壳上的"环状
钙斑"（孙卫东　供图）

图1-105　蛋壳表面均匀的
颗粒状物（孙卫东　供图）

图1-106　蛋壳表面块状
沉积物（孙卫东　供图）

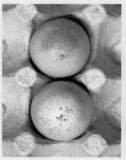

图1-107　蛋壳
局部的细颗粒状物
（孙卫东　供图）

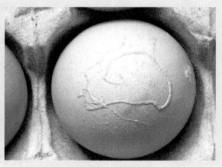

图1-108　蛋壳局部的环
形沉积物（孙卫东　供图）

图1-109　蛋壳局部的粗
颗粒状物（孙卫东　供图）

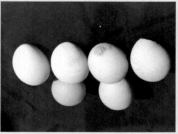

图1-110　蛋壳尖端的颗粒
状沉积物（孙卫东　供图）

图1-111　薄壳蛋（钙质沉
积不良）（孙卫东　供图）

图1-112　薄壳蛋
（缺少了大部分蛋壳）
（孙卫东　供图）

图1-113　无壳
蛋（无钙质沉积）
（孙卫东　供图）

图1-114　无壳
蛋（手压变形）
（孙卫东　供图）

七、苗鸡的挑选与转运

1.把好苗鸡的引进关

品质优良的健康苗鸡是养好鸡的基础，是提高养鸡效益的前提，也是提高育雏成活率的关键，因此选购苗鸡时应选择信誉好、有一定生产规模、经营管理好的鸡场。进苗鸡时一定要认真选雏，严防购入劣质（病/弱）雏鸡。初生雏鸡的强、弱分级标准见表1-9。

表1-9　初生强、弱雏鸡的分级标准

鉴别项目	强雏特征	弱雏特征
精神状态	活泼健壮，眼大有神	呆立嗜睡，眼小细长
腹部	大小适中，平坦柔软，表明卵黄吸收良好	腹部膨大、突出，表明卵黄吸收不良
脐部	愈合良好，有绒毛覆盖，无出血痕迹	愈合不良，大肚脐，潮湿或有出血痕
肛门	干净	污秽不洁，有黄白色稀便
绒毛	长短适中，整齐清洁，富有光泽	过短或过长，蓬乱沾污，缺乏光泽
两肢	两肢健壮，站得稳，行动敏捷	站立不稳，喜卧，行动蹒跚
感触	有膘，饱满，温暖，挣扎有力	瘦弱、松软，较凉，挣扎无力，似棉花团
鸣声	响亮清脆	微弱，嘶哑或尖叫不休
体重	符合品种要求	过大或过小
出壳时间	多在20.5～21天间准时出壳	扫摊雏、人工助产或过早出的雏

2.苗鸡的运输

代表着鸡苗从孵化厂搬至新"家"，其过程是一个繁琐而又至关重要的环节，如何让其从孵化厂顺利转移到鸡舍，是鸡养殖成功与否的第一步。运输中必须用经过消毒的专用运雏箱分箱分格装雏，密度适宜，装雏后的运雏箱要摆放平稳，码放整齐，做到不压不闷。运输车辆最好是专业的运输车（见图1-115），若用简易货车（见图1-116），则需要做好保温和通风。运雏时间冬春应在中午，夏季应选择早晚。途中要勤查雏鸡的动态，避免因堵车、车辆损坏等导致运输时间延长；避免因运输车辆降温/保温设施故障而引起苗鸡的脱水、"出汗""风寒"以及群呼吸困难等。尽快将苗鸡安全顺利地送达目的地。

图1-115　苗鸡运输专用车（孙卫东　供图）　　图1-116　运输苗鸡的简易货车（孙卫东　供图）

3.到舍苗鸡的抽检

每栋鸡舍抽检5盒鸡，看鸡苗数量与质量（脐带愈合、精神状况、有无死鸡等），进行称重、记录。有异议时应及时与鸡苗运输、孵化场、品保/动保中心联系、沟通处理。

第二章　走进鸡场发现影响鸡健康的因素

第一节　鸡场外环境的观察

　　鸡场整体规划和建设除了符合国家的法律法规的要求外，还应重点观察是否有利于防疫［即利用河流（见图2-1）、自然林木（见图2-2）等形成天然的隔离带］，是否有利于运输（即养鸡场交通要相对便利，方便物资、产品运输，降低运输成本）（见图2-3），是否有利于保护环境［即与周边的种植业（见图2-4和图2-5）相结合］，建立科学合理的养殖小区，加强粪便、污水的统一处理。应避免在地势低洼处建立鸡场（图2-6），防止水灾淹没鸡舍。

图2-1　利用河流作为鸡场的天然隔离带（孙卫东　供图）

图2-2　利用山体林木作为鸡场的天然隔离带（孙卫东　供图）

图2-3　建设有利于鸡场物质运输的道路（孙卫东　供图）

图2-4　与周围的种植大棚合理配置建立鸡场

图2-5　与周围的农田配套建立鸡场（孙卫东　供图）

图2-6　应避免在地势低洼处建立鸡场（孙卫东　供图）

第二节　进入鸡场，观察内环境

由于鸡疫病对养鸡场的经济效益和持续稳定发展至关重要，因此应在鸡场的入口处设立警示标志（见图2-7），避免鸡场无关人员及运输工具等进入，必须进入人员的消毒，为鸡场疫病的防控把好关口。

图2-7　鸡场入口处设立警示标志（孙卫东　供图）

一、需要进入鸡场的运输工具及人员

1.进入鸡场的运输工具的消毒

进出鸡场的运输工具是病原传播的媒介，为切断病原微生物的传播，必须在鸡场区入口处设置与门同宽、长4米深0.3米以上的消毒池，上方、两侧配备车辆喷雾消毒等设施（见图2-8），或在鸡场进出口设立压力感应喷雾消毒设施（见图2-9），需要进出鸡场的运输工具必须按照鸡场规定的消毒程序严格消毒。消毒池应定期更换消毒药，有条件时可在消毒池的顶部加盖顶棚（见图2-10），可避免雨水对消毒池内消毒液的影响。

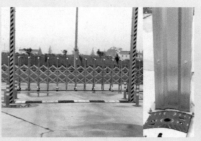

图2-8　进入鸡场的车辆消毒通道（孙卫东　供图）　　图2-9　进入鸡场的车辆压力感应喷雾消毒通道（右侧为局部放大的喷雾装置）（孙卫东　供图）　　图2-10　消毒池顶部加盖顶棚（孙卫东　供图）

2.进入鸡场人员的消毒

　　鸡场进出人员是病原流动的媒介，为防止病原微生物的感染与传播，达到预防鸡疫病（传染病与寄生虫病）的目的，必须按鸡场规定的消毒制度进行严格消毒。包括：清洁鞋底并消毒（见图2-11），进入鸡场装有紫外线灯消毒的房间（见图2-12）或进入专门设置的消毒通道（见图2-13，视频2-1和视频2-2），用消毒液洗手、擦脸，用酒精棉签洗耳、用漱口水漱口（图2-14）；分别通过男女消毒通道（见图2-15），进行两次淋浴（见图2-16）；换上鸡场内消毒工作服（或一次性隔离服）、雨靴或套上鞋套，佩戴口罩（见图2-17）；进入鸡场的养殖区（见图2-18）。

视频2-1

（扫码观看：进入鸡场人员通道的喷雾消毒）

视频2-2

（扫码观看：进入鸡场人员的消毒间喷雾消毒）

图2-11　用消毒喷壶消毒鞋底（左）或较反复踩踏鸡场门前消毒垫（右）（孙卫东　供图）　　图2-12　鸡场装有紫外线消毒灯房间的消毒时间提醒（孙卫东　供图）

图2-13　进入鸡场的各种人员消毒通道（孙卫东　供图）

图2-14　进入鸡场人员的洗手、洗脸（左）和洗耳、漱口（右）消毒（孙卫东　供图）　　图2-15　进入消毒通道（孙卫东　供图）

图2-16　进行两次淋浴（孙卫东　供图）　　图2-17　消毒后换鞋并套上鞋套（孙卫东　供图）　　图2-18　穿上胶靴和隔离服的人员进入养殖区（孙卫东　供图）

二、鸡场内环境的观察

1.鸡场内鸡舍的整体布局

可通过登高俯瞰鸡场鸡舍的整体布局，一般可见鸡舍的排列会依据地形地势、鸡舍的数量和每栋鸡舍的长度等设计为单列或双列（见图2-19）。也可通过鸡场的监控［整个鸡场监控（见图2-20）和鸡舍内部监控（见图2-21）］了解整个鸡场的情况。

图2-19　俯瞰鸡场排列整齐的鸡舍
（孙卫东　供图）

图2-20　整个鸡场的监控

图2-21　鸡舍内部的
监控（孙卫东　供图）

2.鸡场内的绿化

　　鸡场不提倡种植高大树木，多数种植灌木、草坪等进行绿化（见图2-22），但不能产生花粉花絮等；也可栽种一些蔬菜（见图2-23）、具有抗菌作用的草药、牧草等。

3.鸡场内人员的行走方向

　　沿着鸡场内的净道（见图2-24）向污道（见图2-25）的方向对鸡场进行观察。注意鸡场内净道和污道必须严格分开，不能交叉。

图2-22　鸡场内的绿化

图2-23　鸡场内种植的绿色蔬菜
（孙卫东　供图）

图2-24　鸡场内的净道

图2-25　鸡场的污道（孙卫东　供图）

视频2-3

（扫码观看：鸡舍顶部的无动力风扇
正常运转）

4.鸡场内鸡舍的外观及间距的观察

开放式鸡舍间距达到鸡舍高度的3～5倍时才能满足防疫、日照、通风、消防等要求，若过小则不利于疫病的防控（见图2-26）。日照、通风等因素对密闭式鸡舍的影响不大，可适当减小鸡舍间距（见图2-27）。有些鸡场鸡舍的顶部还装有无动力风扇（见图2-28和视频2-3）或设计有专门的通风排湿设施（见图2-29）。鸡舍屋顶的彩钢瓦的末端通道未封闭（见图2-30），可能会导致老鼠进入，掏空里面的保温材料，造成后续鸡舍的保温不好。

5.鸡舍电线的引入

从鸡舍外引进的电线，应在接线的地方加一个口向下的接管（见图2-31），尽量避免直接从外界电线上接线（见图2-32），避免雨水通过电线引进鸡舍，造成不必要的损失。或使用专业的接线器械连接电线（见图2-33）。

图2-26　鸡舍的间距过小

图2-27　封闭式鸡场的鸡舍间距可
适当缩小（孙卫东　供图）

图2-28 鸡舍顶部的无动力风扇

图2-29 鸡舍顶部专门的通风排湿设施（孙卫东 供图）

图2-30 鸡舍屋顶的彩钢瓦的末端通道未封闭（孙卫东 供图）

图2-31 从鸡舍外引进的电线在接线的地方有一个口向下的接管（孙卫东 供图）

图2-32 从鸡舍外的电线上直接接线进入鸡舍内（孙卫东 供图）

图2-33 从鸡舍外的电线上用专业的器械接线进入鸡舍内（孙卫东 供图）

三、鸡舍周边的巡查

1.鸡舍之间的环境观察

应除去鸡舍之间的杂草，保持其整洁、干净（见图2-34），或利用天然河流将其隔离开来（见图2-35）。不能无视鸡舍之间的杂草丛生（见图3-36）或鸡场废弃物的随意堆放（见图2-37），以防止为有害生物或昆虫等提供庇护之所。鸡舍之间禁止饲养其他家禽（如鸭、鹅等）（见图3-38），以防其他家禽的重要疫病传染给鸡场内的鸡。

图2-34 除去鸡舍之间的杂草，保持整洁、干净（孙卫东 供图）

图2-35　鸡舍之间利用天然的河流作阻断（孙卫东　供图）

图2-36　鸡舍之间杂草丛生

图3-37　鸡舍之间丢弃的杂物（孙卫东　供图）

图2-38　鸡场内鸡舍之间饲养的其他家禽（孙卫东　供图）

图2-39　引入鸡场饮水的沉淀消毒（孙卫东　供图）

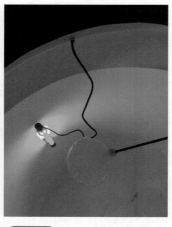

图2-40　引入鸡舍饮水的紫外线消毒（孙卫东　供图）

2.鸡舍的供水设施

（1）鸡场进入鸡舍水罐、水塔的要求　水是鸡最重要的营养物质之一，也是鸡机体最主要的组成成分，故鸡场必须重视鸡饮水的水质和水量。引入鸡场的水最好经过沉淀、消毒处理（见图2-39），也可在进入鸡舍的水罐中安装紫外线消毒灯（见图2-40）进行消毒；确保水塔、水罐（见图2-41）坚固、耐用，遮阴、保温，且便于清洗（见图2-42）。

图2-41　鸡场外水罐的上方
有遮阴设施，罐体有保温设施
（孙卫东　供图）

图2-42　鸡场内坚固的水塔（左）及其水塔下
方安装的清洗排水管道（右）（孙卫东　供图）

（2）鸡场进入鸡舍水塔、水罐出现的不规范现象　水塔的墙体出现剥脱（见图2-43），可能会引起墙体的倒伏；储水池的上部缺乏遮盖（见图2-44），可能会引起雨水的直接进入或有毒、有害或水池周边污水/有毒植物的腐殖质等进入；水罐上方缺乏遮挡设施，夏季可能会引起水温升高（见图2-45）；没有定期做好水塔、水罐的消毒工作，易引起水源性疾病的传播。

3. 鸡场的排水设施

鸡场排水沟的设置，主要是防止鸡场外的水进入鸡舍（见图2-46），同时注意主次排水沟的高度（见图2-47），以便及时排出鸡场积水（见图2-48）。

图2-43　水塔的
墙壁受到侵蚀、剥脱
（孙卫东　供图）

图2-44　鸡舍储水池缺乏遮阴设施，雨水
或其他物质可直接进入（孙卫东　供图）

图2-45 鸡舍外水罐缺乏遮阴和保暖
设施（孙卫东 供图）

图2-46 鸡场高低结合处必须设
置排水沟，防止高处雨水进入鸡舍
（孙卫东 供图）

图2-47 鸡舍次排水
沟的高度低于主排水沟
（孙卫东 供图）

图2-48 鸡场积水通过排水沟排出鸡场
（孙卫东 供图）

（1）鸡舍四周排水沟的设置　鸡舍距墙角30～50厘米处设置排水沟（见图2-49），这样有利于使鸡舍形成一个相对独立的隔离小环境，便于鸡舍湿度的控制及土源性疾病的防控。有条件时可在排水沟上方铺上漏缝地砖（见图2-50）。

图2-49 鸡舍门前的排水沟（左）和鸡舍侧面的排水沟（右）
（孙卫东 供图）

图2-50 在鸡舍四周
排水沟上铺上漏缝地砖
（孙卫东 供图）

（2）鸡舍运动场排水沟的设置　应在运动场上设置排水沟，及时排出鸡舍的积水。同时应该了解鸡喜欢刨坑的习性（见图2-51），平时注意这些坑的积水情况，及时用平时晒干消毒的土填上，避免下雨后刨坑内积水，鸡因喝了脏水（见图2-52）而生病。

图2-51　散养鸡在运动场上刨坑、玩耍（孙卫东　供图）

（3）鸡舍排水沟出现的不规范的现象　鸡舍四周无排水沟或排水沟排水不畅（见图2-53），则鸡舍外的积水易渗入鸡舍内部；高低鸡舍之间未设置排水沟（见图2-54），高处的水易流到低处的鸡舍，导致低处鸡舍湿度加大，增加了管理难度。鸡舍运动场无排水沟易导致鸡场积水（见图2-55）。

图2-52　鸡在运动场上喝脏水（孙卫东　供图）

图2-53　鸡舍四周无排水沟或排水沟排水不畅（孙卫东　供图）

图2-54　高低鸡舍之间缺乏排水沟（孙卫东　供图）

图2-55　鸡舍运动场无排水沟导致鸡场积水（孙卫东　供图）

4.鸡舍的通风和排烟设施

定期检查电源线路和风扇的运转情况（见图2-56和视频2-4），避免因线路、风扇故障而引起鸡舍内通风不足，及时清理排风扇上的灰尘（见图2-57）。检查排烟管与鸡舍屋檐的距离及防风/防雨装置（见图2-58），防止因排烟管伸出鸡舍过短（见图2-59）发生火灾，或因排烟管设置不当（见图2-60）引起烟倒灌，或因排烟管上方的防雨设施损坏（见图2-61），引起排烟管锈蚀。

图2-56 定期检查鸡舍纵向风机和侧风机的运转情况（孙卫东 供图）

图2-57 需要及时清理风扇上的灰尘（孙卫东 供图）

图2-58 良好的排烟管与鸡舍屋檐有一定的距离并带有防风/防雨装置（孙卫东 供图）

图2-59 排烟管口伸出鸡舍过短（左）或在水帘的上方（右）易发生火灾（孙卫东 供图）

图2-60 左图排烟管离鸡舍屋檐的距离太近（右侧为对照）易引起烟倒灌（孙卫东 供图）

图2-61 排烟管上方的防风/防雨装置丢失（孙卫东 供图）

5.鸡舍的供料设施

规模化的养鸡场一般装备有料塔（见图2-62），平时装料后应及时关闭顶盖（见图2-63），避免雨水的进入。隔一段时间需要检查料塔进口是否变形（见图2-64），料塔上顶盖的密封性（见图2-65），防止料塔顶盖的丢失。必要时为防止夏天料塔的温度过高，可在料塔的表面喷涂降温材料。应定期从料塔的观察口观察进入鸡舍料仓饲料的状态（见图2-66）。

图2-62　供给鸡场饲料的料塔（孙卫东　供图）

图2-63　料车卸完饲料后料塔的顶盖未关闭（孙卫东　供图）

图2-64　料塔的进口变形（孙卫东　供图）

图2-65　检查料塔顶盖的密封性，防止料塔盖的丢失（孙卫东　供图）

图2-66　定期通过料塔的观察口观察饲料的状态（孙卫东　供图）

6.鸡舍的保温和降温设施

规模化养鸡场的保温系统可能会装备有液化气站（见图2-67），平时需要检查气罐阀门的密封性，避雷装置等；大多数鸡场或鸡舍内是装有热风炉（见图2-68），平时需要检查设备的完好性。养鸡场的降温系统大多装有湿帘（见图2-69），用前需要检查其是否发霉和水垢是否太多（见图2-70），同时注意湿帘供水的水质，避免水中杂质对湿帘的影响。

图2-67　鸡场鸡舍内暖气供应系统中的供气站（孙卫东　供图）

图2-68　鸡场鸡舍内常用的热风炉（孙卫东　供图）

图2-69　鸡舍的湿帘降温系统（孙卫东　供图）

图2-70　鸡舍湿帘的霉变（左）和水帘内的水垢（右）（孙卫东　供图）

7.鸡舍的防敌害措施

在鸡舍的外围应留出至少2米的开放地带，因为鼠类一般不会穿越如此宽的空间。做好鸡舍墙壁的堵漏工作（见图2-71），做好鸡舍与外界相通管道的出口（见图2-72）防敌害网的安装工作，防止老鼠、黄鼠狼、蛇（见图2-73）、野猪等进入鸡舍。在鸡舍的窗户上设置防鸟网（见第一章图1-74），以防野鸟进入鸡舍内部（见第一章图1-73）。在鸡场内做好灭蝇（见图2-74）工作，为鸡营造良好的生活环境。

8.清粪设备

鸡舍内的清粪方式有人工清粪和机械清粪两种。小型鸡场一般采用人工定期清粪，中型以上鸡场多采用自动刮粪机机械清粪（鸡舍内清运粪便的传送带，见图2-75；与鸡舍外清运粪便的车辆连接的传送带，见图2-76）。

图2-71　做好鸡舍墙壁的堵漏工作（孙卫东　供图）

图2-72　鸡舍与外界相通管道的出口（孙卫东　供图）

图2-73　鸡舍外的蛇（孙卫东　供图）

图2-74　定期消灭养鸡场内的苍蝇（孙卫东　供图）
（A）、（B）养鸡场过道及粪便上的苍蝇；
（C）堆放饲料等贮藏间内的苍蝇；
（D）灭杀的苍蝇

9.其他设备

鸡场需要有发电设备（配电房见图2-77，配电房内的备用发电机见图2-78）或自备发电机（见图2-79）[以防断电造成的鸡热应激（中暑）死亡]，消毒器具及隔离防护用具（见图2-80），灭火设施（见图2-81）等。有些使用自拌料的鸡场还需要饲料加工设备（见图2-82）。

图2-75 鸡舍内的清粪传送带
（孙卫东 供图）

图2-76 鸡舍外清运粪便的车辆连接的传送带
（孙卫东 供图）

图2-77 鸡场的配电房
（孙卫东 供图）

图2-78 鸡场配电房内的发电机
（孙卫东 供图）

图2-79 鸡场备用的柴油发电机
（孙卫东 供图）

图2-80 穿隔离服的工作人员拿着消毒用喷雾器（孙卫东 供图）

图2-81 鸡舍内的灭火器（孙卫东 供图）

图2-82 小型养鸡场的饲料加工设备（贡奇胜 供图）

第三节　进入鸡舍，了解鸡群

视频2-5

进入鸡舍的人员需要经过鸡舍门前的消毒池/桶/盆再次消毒（见图2-83）后方可进入鸡舍。同时观察鸡舍与周遍道路的高度，做到鸡舍的高度高于道路的高度，避免鸡舍的高度低于道路的高度（见图2-84和视频2-5）。

（扫码观看：鸡舍内潮湿-鸡舍内地面高度低于道路高度）

图2-83　进入鸡舍人员的再次消毒（孙卫东　供图）

图2-84　鸡舍内部的高度高于路面的高度（左）和低于路面的高度（右）（孙卫东　供图）

一、查看生产记录和规章制度

从养鸡场的生产记录（见图2-85）中往往可以发现有价值的信息，这些信息有助于我们了解鸡群的免疫、用药（见图2-86）、鸡群目前的生产性能（见图2-87）及异常变化等。查看鸡舍内的相关规章制度是否张贴（见图2-88），并严格执行。

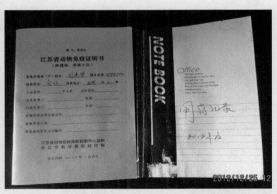

图2-85　鸡场的生产记录本

图2-86　鸡群的免疫、用药情况记录（孙卫东　供图）

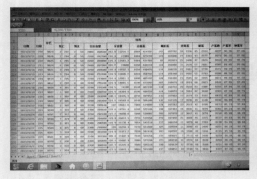

图2-87　鸡群的生产性能记录

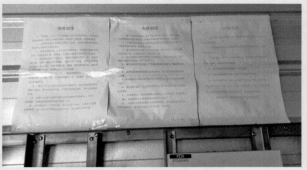

图2-88　鸡场的规章制度张贴于墙
（孙卫东　供图）

二、观察鸡群的表现

1.鸡群的整体状态

　　进入鸡舍，遵循先整体后个体，再从个体到整体的观察顺序，安静地观察鸡群15分钟，而不是走马观花。平时还要随机抓一些鸡进行观察或评估，只有这样，才能捕捉到鸡的异常行为变化，是平静还是躁动（见图2-89）？是否精神沉郁、食欲下降（见图2-90）？是否张口呼吸且/或伴有呼吸音的变化（见图2-91）？等等。

图2-89　观察鸡群是平静还是躁动
（孙卫东　供图）

图2-90　观察鸡群是否精神沉郁、食欲下降
（孙卫东　供图）

图2-91 观察鸡群张口呼吸且/或伴有呼吸音的变化（孙卫东 供图）

2.鸡群的分布

正常情况下，鸡群中的鸡只喜欢自由活动，分布较为均匀（见图2-92）；与之相反的是鸡群聚集成堆。如果鸡围绕热源打堆（见图2-93），除了鸡舍内温度过低外，常表明鸡群得了恶寒怕冷（内热外寒）性疾病，如鸡白痢、禽伤寒、禽副伤寒、鸡传染性支气管炎、鸡传染性法氏囊病、鸡支原体病、霉菌毒素中毒等；如果鸡远离热源打堆（见图2-94和视频2-6），除了鸡舍内温度过高外，往往是鸡舍出现了"贼风"。

视频2-6

（扫码观看：鸡舍内热源较热-鸡向四周分散-远离热源）

图2-92 鸡群分布较为均匀（孙卫东 供图）

图2-93 鸡围绕热源打堆（孙卫东 供图）

图2-94　鸡远离热源打堆（孙卫东　供图）

3.鸡群的分区

地面或网上平养的鸡最好根据鸡群的数量作适当的分区（见图2-95），这样既有利于限制鸡群的运动或因惊吓打堆引起的死亡，也有利于疾病的防控。

4.鸡群的饲养密度

过大会造成鸡群的拥挤，加重空气污浊，不利于鸡群健康生长（见图2-96）。

图2-95　鸡群须作适当的
分区（孙卫东　供图）

图2-96　鸡群饲养密度过大
（孙卫东　供图）

5.鸡群的个体表现

详见本书第四章至第十章中具体疾病的叙述。

6.鸡群的排泄物的检查

粪便的形态、数量及粪便内混合物的情况见本书第三章"鸡腹泻的诊断思路及鉴别诊断要点"中的叙述。

三、水线/水壶的观察

1.水线/水壶的整体分布

一般来说鸡每天的喝水量大于其采食量，为了鸡的健康，必须保证让鸡有足够的水位和水量。故鸡舍内水线的数量多余料线的数量，一般是两料线三水线，三料线四水线或四料线五水线（见图2-97）。水壶和料桶间隔排列（见图2-98）。注意观察水线/水壶的压力（见图2-99）及出水情况。

图2-97　鸡舍中水线与料线的分布（三料线四水线）（孙卫东　供图）

图2-98　鸡舍中水壶和料桶间隔排列（孙卫东　供图）

图2-99　检查水线的压力（左），让乳头有悬挂的水滴（右）（孙卫东　供图）

2.鸡舍饮水管理常常出现的不规范的现象

　　水线（壶）漏水（见视频2-7）引起垫料或漏水周围场地的潮湿（见图2-100、图2-101）；水线（乳头、导管）堵塞、断水（见图2-102、图2-103和视频2-8）；水箱、水线污染（见图2-104和图2-105），避免鸡饮用后引起水源性感染。应及时调水壶/水线的高度，使水壶的边缘或水线下托盘的高度与鸡背相齐（见图2-106），并定期清理、消毒水壶/水线等。

视频2-7

（扫码观看：水线乳头滴水）

视频2-8

（扫码观看：水线乳头断水）

图2-100　水线漏水，引起
垫料（左）和料槽（右）潮湿
（孙卫东　供图）

图2-101　水壶漏水，
引起水壶周围场地潮湿
（孙卫东　供图）

图2-102　水壶导管堵塞
（左）或未及时加水（右）
引起缺水（孙卫东　供图）

图2-103　水线断水（孙卫东　供图）

图2-104　鸡舍内水箱的饮水浑浊
（孙卫东　供图）

图2-105　水壶（左）或水线乳头下托盘（右）的污染（孙卫东　供图）

图2-106　随着鸡的长大及时调整水壶的高度（孙卫东　供图）

四、饲料及料线/料桶的观察

1.饲料的堆放

在鸡场或鸡舍内饲料堆放时应在下面铺上垫板，离开墙壁20～30厘米，尽可能做到"井"字形堆放，以便于通风和防潮（见图2-107）。饲料堆放不当会造成通风不良，易潮湿霉变（见图2-108）。

图2-107　饲料堆放下有垫板，但靠墙太近（孙卫东　供图）

图2-108　饲料的堆放离墙壁太近（上），鸡舍内堆放的饲料下缺乏垫板（下）（孙卫东　供图）

2.鸡场饲料常出现的不规范的现象

随着鸡的长大及时调整料捅/料线的高度，使料捅/料盘边缘的高度与鸡背相齐（至少高于鸡泄殖腔的高度）（见图2-109），或在料捅的上方加上尖盖（见图2-110），防止粪便污染饲料（见图2-111）；料线的上方应安装防止鸡站立的拉线（见图2-112），防止鸡蹲伏料线时将粪便拉到料盘中（见图2-113）；还要防止饲料被呕吐物污染（见图2-114）。饲料板积（见图2-115）、颗粒饲料中的粉末含量太高（见图2-116）、饲料的颜色不一（花料）（见图2-117）、饲料霉变（见图2-118）等，会引起鸡采食不足、生长缓慢。此外，料筒固定不佳、倒伏（见图2-119），饲料加的太满或鸡叨料（见图2-120）等，均会引起饲料浪费，人为造成料肉比提高。

图2-109　及时调整料捅/料线的高度，使其高度与鸡背相齐（孙卫东　供图）

图2-110　在料捅的上方加上尖盖（孙卫东　供图）

图2-111　料槽（左）或料筒（右）中的饲料被粪便污染（孙卫东　供图）

图2-112　料线上方设置的防鸡站立的拉线（孙卫东　供图）

图2-113　料线上方无防止鸡蹲伏的拉线，鸡蹲伏后排粪污染饲料（孙卫东　供图）

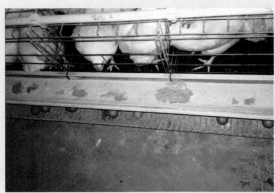

图2-114　料槽中的饲料被呕吐物污染
（孙卫东　供图）

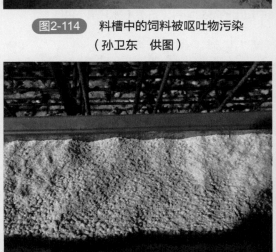

图2-115　料槽中的饲料板积
（孙卫东　供图）

图2-116　颗粒饲料中的粉末含量太高（左料
仓边缘碎末，右料盘）（孙卫东　供图）

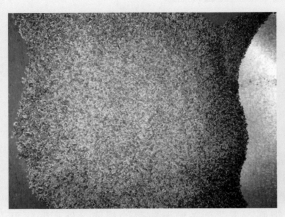

图2-117　饲料的颜色不一（花料）（孙卫东　供图）

图2-118　料槽中的霉变饲料（左）和从料槽中扫出的霉变饲料（右）（孙卫东　供图）

图2-119　料桶的饲料撒出（孙卫东　供图）　　　图2-120　饲料加的太满或鸡叨料，饲料落到垫料中（孙卫东　供图）

五、垫料/垫网/笼具的观察

1. 垫料

垫料对于地面平养鸡的保温至关重要，鸡舍检查时应注意垫料的厚度（太薄、太厚），是否潮湿、结块、发霉（见图2-121）等。平时在饲养管理过程中应将拆下来的饲料袋的封口线（见图2-122和图2-123）、订书钉（见图2-124）等及时收好，防止其混到垫料中给鸡造成不必要的伤害。

2. 垫网

垫网对于网上平养鸡隔断寄生虫意义重大。鸡舍检查时应注意垫网的平整度（见图2-125）、垫网的接缝处的连接（见图2-126）和垫网正反面的粗糙程度；同时关注网眼的大小和网眼内是否带刺（见图2-127）。避免因垫网网眼过小或垫网重叠过多引起垫网积粪（见图2-128），避免因垫网表面粗糙或网眼带刺对鸡腿部关节及脚垫的损伤（外观变化见图2-129、剖检变化见图2-130）等。

图2-121　垫料检查（右上为垫料过少，右下为垫料发黑、霉变，左侧为正常对照）（孙卫东　供图）

图2-122　饲料袋的封口线落在垫料中缠住鸡的脚（孙卫东　供图）

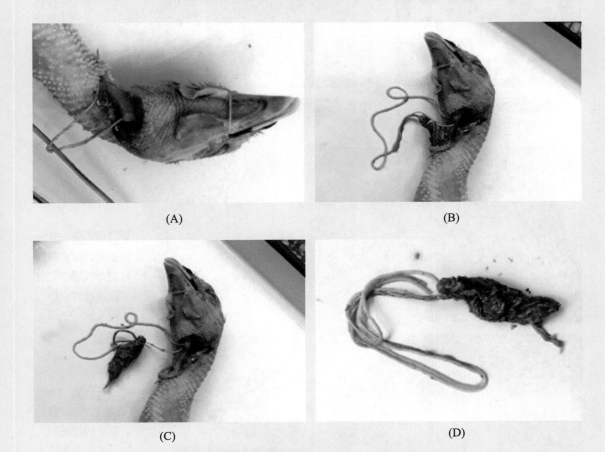

(A)

(B)

(C)

(D)

图2-123　鸡采食的线头挂在口角（孙卫东　供图）

（A）挂在鸡口角的线头；（B）（C）沿食道逐渐将线头拉出；（D）拉出的线团

图2-124 病鸡肌胃内壁的订书钉（孙卫东 供图）

图2-125 垫网不平整（孙卫东 供图）

图2-126 接缝间带有锐角刺（孙卫东 供图）

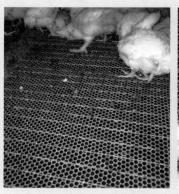

图2-127 垫网的网眼带刺（孙卫东 供图）

图2-128 垫网因网眼小（左）和重叠（右）积粪（孙卫东 供图）

图2-129 因垫网表面粗糙或网眼带刺对鸡腿部关节及脚垫的损伤（孙卫东 供图）

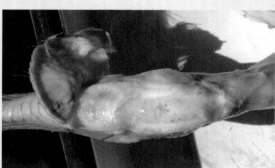

图2-130 垫网粗糙或网眼带刺引起的跗关节下方（左）和脚垫（右）的损伤（孙卫东 供图）

3.笼具

检查时应注意笼具的完好性，及时维修已经损坏的笼具，注意笼具底面的粗糙程度，避免其对鸡腿部关节、脚垫和脚趾关节损伤（见图2-131）等。

图2-131　蛋鸡脚垫和脚趾关节损伤（孙卫东　供图）

六、鸡舍内空气质量的观察

1.鸡舍内通风系统的检查

鸡舍的空气质量对于鸡呼吸道疾病的防控意义重大，必须检查鸡舍内顶窗开启的大小（见图2-132），风机的运转（及时维修或更换有故障的风机）（见图2-133），侧风板开口的大小及侧风板拉绳的松紧情况（见图2-134）等。

图2-132　检查鸡舍内顶窗开启的大小（孙卫东　供图）

图2-133　检查鸡舍内风机的运转情况（孙卫东　供图）

图2-134　检查侧风板开口的大小（左）及侧风板拉绳（右）的松紧情况（孙卫东　供图）

2.鸡场内空气质量出现的异常

粉尘含量高往往是清扫不及时或通风不良（见图2-135和图2-136）；排烟管接缝不严密、漏烟（见图2-137和视频2-9），加热煤炉封闭不严（见图2-138），或排烟管设置不当引起烟倒灌，造成一氧化碳中毒；或因通风不良引起有害气体（如氨气）中毒等。

视频2-9

（扫码观看：鸡舍内排烟管接口封闭不严-漏烟）

图2-135　未及时清扫鸡舍屋顶积聚的灰尘（孙卫东　供图）

图2-136　鸡舍通风不良，舍内粉尘含量高（孙卫东　供图）

图2-137　排烟管接缝不严密、漏烟（孙卫东　供图）

图2-138　加热煤炉封闭不严（孙卫东　供图）

七、鸡舍内其他事项的观察

1.光照系统

光照对于鸡的采食、性成熟、产蛋等有不可替代的作用，因此应注意鸡舍内光照系统的检查（见图2-139），及时发现灯泡的异常情况，更换坏了的灯泡。为保持鸡舍内的光照强度，应定期更换灯泡，并擦拭灯泡上的灰尘（见图2-140）。同时也应避免光照强度过强而引起鸡的啄癖。

图2-139　检查鸡舍内光照系统
（孙卫东　供图）

图2-140　定期擦拭灯泡上的灰尘
（孙卫东　供图）

2. 监控系统

　　监控系统是目前规模化养殖智能管理系统的重要组成部分，是鸡舍环境控制的核心组成部分，故应注意检查监控设施的探头及监控仪表（见图2-141），及时清理监控系统传感器上的灰尘，以保持传感系统的敏感性。

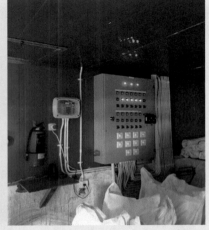

图2-141　检查监控设施的探头及监控仪表（孙卫东　供图）

3.其他设施

　　检查水线上的加药器（见图2-142），及时疏通加药器的管道，保持加药器的通畅及剂量准确；鸡舍内的燃气保温设施（见图2-143），热风管道送风（见图2-144）是否能正常；鸡舍内的音响（见图2-145）平时播放一些轻音乐，有助于鸡的安静和生长；鸡舍顶部的喷淋系统（见图2-146和视频2-10），有助于鸡舍的降温和降尘；鸡舍的温湿度计（见图2-147），有助于掌握鸡舍的温度和湿度；应该根据鸡的数量，合理设置产蛋箱（见图2-148和视频2-11）等。

视频2-10

（扫码观看：鸡舍顶部的喷淋设施）

视频2-11

（扫码观看：种鸡舍内产蛋箱的分布）

图2-142　检查水线上的加药器（孙卫东　供图）

图2-143　鸡舍内的燃气加热器（孙卫东　供图）

图2-144　鸡舍内的热风管道送风情况（孙卫东　供图）

图2-145　鸡舍内柱子上安装的音响（孙卫东　供图）

图2-146 鸡舍顶部的喷淋 系统（孙卫东 供图）

图2-147 鸡舍内的温湿度计（孙卫东 供图）

图2-148 鸡舍内的产蛋箱（孙卫东 供图）

4.病鸡的隔离

对病鸡进行及时的淘汰、隔离和治疗（见图1-149），有助于疾病的控制。但隔离最好有单独的房间，不能只拉一个网就认为就能起到隔离的作用，这样做最多只能说是隔断，反而会增加邻近隔网鸡的传染可能性。

图2-149 病鸡的隔离（左）和隔断（右）（孙卫东 供图）

第四节　商品肉鸡场的配套设施和设备

规模化商品肉鸡场的配套设施和设备　可参照表2-1和表2-2准备并执行。

表2-1　规模化商品肉鸡场设备设施配套简表

名称		设备型号	每栋鸡舍数量	肉鸡场设备设施配置				备注
				15万只	10万只	5万只	3万只	
架棚	447.2米²	钢制	2架	24架 10733米²	16架 7155米²	10架 4472米²	6架 2683米²	
喂料系统	自动料线	含杆秤	4条	48	32	20	12	自动料线电机功率0.75千瓦，主料线电机功率1.5千瓦
	主料线		1条	12	8	5	3	
	料塔		0.5台	6	4	3	2	
饮水系统	自动水线		4条	48	32	20	12	
	塑料水桶	600升	1个	12	8	5	3	
	水桶支架		1个	12	8	5	3	
	加药器		1台	12	8	5	3	
纵向通风系统	纵向通风机	FVF-T 1250	6台	72	48	30	18	配电机0.852千瓦
	水帘	3600×1800	4组	48	32	20	12	
横向通风系统	侧进风口	620×250	35个	420	280	175	105	
	自动铰链		1套	12	8	5	3	
	横向风机	Ø500	5台	60	40	24	14	
光照系统	照明线路（含灯）		4条	48	32	20	12	
	照明控制箱		1台	12	8	5	3	
采暖系统	燃烧炉 引风机	大号	16个 1台	192 12	128 8	76 5	44 3	配动力0.75千瓦
	烟囱	Ø300		12条 1032米	8条 688米	5条 412米	3条 240米	
自动系统			1套	12	8	5	3	

续表

名称		设备型号	每栋鸡舍数量	肉鸡场设备设施配置				备注
				15万只	10万只	5万只	3万只	
工器具	高压清洗机		1台	12	8	5	3	
	粪车		2辆	24	16	10	6	
	铁锹		3把	36	24	15	9	
	铁簸箕		3把	36	24	15	9	
	扫帚		3把	36	24	15	9	
	手钳		1把	12	8	5	3	
公用系统	变压器	S9		S9160 1台	S9100 1台	S980 1台	S950 1台	
	发电机组			50千瓦 1台	50千瓦 1台	30千瓦 1台	30千瓦 1台	
	供电系统			1套	1套	1套	1套	
	供水系统			1套	1套	1套	1套	
	压力罐			6米^2 1台	6米^2 1台	4米^2 1台	2米^2 1台	
	紫外线杀菌器			1	1	1	1	
	火焰喷射器			6	4	2	1	
	小客货车			1	1			

表2-2　规模化肉鸡场设备设施配套（解剖室、焚烧炉、饲料库、消毒室）

名称		设备型号	肉鸡场设备设施配置				备注
			3万只	5万只	10万只	15万只	
解剖室	解剖台		1个	1个	1个	1个	
	手术刀	含刀片	1把	1把	2把	2把	
	解剖盘		2个	2个	3个	4个	
	垃圾桶		1个	1个	1个	1个	
	清水桶		1个	1个	1个	1个	
	消毒药		2瓶	2瓶	2瓶	2瓶	
	洗手盆		1个	1个	1个	1个	
	毛巾、肥皂		1套	1套	1套	1套	

续表

名称		设备型号	肉鸡场设备设施配置				备注
			3万只	5万只	10万只	15万只	
焚烧炉	焚烧间		1个	1个	1个	1个	
	燃料		1宗	1宗	1宗	1宗	
	煤锹		1个	1个	1个	1个	
饲料库	颗粒机		1台	1台	1台	1台	
	垫板		1组	1组	1组	1组	
	铁锹		2张	2张	2张	2张	
	筛子		1个	1个	1个	1个	
	台秤		1台	1台	1台	1台	
	控制系统		1套	1套	1套	1套	
	笤帚		2把	2把	2把	2把	
	铁簸箕		1个	1个	1个	1个	
消毒室	消毒喷淋系统		1套	1套	1套	1套	
	水泵		1台	1台	1台	1台	
	消毒液水桶		1个	1个	1个	1个	
	条椅		2把	3把	4把	5把	
	更衣柜		3个	4个	5个	6个	
	垃圾桶		1个	1个	1个	1个	
	迎检物品	工作服	10套	10套	10套	10套	
		工作鞋	10双	10双	10双	10双	
		帽子	10顶	10顶	10顶	10顶	
		鞋套	10双	10双	10双	10双	
		口罩	10个	10个	10个	10个	

第三章 鸡疫病常见症状的鉴别诊断与防控策略

第一节 鸡疫病的诊断策略

一、了解疾病的发生经过

疾病是致病源（因素）与机体的损伤和抗损伤不断斗争的结果，其发展过程通常具有一定的阶段性（见图3-1和视频3-1），以生物性致病因素引起疫病的阶段性表现最为明显，通常分为四个阶段。

视频3-1（1）

（扫码观看：第一阶段-发病前）

视频3-1（2）

（扫码观看：第二阶段-潜伏期）

视频3-1（3）

（扫码观看：
第三阶段-前驱期）

视频3-1（4）

（扫码观看：
第四阶段-明显症状期）

视频3-1（5）

（扫码观看：
第五阶段-康复期）

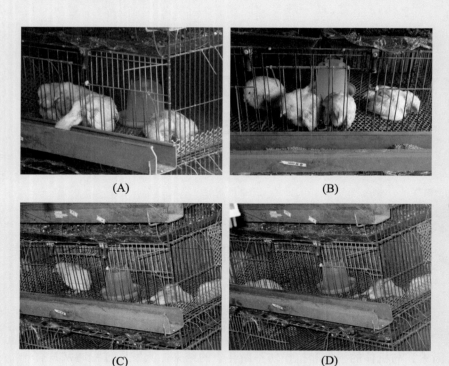

(A)　　　　　　　　　　(B)

(C)　　　　　　　　　　(D)

图3-1　鸡疾病的发生过程（孙卫东　供图）
（A）鸡精神萎靡、食欲下降；
（B）鸡精神沉郁、厌食；
（C）部分鸡死亡；
（D）全部死亡

1.潜伏期

又称隐蔽期。是指从病原（因）作用于机体时开始，至最早出现一般临床症状为止的时期。各种疾病潜伏期的长短是不一样的。同一种传染病也因病原微生物进入数量、毒力、途径和机体抵抗力不同而不同，通常烈性传染病潜伏期短，而慢性传染病潜伏期长。了解传染病的潜伏期对于制定该病的防疫、检疫、封锁、隔离等措施均具有重要的指导意义。在潜伏期中，机体会动员一切防御机能与致病源（因素）作斗争，如果防御机能能够克服致病因素的损害，则机体可不发病，反之，疾病继续发展，就会进入下一阶段（前驱期）。

2.前驱期

又称先兆期。是指疾病从出现一般症状开始到出现主要症状为止的时期，该期长短一般为几小时到1～2天，在这一阶段中，机体的活动及反应性均有所改变，出现一些前驱症状（如体温升高、精神沉郁、食欲减退等）。若疾病进一步发展，就会进入下一阶段（明显期）。

3.明显期

又称发病期（症状显现期）。是指疾病的典型（特征性）症状充分暴露出来的时期。由于这些症状有一定的特征性，所以对疾病的诊断很有价值，如病鸡高热、跗骨鳞片出血、颈部皮下胶胨样渗出、高发病率、高死亡率等为禽流感的典型症状。

4.转归期

又称终结期。是指疾病的结束阶段。在此阶段如果机体的抗损伤战胜了损伤，则疾病好转，临床症状逐渐消退，病理变化逐渐减轻，生理功能逐渐恢复正常，最后痊愈或不完全痊愈；如果机体的抗损伤力量过弱，而病理性损伤加剧并占绝对优势，则疾病恶化，甚至引起机体死亡。

二、鸡疫病诊断的流程

兽医技术人员在鸡病诊断时为了避免误诊，往往必须遵循一定的程序。其流程图见图3-2。

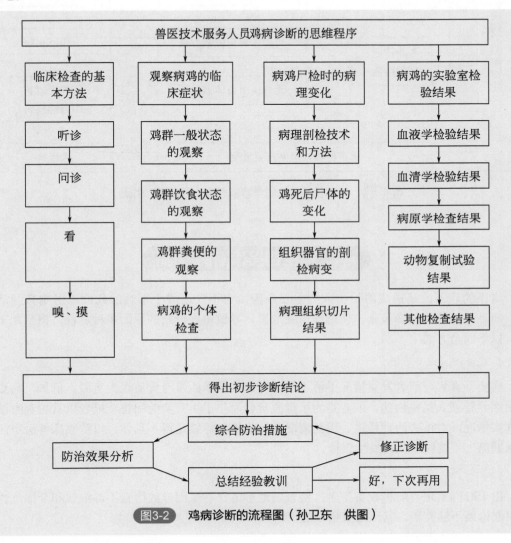

图3-2　鸡病诊断的流程图（孙卫东　供图）

三、鸡群发性疾病的归类诊断

鸡群发性疾病归类诊断的依据主要是：①是否具有传染性？其传播方式是水平传播、垂直传播还是不能传播？②起病和病程是起病急、病程短还是起病缓、病程长？③是否发热？④是否有典型的肉眼可见变化？是否有足够数量肉眼可见的寄生虫存在？⑤是否有接触毒物的病史等。鸡群发性疾病的归类诊断思路见图3-3所示。

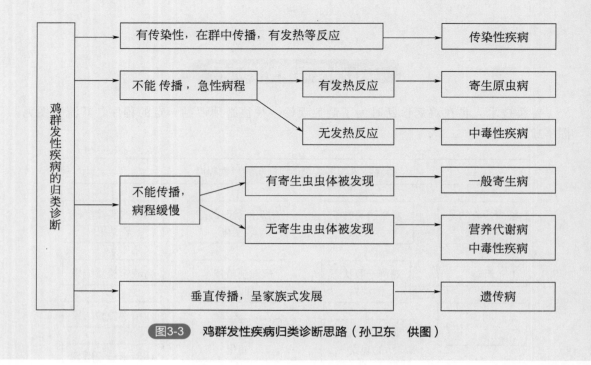

图3-3　鸡群发性疾病归类诊断思路（孙卫东　供图）

四、产生错误诊断的原因

错误的诊断，是造成防治失败的主要原因，它不仅造成个别鸡的死亡或影响其经济价值，而且可能造成疫病蔓延，使鸡群遭受危害。导致错误诊断的原因多种多样，概括起来可以有以下四个方面：

1.病史不全

病史不真实，或者发病情况了解不多，对建立诊断的参考价值极为有限。例如，病史不是由饲养管理人员提供的，或者是为了推脱责任而作了不真实的回答，或者以其主观看法代替真实情况，对过去治疗经过、用药情况及免疫接种等叙述得不具体，以致临床兽医不能真正掌握第一手资料，从而发生误诊。

2.条件不完备

由于时间紧迫，器械设备不全，检查场地不适宜等原因导致检查不够细致和全面，也往往引起诊断不够完善，甚至造成错误的诊断。

3.疾病复杂

疾病比较复杂，不够典型，症状不明显，而又急于做出诊治处理，在这种情况下，建立正确诊断比较困难，尤其对于罕见的疾病和本地区从来未发生过的疾病，由于初次接触，容易发生误诊。

4.业务不熟练

由于缺乏临床经验，检查方法不够熟练，检查不充分或未按检查程序进行检查，认症辨症能力有限，不善于利用实验室检验结果分析病情，诊断思路不开阔，而导致错误的诊断。

第二节　鸡疫病常见症状的鉴别诊断

一、鸡呼吸困难的鉴别诊断要点

（一）鸡呼吸系统疾病发生的感染途径及发病机理

呼吸道黏膜表面是鸡与环境间接触的重要部分，对各种微生物、化学毒物和尘埃等有害的颗粒有着重要的防御机能。呼吸器官在生物性、物理性、化学性、机械性等因素的刺激下以及其他器官的疾病等的影响下，削弱或降低呼吸道黏膜的屏障防御作用和机体的抵抗能力，导致外源性病原菌、呼吸道常在病原（内源性）的侵入和大量繁殖，引起呼吸系统的炎症等病理反应，进而造成呼吸系统疾病。其发生感染的途径见图3-4，其发病机理示意图见图3-5。

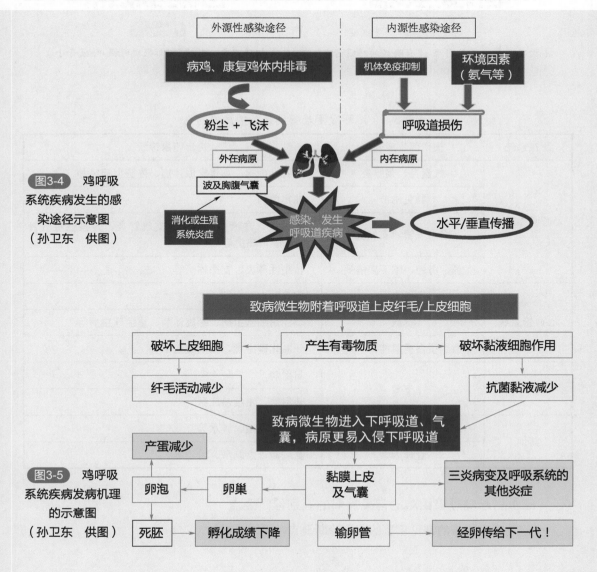

图3-4　鸡呼吸系统疾病发生的感染途径示意图（孙卫东　供图）

图3-5　鸡呼吸系统疾病发病机理的示意图（孙卫东　供图）

（二）鸡呼吸困难的诊断思路

当发现鸡群中出现以鸡呼吸困难为主要临床表现的病鸡时（见视频3-2和视频3-3），首先应考虑的是引起呼吸系统（肺源性）的疾病，同时还要考虑引起鸡呼吸困难的心原性、血原性、中毒性、腹压增高性等原因引起的疾病。其诊断思路见表3-1。

视频3-2

（扫码观看：呼吸困难-伴有明显的呼吸音）

视频3-3

（扫码观看：呼吸困难-张口呼吸-呼吸音小）

表3-1　鸡呼吸困难鉴别诊断的思维方法

所在系统	损伤部位或病因	初步印象诊断
呼吸系统	气囊炎、浆膜炎	大肠杆菌病、鸡毒支原体病、内脏型痛风等
	肺脏结节	曲霉菌病
	喉、气管、支气管	新城疫、禽流感、传染性支气管炎、传染性喉气管炎、黏膜型鸡痘等
	鼻、鼻腔、眶下窦病变	传染性鼻炎、支原体病等
心血管系统	右心衰竭	肉鸡腹水综合征
	贫血	鸡住白细胞虫病、螺旋体病、重症球虫病等
	血红蛋白携氧能力下降	一氧化碳中毒、亚硝酸盐中毒
神经系统	中暑	日射病
		热射病、重度热应激
其他	腹压增高性	输卵管积液、腹水等
	管理因素	氨刺激、烟刺激、粉尘等

（三）引起鸡呼吸困难的常见疾病的鉴别诊断要点

引起鸡呼吸困难的常见疾病的鉴别诊断要点，见表3-2。

表3-2　鸡呼吸困难的常见疾病的鉴别诊断要点

病名	鉴别诊断要点											
	易感日龄	流行季节	群内传播	发病率	病死率	粪便	呼吸	鸡冠肉髯	神经症状	胃肠道	心、肺、气管和气囊	其他脏器
禽流感	全龄	无	快	高	高	黄褐色稀粪	困难	发绀肿大	部分鸡有	严重出血	肺充血和水肿，气囊有灰黄色渗出物	腺胃乳头肿大出血
新城疫	全龄	无	快	高	高	黄绿色稀粪	困难	有时发绀	部分鸡有	严重出血	心冠出血、肺淤血、气管出血	腺胃乳头、泄殖腔出血
传染性支气管炎	3～6周龄	无	快	高	较高	白色稀粪	困难	有时发绀	正常	正常	气管分泌物增加	肾脏或腺胃肿大
传染性喉气管炎	成年鸡	无	快	高	较高	正常	困难	有时发绀	正常	正常	气管有带血分泌物	喉部出血
黏膜型鸡痘	中雏或成年鸡	无	慢	较高	较高	正常	困难	有时发绀	正常	正常	正常	口腔、咽部黏膜有痘疹，喉头有假膜
传染性鼻炎	8～12周龄	秋末初春	较快	高	低	正常	困难	有时发绀	正常	正常	上呼吸道炎症	鼻炎、结膜炎
大肠杆菌病	中雏鸡	无	较慢	较高	较高	稀粪	困难	有时发绀	正常	炎症	心包炎、气囊炎	肝周炎
慢性呼吸道病	4～8周龄	秋末初春	慢	较高	不高	正常	困难	有时发绀	正常	正常	心包、气囊有炎症、混浊	呼吸道炎症、肝周炎
曲霉菌病	0～2周龄	无	无	较高	较高	常有腹泻	困难	发绀	部分鸡有	正常	肺、气囊有霉斑结节	有时有霉斑
一氧化碳中毒	0～2周龄	无	无	较高	很高	正常	困难	樱桃红	有	正常	肺充血呈樱桃红色	充血

二、鸡腹泻的诊断思路及鉴别诊断要点

（一）鸡消化系统疾病发生的感染途径

消化道黏膜表面是鸡与环境间接触的重要部分，对各种微生物、化学毒物和物理刺激等有良好的防御机能。消化器官在生物性、物理性、化学性、机械性等因素的刺激下以及其他器官的疾病等的影响下，削弱或降低呼吸道黏膜的屏障防御作用和机体的抵抗能力，导致外

源性的病原菌、消化道常在病原（内源性）的侵入和大量繁殖，引起消化系统的炎症等病理反应，进而造成消化系统疾病的发生和传播（见图3-6）。由于鸡泄殖腔的特殊解剖结构（见图3-7），即鸡的泌尿、生殖及直肠共用一个开口，故在考虑影响鸡腹泻的因素时，应将思路进一步拓展，具体应该考虑的因素详见图3-8。

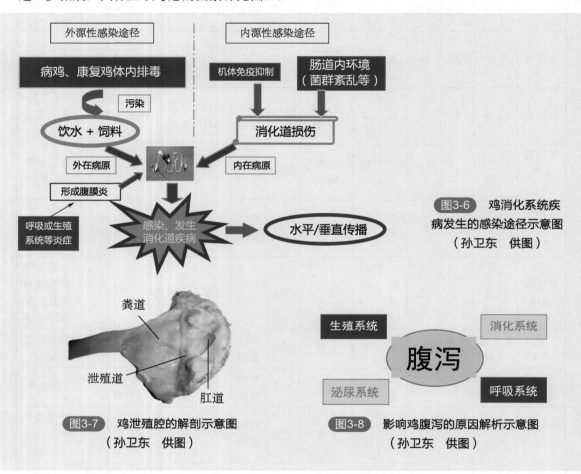

图3-6 鸡消化系统疾病发生的感染途径示意图（孙卫东 供图）

图3-7 鸡泄殖腔的解剖示意图（孙卫东 供图）

图3-8 影响鸡腹泻的原因解析示意图（孙卫东 供图）

视频3-4

（扫码观看：鸡腹泻-衰弱-泄殖腔周围沾有粪便）

（二）鸡腹泻的诊断思路

当发现鸡群中出现以腹泻为主要临床表现的病鸡时（见视频3-4），首先应考虑的是引起消化系统的疾病外，同时还要考虑引起与鸡腹泻相关的泌尿系统疾病以及饲养系统因素等引起的疾病。其诊断思路见表3-3。

表3-3　鸡呼吸困难鉴别诊断的思维方法

所在系统	损伤部位或病因		初步印象诊断
消化系统	消化器官	橡皮喙	雏鸡的佝偻病
		口腔炎症	鹅口疮、黏膜型鸡痘
		食道上的小脓疱	维生素A缺乏
		嗉囊炎	念珠菌病、嗉囊卡他等
		腺胃肿大	鸡传染性腺胃炎、马立克氏病、雏鸡白痢等
		腺胃乳头出血	鸡新城疫、禽流感、急性禽霍乱、喹乙醇中毒等
		肌胃糜烂	变质鱼粉中毒
		腺胃与肌胃交界处出血	鸡传染性法氏囊病
		肠道炎症	出血性肠炎、溃疡性肠炎、坏死性肠炎
		肠道寄生虫	蛔虫、绦虫等
	消化腺	肝脏肿瘤	鸡马立克氏病、鸡淋巴白血病、网状内皮增生症等
		肝脏的炎症	弧菌性肝炎、包涵体肝炎、盲肠肝炎
		肝脏上的点状坏死灶	禽霍乱、雏鸡白痢、伤寒、副伤寒等
		肝脏破裂	脂肪肝综合征、胆碱缺乏、马立克氏病等
		肝脏表面的渗出物	鸡大肠杆菌病、鸡毒支原体病、鸡痛风等
		胰腺出血和坏死	新城疫、高致病性禽流感
泌尿系统	肾脏尿酸盐沉积致肾脏功能异常		鸡传染性法氏囊病、肾型传染性支气管炎、痛风等
	肾脏的水重吸收功能受阻引起多尿症		橘青霉毒素、赭曲霉毒素中毒等
管理系统	饮水/饲料不洁或污染，饮水温度或高或低		鸡大肠杆菌病、鸡沙门氏菌病、肉鸡肠毒综合征等
	冬季冷风直接吹到鸡的身上		鸡受凉腹泻等
	饲料中麦类使用过多或酶制剂失效，引起过料、饲料便		鸡消化不良等

（三）引起鸡腹泻的常见疾病的鉴别诊断要点

引起鸡腹泻的常见疾病的鉴别诊断要点，见表3-4。

表3-4　引起鸡腹泻的常见疾病的鉴别诊断要点

病名	鉴别诊断要点											
	易感日龄	流行季节	群内传播	发病率	病死率	粪便	呼吸	鸡冠肉髯	神经症状	胃肠道	心、肺、气管和气囊	其他脏器
禽流感	全龄	无	快	高	高	黄褐色稀粪	困难	发绀肿大	部分鸡有	严重出血	肺充血和水肿，气囊有灰黄色渗出物	腺胃乳头肿大出血
新城疫	全龄	无	快	高	高	黄绿色稀粪	困难	有时发绀	部分鸡有	严重出血	心冠出血、肺淤血、气管出血	腺胃乳头、泄殖腔出血
传染性法氏囊病	3～6周龄	4～6月	很快	很高	较高	石灰水样稀粪	急促	正常	正常	出血	心冠出血	胸肌、腿肌法氏囊出血
禽霍乱	成年鸡	夏秋季	较快	较高	较高	草绿色稀粪	急促	部分鸡肉髯肿大	正常	严重出血	心冠脂肪沟有刷状缘出血	肝、脾脏有点状坏死灶
鸡白痢	0～2周龄	无	快	不高	较高	白色糊状粪便	困难	有时发绀	正常	出血	肺有坏死结节	肝脾肿大卵黄吸收不良
鸡副伤寒	1～3周龄	无	快	较高	较高	白色如水	正常	正常	正常	出血	心包炎	肝脾淤血表面有条纹状出血斑
败血型大肠杆菌病	中雏鸡	无	较慢	较高	较高	稀粪	困难	有时发绀	正常	炎症	心包炎、气囊炎	肝周炎
球虫病	4～6周龄	春夏季	较快	较高	较高	棕红色稀粪或鲜血便	正常	正常	正常	小肠盲肠出血	正常	小肠有时有坏死灶
蛔虫病	小于3月龄	无	慢	不高	不高	有时粪便带血	正常	正常	正常	小肠后段出血	正常	小肠有时有蛔虫和坏死灶
绦虫病	全龄	无	慢	不高	不高	粪便稀薄或带血样黏液	正常	正常	有时瘫痪	肠黏膜出血	正常	肠腔内有大量虫体
内脏型痛风	全龄	无	无	较高	较高	石灰水样稀粪	正常	正常	有时瘫痪	正常	心包膜有尿酸盐沉着	肾肿大呈花斑样、浆膜有尿酸盐沉着

三、鸡运动障碍的诊断思路及鉴别诊断要点

（一）鸡运动障碍的诊断思路

当发现鸡群中出现以运动障碍或跛行的病鸡时（见视频3-5），首先应考虑的是引起运动系统的疾病，其次要考虑病鸡的被皮系统是否受到侵害，神经支配系统是否受到损伤，最后还要考虑营养的平衡及其他因素。其诊断思路见表3-5。

视频3-5

（扫码观看：鸡运动障碍）

表3-5　鸡运动障碍的诊断思路

所在系统	损伤部位	临床表现	初步印象诊断
运动系统	关节	感染、红肿、坏死、变形	异物损伤、细菌/病毒性关节炎
	骨骼	变形、有弹性、可弯曲	雏鸡佝偻病、钙磷代谢紊乱、维生素D缺乏症
		变形或畸形、断裂，明显跛行	骨折、骨软症、笼养鸡产蛋疲劳综合征、股骨头坏死、钙磷代谢紊乱、氟骨症
		骨髓发黑或形成小结节	骨髓炎、骨结核
		胫骨骨骺端肿大、断裂	肉鸡胫骨软骨发育不良
	肌肉	腓肠肌（腱）断裂或损伤	病毒性关节炎
	肌腱	腱鞘炎症、肿胀	滑液囊支原体病
被皮系统	脚垫	肿胀	滑液囊支原体病
		表皮脱落	化学腐蚀药剂使用不当、湿度过大等
	脚趾	肿瘤	趾瘤病、鸡舍及场地地面的湿度太大
神经支配系统	中枢神经	脑水肿	食盐中毒、鸡传染性脑脊髓炎
		脑软化	硒缺乏症、维生素E缺乏症
		脑脓肿	大肠杆菌性脑病、沙门氏杆菌性脑脑等
	外周神经	坐骨神经肿大，劈叉姿势	鸡马立克氏病
		迷走神经损伤，扭颈	神经型新城疫
		颈神经损伤，软颈	肉毒梭菌毒素中毒
营养平衡系统	脚垫	粗糙	维生素A缺乏症
		红掌病（表皮脱落）	生物素缺乏症
	关节	肿胀、变形	鸡痛风
	肌肉	变性、坏死	硒缺乏症、维生素E缺乏症
	肌腱	滑脱	锰缺乏症
	神经	多发性神经炎，观星姿势	维生素B_1缺乏症
		趾蜷曲姿势	维生素B_2缺乏症
其他	眼	损伤	眼型马立克氏病、禽脑脊髓炎、氨气灼伤等
	肠道	消化吸收不良（障碍）	长期腹泻、消化吸收不良等
		慢性消耗性、免疫抑制性疾病	鸡线虫/绦虫病、白血病、霉菌毒素中毒等

（二）引起鸡运动障碍的常见疾病鉴别诊断

引起鸡运动障碍的常见疾病鉴别诊断，见表3-6。

表3-6　鸡运动障碍的常见疾病鉴别诊断要点

病名	鉴别诊断要点										
	易感日龄	流行季节	群内传播	发病率	病死率	典型症状	神经	肌肉肌腱	关节肿胀	关节腔	骨、关节软骨
神经型马立克病	2～5月龄	无	慢	有时较高	高	劈叉姿势	坐骨神经肿大	正常	正常	正常	正常
病毒性关节炎	4～7周龄	无	慢	高	小于6%	蹲伏姿势	正常	腱鞘炎	明显	有草黄色或血样渗出物	有时有坏死
细菌性关节炎	3～8周龄	无	较慢	较高	较高	跛行或跳跃步行	正常	正常	明显	有脓性或干酪样渗出物	有时有坏死
滑液囊支原体病	4～16周龄	无	较慢	较高	较高	跛行	正常	腱鞘炎	明显	有奶油样或干酪样渗出物	滑膜炎
关节型痛风	全龄	无	无	较高	较高	跛行	正常	正常	明显	有白色黏稠的尿酸盐	有时有溃疡
维生素B_1缺乏症	无	无	无	较高	较高	观星姿势	正常	正常	正常	正常	正常
维生素B_2缺乏症	2～3周龄	无	无	较高	较高	趾向内蜷曲	坐骨、臂神经肿大	正常	正常	正常	正常
锰缺乏症	无	无	无	不高	不高	腿骨短粗、扭转	正常	腓肠肌腱滑脱	明显	正常	骨一骺肥厚
雏鸡佝偻病	雏鸡	无	无	高	不高	橡皮喙龙骨"s"状弯曲	正常	正常	正常	正常	肋骨跖骨变软
笼养鸡产蛋疲劳综合征	产蛋期	无	无	高	不高	蹲伏、瘫痪	正常	正常	正常	正常	正常

四、鸡免疫抑制性疾病的诊断思路及鉴别诊断要点

（一）鸡免疫抑制性疾病的诊断思路

当鸡群出现以免疫失败时，不仅应考虑免疫抑制性疾病，还要考虑其他可能导致鸡产生免疫抑制的因素。其诊断思路见图3-9。

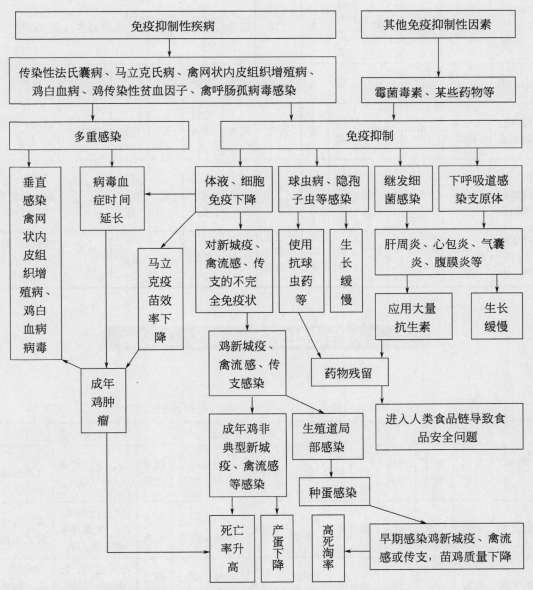

图3-9　免疫抑制性疾病和免疫抑制性因素致多重感染及继发感染示意图（孙卫东　供图）

（二）引起鸡免疫抑制常见疾病的鉴别诊断

见表3-7。

表 3-7　引起鸡免疫抑制常见疾病的鉴别诊断

病名	鉴别诊断要点											
	易感日龄	流行季节	群内传播	发病率	病死率	粪便	呼吸	鸡冠肉髯	神经症状	胃肠道	心、肺、气管和气囊	其他脏器
内脏型马立克病	2～5月龄	无	慢	有时较高	高	正常	正常	萎缩	部分鸡有	各脏器多可形成肿瘤		
白血病	6～18月龄	无	慢	低	高	正常	正常	萎缩	有时瘫痪	有肿瘤	有时有肿瘤	肝肿大
传染性贫血病	2～4周龄	无	较慢	较高	高	正常	困难	苍白或黄染	无	贫血	贫血	肌肉、骨髓苍白
网状内皮组织增殖病	无	无	急性快；慢性较长	有时较高	高	白色稀便	正常	萎缩或苍白	无	有时有肿瘤	有时有肿瘤	胰腺、性腺、肾脏有时有肿瘤
传染性法氏囊病	3～6周龄	4～6月	很快	很高	较高	石灰水样稀粪	急促	正常	无	出血	心冠出血	胸肌、腿肌、法氏囊出血

五、鸡急性败血症常见疾病的鉴别诊断

见表3-8。

表 3-8　鸡急性败血症常见疾病的鉴别诊断要点

病名	鉴别诊断要点											
	易感日龄	流行季节	群内传播	发病率	病死率	粪便	呼吸	鸡冠肉髯	神经症状	胃肠道	心、肺、气管和气囊	其他脏器
禽流感	全龄	无	快	高	高	黄褐色稀粪	困难	发绀肿大	部分鸡有	严重出血	肺充血和水肿，气囊有灰黄色渗出物	腺胃乳头肿大出血
新城疫	全龄	无	快	高	高	黄绿色稀粪	困难	有时发绀	部分鸡有	严重出血	心冠出血、肺淤血、气管出血	腺胃乳头、泄殖腔出血

续表

病名	鉴别诊断要点											
	易感日龄	流行季节	群内传播	发病率	病死率	粪便	呼吸	鸡冠肉髯	神经症状	胃肠道	心、肺、气管和气囊	其他脏器
传染性法氏囊病	3～6周龄	4～6月	很快	很高	较高	石灰水样稀粪	急促	正常	正常	出血	心冠出血	胸肌、腿肌法氏囊出血
传染性支气管炎	3～6周龄	无	快	高	较高	白色稀粪	困难	有时发绀	正常	正常	气管分泌物增加	肾脏或腺胃肿大
传染性喉气管炎	成年鸡	无	快	高	较高	正常	困难	有时发绀	正常	正常	气管有带血分泌物	喉部出血
禽霍乱	成年鸡	夏秋季	较快	较高	较高	草绿色稀粪	急促	正常	正常	严重出血	心冠脂肪沟有刷状缘出血	肝、脾脏有点状坏死灶
大肠杆菌病	中雏鸡	无	较慢	较高	较高	稀粪	困难	有时发绀	正常	炎症	心包炎、气囊炎	肝周炎
球虫病	4～6周龄	春夏季	较快	较高	较高	棕红色稀粪或鲜血便	正常	正常	正常	小肠盲肠出血	正常	小肠有时有坏死灶
鸡白痢	1～3周龄	无	较慢	较高	较低	白色稀粪	困难	不明显	正常	出血	心、肺有出血斑点	有坏死灶

六、鸡胚胎病的鉴别诊断

（一）鸡胚胎发育的透视特征

第1天：种蛋孵化15～20小时，蛋内有一个光亮的圆珠，随蛋黄转动，俗称"白光珠"。

第2天：白光珠变暗红，并逐渐扩大，形成樱桃状小血饼，俗称"樱桃珠"。

第3天：在扩大的小血饼中间，初有血丝出现，随后呈现蚊虫状鸡胚，俗称"蚊虫珠"。

第4天："蚊虫珠"长大，似小蜘蛛状，血丝分布若蛛网，此时鸡胚不再随蛋黄转动，定位于蛋的一面称为正面，而背面很光亮，俗称"小蜘蛛"。

第5天："小蜘蛛"长大，如大蜘蛛，头部明显见于有一黑眼，这个黑色的眼点，俗称"单珠""黑眼"。

第6天：在"大蜘蛛"头部和身躯呈现两个黑圆点，俗称"双珠"。

第7天：在大蜘蛛附近羊水增多，已布满血丝，称"沉"。

第8天：胚胎在羊水中时沉时浮，胚胎浸沉在羊水中，蛋正面若隐若现，似游泳状，俗称"浮"。

第9天：此时蛋正面不再有特征形态，在蛋背面的左右两边可见到有尿囊暗影向中心合拢，并有血管伸入蛋白中，俗称"发边"。

第10天：左右血管区在气室下首先吻合，尿囊暗影也迅速自左右向中央发展，继而血管伸至蛋的小头，俗称"到底"。

第11天：尿囊暗影在蛋的背面中央合拢，并向蛋的小头下沉，俗称"暗影扩大"。

第12～16天：尿囊暗影继续向蛋的小头下沉、扩大，俗称"暗影下沉"。

第17天：尿囊暗区完全充满蛋的小头，呈暗色，近气室端发红，俗称"封门"或"红口"。

第18天：蛋的大头气室与暗影间，仍发红发亮，并见有血丝，俗称"红口"。

第19天：气室先呈现倾斜状，蛋互相撞击时发出空洞声。继而在气室内可看到翅膀、颈部的暗影闪动，并可听到雏鸡在壳内鸣叫，俗称"斜口""开壳""闪毛""隐叫"。

第20天：雏鸡普遍隐叫，啄壳，并有部分雏鸡出壳，俗称"啄壳"。

第21天：在20天半时，雏鸡已大批出壳，俗称"出壳"。

（二）鸡胚胎病的鉴别诊断

见表3-9。

表3-9 鸡胚胎病的鉴别诊断

种蛋入孵时间	所见病变	临床表现	初步印象诊断
5～6天（头照）	死亡	多数在7天之前死亡，胚盘出血	维生素E缺乏
		有的胚胎在第1天就死亡，胚盘边缘不平，发育缓慢	久存的种蛋
		1～2天内多数死亡，检查可见白芝麻粒状胚盘	冻蛋
		死胚充血、出血	孵化温度短期过高
	胚胎发育不正常	有许多血环、怪胎，蛋白吸收过早，羊膜、尿囊上有囊肿	孵化温度长期偏高
		胚体肿胀，蛋白变深，有不良的气味	细菌污染种蛋
19天（二照）	死亡	种蛋减轻	维生素B_2缺乏
		全身水肿，肌肉萎缩，卵黄、肝脏、心脏出血	维生素B_{12}缺乏
		皮肤高度水肿，肝脏变性，肾脏肿大	维生素D缺乏
		肾脏肿大，且有尿酸盐沉积	维生素A缺乏
		尿囊膜血管充血，皮肤、内脏充血和点状出血	孵化温度过高
		皮肤、内脏充血、出血，心脏结构残缺	换气不足
出雏时	死胚	胚体蜷曲，颈部粘连，腿部弯曲，头部水肿，蛋黄黏稠	维生素B_2缺乏
		肌肉萎缩，卵黄囊、肝脏、心脏出血，肝脏脂肪蓄积	维生素B_{12}缺乏
		皮下水肿、出血，眼睛的晶状体浑浊	维生素E缺乏
		在肾脏、肠系膜、心脏和卵黄囊上有尿酸盐沉积	维生素A缺乏
		肝脏、肺脏肿胀，有效的坏死灶，肠内有白色内容物	鸡白痢
		肝脏松弛，色泽不均匀，心脏、肠道有点状出血，胆囊扩张，脾脏肿大	鸡副伤寒

续表

种蛋入孵时间	所见病变	临床表现	初步印象诊断
出雏时	死胚	耳鼻道阻塞，内脏器官有灰色结节	鸡曲霉菌病
		脐部积有黏液，腹壁肿大有干酪样物质，卵黄灰褐色并且稀薄	脐炎
		皮肤充血，胎位不正，头在卵黄囊中	孵化温度短期过高
		多数死亡胚胎能啄破蛋壳，但不能吸收卵黄，留下浓厚蛋白，肠道充血，心脏变小	孵化温度长期过高
		胎位不正，头部位于蛋的尖端，皮肤出血，粘连	换气不足
新生雏	衰弱	出壳过早，雏鸡小，卵黄吸收不良，脐孔未愈	孵化温度偏高
		出壳早，雏污秽，羽毛颜色不佳，黏附着蛋壳	孵化温度过高
		羽毛蜷曲，颈部粘连，腿瘫痪	维生素 B_2 缺乏
		出壳推迟，幼雏委顿，站立困难，蛋壳污秽	孵化期停止供热
		出壳推迟，皮肤和绒毛的颜色不佳，眼中有干酪样物质	维生素 A 缺乏
		出壳延长、软骨、上颌变短	维生素 D 缺乏
		大卵黄	鸡白痢
		脐孔发炎	脐炎

第三节　鸡场疫病的防控策略

一、鸡场疫病的防控原则

随着规模化、集约化、信息化养鸡场的大量出现，我国养鸡业得到了高速发展，现已成为世界养鸡大国。但是由于受到一些传统养殖观念等方面的束缚，我国养鸡业仍然存在疫病（传染病、寄生虫病）多发的现状，导致死淘率高、出栏率低、生产效率低，成为困扰我国养鸡业发展的瓶颈。因此，在鸡场疫病防控上必须转变防控疫病的观念，实行健康饲养，增强鸡的体质和天然免疫力，以全面落实生物安全要求的健康养殖为基础，牢固树立"养重于防、防重于治、养防结合、综合防控"的鸡病综合防控原则。

由于目前鸡场疫病具有发病非典型化、多病原混合感染和继发感染等现象。规模化鸡场要定期对鸡群进行病原学和血清抗体监测，推行"定点、定期、定量、定性"的四定监测模式，建立鸡群的健康档案，以便正确认识和处理鸡场疫病防控过程中群体与个体的关系，明确鸡场防疫的对象是群体而不是个体，鸡场防疫的着眼点应该是使整个群体具有较高的健康生产水平，淘汰残次病鸡，消除隐患。因而，必须树立防控鸡病的新观念，必须要加强饲养管理，满足鸡的营养需要，创造良好洁净的生长环境，尽可能减少鸡群遭受外来病原微生物的侵袭，以提高鸡群的健康水平和抗病能力，控制和杜绝鸡群中疫病的传播和蔓延，降低发病率和死亡率。

二、鸡场疫病流行的三个基本环节

鸡场的疫病是如何从个体感染发病，扩展到群体流行。这一过程的形成，必须具备三个相互连接的必要的环节，即传染源、传播途径和易感动物（见图3-10）。

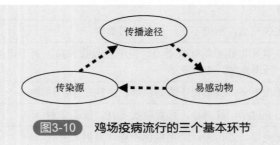

图3-10 鸡场疫病流行的三个基本环节

（一）传染源

指体内有病原微生物，并能通过一定途径（如唾液、鼻腔分泌物、粪便、尿液、血液）向体外排出这些病原的鸡称为传染源。包括患病鸡和带菌、带毒鸡。病原排出后所污染的外界环境（如土壤、水、工具、饲槽、饮水器、鸡舍、空气和其他动物等）称为传染媒介。患病鸡在前驱期和发病期排出的病原体数量大、毒力强、传染性强，是重要传染源。而那些带菌、带毒鸡，不表现明显临床症状，呈隐性传染，但病原可以在体内生长繁殖，并不断排出体外，因此它们是最危险的传染源，最容易被人们所忽视，只有通过实验室检验才能检查出来，还可以随动物的移动散播到其他地区，造成新的暴发或流行。病原由传染源排出的途径见图3-11。

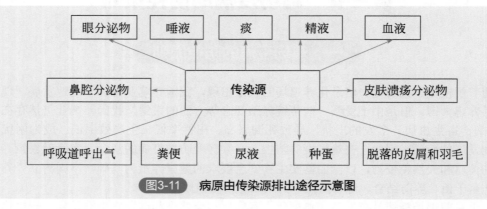

图3-11 病原由传染源排出途径示意图

（二）传播途径

病原由传染源排出后，经一定方式侵入其他易感鸡所经过的途径称为传播途径。传染病的传播可分为水平传播和垂直传播两大类，水平传播又分为直接接触传播和间接接触传播两种传播方式。

1.水平传播

① 直接接触传播：指在没有任何外界因素参与下，由健康鸡与患病鸡直接接触（如交

配）而引起的传染，此种传染方式的传播范围有限，传播速度缓慢，不易造成大的流行。

② 间接接触传播：空气传播，病原体通过空气（气溶胶、飞沫、尘埃）等传播，如鸡传染性喉气管炎、禽流感等呼吸道疾病的传播；经污染的饲料和水传播，患病鸡排出的分泌物、排泄物，或患病鸡尸体等污染了饲料、垫料、饮水等，或由某些污染的饲养管理用具、运输工具、禽舍、人员等辗转污染了饲料、饮水，当易感鸡采食这些被污染的饲料、饮水时，便能发生感染；经污染的土壤传播，某些传染病的病原体随着鸡排泄物、分泌物及其尸体落入土壤，其病原体能在土壤中生存很长时间，当易感鸡接触被污染的土壤时，可能发生感染；活的传播媒介，如节肢动物（蚊、库蠓、蝇等）、野生动物（吸血蝙蝠等）、人类等。

2. 垂直传播

携带病原的产蛋种鸡可经卵将病原传播给子代，如鸡白痢、禽白血病、鸡产蛋下降综合征等。有些病例也可经输卵管传播，如大肠杆菌病、沙门氏菌病、疱疹病毒病等。

病原体传播途径和入侵门户见图3-12。

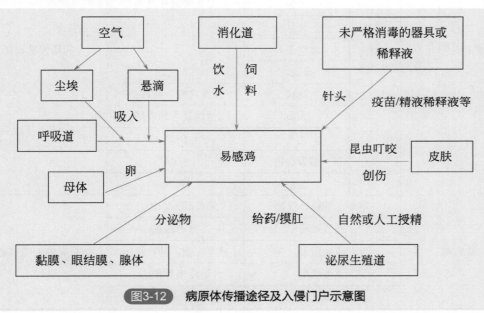

图3-12　病原体传播途径及入侵门户示意图

3. 易感鸡群

指对某种病原具有易感性（无免疫力）的鸡或易感鸡群。如鸡是鸡球虫的易感动物，是新城疫病毒的易感动物。如果鸡群中具有一定数量的易感鸡，则称其为易感禽群。

影响动物易感性的主要因素有：

（1）内在因素　不同种类的家禽对于同一种病原体的易感性有很大差异。

（2）外界因素　饲养管理、卫生状况等因素，也能在一定程度上影响动物的易感性。

（3）特异免疫状态　家禽个体不同，特异性免疫状态不同。禽群若有70% ～ 80%的禽具有某种疾病的获得特异性免疫力，这种疾病就不会在该禽群大规模暴发式流行。

三、鸡场疫病的防控方法

鸡场疫病防控方法，见表3-10。

表3-10　鸡场疫病防控方法简表

疫病流行的基本环节	疫病的流行环节		疫病防控方法	疫病防控目的
传染源	发病鸡		隔离 淘汰 治疗 尸体处理	消灭传染源
	潜伏期和恢复期鸡			
	症状不明显的鸡			
	健康带菌/毒鸡			
传播途径	直接接触传播		隔离	切断传播途径
	间接传播途径	土壤	卫生管理和消毒	
		空气		
		饮水		
		鸡舍		
		笼具		
		运输工具		
		排泄物		
		饲料	注意选购,防霉变	
		人员	消毒及行政管理	
		飞鸟	防鸟	
		啮齿动物	灭鼠	
		昆虫	灭虫	
易感鸡	年龄、性别、用途		隔离/淘汰/治疗	提高鸡的抵抗力
	遗传素质		育种改良	
	应激因素		减少应激,药物预防	
	免疫状况		免疫接种预防	
	营养状况		加强营养,药物预防	

第四章　鸡病毒性疾病的类症鉴别

第一节　新城疫

是由鸡新城疫病毒引起禽的一种传染病。毒株间的致病性有差异，根据各亚型毒株对鸡的致病力的不同，将其分为典型新城疫和非典型新城疫。

一、典型新城疫

1.概念

【定义】典型新城疫（Typical newcastle disease）是由新城疫病毒强毒力或速发型毒株引起鸡的一种急性、热性、败血性和高度接触性传染病。临床上以发热、呼吸困难、排黄绿色稀便、扭颈、腺胃乳头出血、肠黏膜、浆膜出血等为特征。该病的分布广、传播快、死亡率高，它不仅可引起养鸡业的直接经济损失，而且可严重阻碍国内和国际的禽产品贸易。世界动物卫生组织（OIE）将其列为必须报告的动物疫病，我国将其列为一类动物疫病。

【病原】新城疫病毒属RNA病毒中的单股负链病毒目、副黏病毒科、副黏病毒亚科、腮腺炎病毒属的禽副黏病毒。禽副黏病毒目前已经鉴定了9个血清型，新城疫病毒属于Ⅰ型禽副黏病毒，而其他血清型的禽副黏病毒中，Ⅱ型和Ⅲ型病毒也侵害家禽并造成经济损失。

2.流行病学

【易感动物】鸡、野鸡、火鸡、珍珠鸡、鹌鹑均易感，以鸡最易感。历史上有好几个国家因进口观赏鸟类而导致了本病的流行。

【传染源】病禽和带毒禽是本病主要传染源，鸟类也是重要的传播媒介。病毒存在于病鸡全身所有器官、组织、体液、分泌物和排泄物中。

【传播途径】病毒可经消化道、呼吸道、眼结膜、受伤的皮肤和泄殖腔黏膜侵入机体。

【流行季节】本病一年四季均可发生，但以春秋季多发。

3.临床症状

非免疫鸡群感染时，可在4～5天内波及全群，发病率、死亡率可高达90%以上。临床症状差异较大，严重程度主要取决于感染毒株的毒力、免疫状态、感染途径、品种、日龄、其他病原混合感染情况及环境因素等。根据病毒感染鸡所表现临床症状的不同，可将新城疫病毒分为5种致病型，即，①嗜内脏速发型：以消化道出血性病变为主要特征，死亡率高。

②嗜神经速发型：以呼吸道和神经症状为主要特征，死亡率高。③中发型：以呼吸道和神经症状为主要特征，死亡率低。④缓发型：以轻度或亚临床性呼吸道感染为主要特征。⑤无症状肠道型：以亚临床性肠道感染为主要特征。其共有的典型症状有：发病急、死亡率高；体温升高，精神极度沉郁，羽毛逆立，不愿运动（见图4-1和视频4-1）；呼吸困难；食欲下降，粪便稀薄，呈黄绿色或黄白色（见图4-2）；发病后期可出现各种神经症状，多表现为扭颈或斜颈（见图4-3和视频4-2）、翅膀麻痹等；有的病鸡嗉囊积液，倒提病鸡可从其口腔流出黏液（见图4-4）。在免疫鸡群表现为产蛋下降。

视频4-1

（扫码观看：鸡新城疫-鸡极度精神沉郁-羽毛逆立等）

视频4-2

（扫码观看：鸡新城疫-神经症状-扭颈）

图4-1　病鸡精神极度沉郁、羽毛逆立、蹲伏（孙卫东　供图）

图4-3　病鸡不同姿势的扭转（李银　供图）

图4-2　病鸡排出的粪便稀薄，呈黄白色或绿色（孙卫东　供图）

图4-4　病鸡嗉囊内充满酸臭液体，倒提时从口腔流出（孙卫东　供图）

4.病理剖检变化

　　病/死鸡剖检可见全身黏膜和浆膜出血，以呼吸道和消化道最为严重。腺胃黏膜水肿，整个乳头出血（见图4-5），肌胃角质层下出血（见图4-6）；整个肠黏膜严重出血（见图4-7），有的肠道浆膜面还有大的出血点；十二指肠后段弥漫性出血（见图4-8），盲肠扁桃体肿大、出血甚至坏死，直肠黏膜呈条纹状出血（见图4-9）。口腔内有黏液（见图4-10）。鼻道、喉、气管黏膜充血，偶有出血（见图4-11），肺可见淤血和水肿（见图4-12）。有的病鸡可见皮下和腹腔脂肪出血（见图4-13），有的病例见脑膜充血和出血。蛋鸡或种鸡在病初见卵泡充血、出血（见图4-14）、变性，破裂后可导致卵黄性腹膜炎（见图4-15）。

图4-5 病鸡的腺胃乳头出血、切面可见乳头下出血严重（孙卫东 供图）

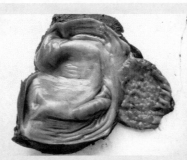

图4-6 病鸡的腺胃乳头出血、肌胃角质层下出血（李银 供图）

图4-7 病鸡的整个肠道出血、出血处呈枣核状（李银 供图）

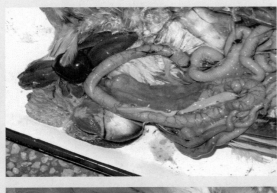

图4-8 病鸡的十二指肠后段呈弥漫性出血（孙卫东 供图）

图4-9 盲肠扁桃体（左）和直肠（右）出血（李银 供图）

图4-10　病鸡口腔内有黏液
（李银　供图）

图4-11　气管黏膜和气管环出血
（孙卫东　供图）

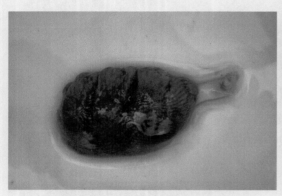

图4-12　肺脏淤血、出血
（孙卫东　供图）

图4-13　病死鸡皮下和腹腔脂肪
出血（孙卫东　供图）

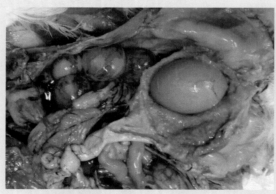

图4-14　早期病鸡的卵泡充血、
出血（孙卫东　供图）

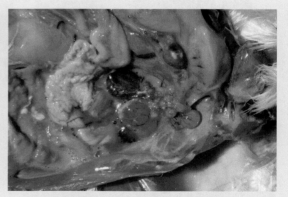

图4-15　病鸡的卵泡破裂后可导致
卵黄性腹膜炎（孙卫东　供图）

5.诊断

　　由于急性、典型新城疫的症状和病变与高致病性禽流感相似，因此仅凭症状和病变很难做出准确的诊断。可参考鸡群的免疫程序和血凝抑制抗体滴度做出判断，如已有明显的新城疫临床症状和病理变化，而又有新城疫免疫失败、抗体滴度很低的记录，则可做出初步诊断。确诊需要做病毒学（病毒的分离、鉴定）、血清学（血凝和血凝抑制试验、免疫荧光抗体技术、血清中和试验、ELISA、单克隆抗体技术等）和分子生物学（核酸探针等）等方面的工作。

6.类似病症鉴别

（1）与高致病性禽流感的鉴别

【相似点】本病的主要临床症状和病理剖检变化高致病性禽流感相似。

【不同点】高致病性禽流感病鸡常表现头部、眼睑和肉垂的水肿或肿胀（见图4-16），而新城疫病鸡仅表现为发绀；高致病性禽流感病鸡的嗉囊内无大量积液，与新城疫病鸡不同；高致病性禽流感病鸡剖检时常见皮下水肿和黄色胶冻样浸润，且黏膜和浆膜的出血比急性新城疫更为明显和广泛，胰腺常有出血、坏死病变（见图4-17），而新城疫病鸡的胰腺没有这一变化；高致病性禽流感病鸡的腿部鳞片有出血（见图4-18），而新城疫病鸡无此表现；高致病性禽流感产蛋鸡的输卵管常有黏脓样分泌物（见图4-19），而新城疫病鸡无此表现。

图4-16　病鸡鸡冠肉髯肿胀发绀，有坏死点，眼睑肿胀眼结膜出血（李银　供图）

图4-17　病鸡胰腺出血、坏死（李银　供图）

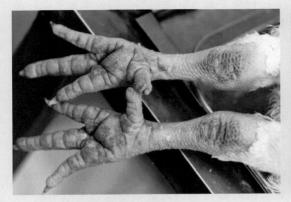

图4-18　病鸡腿部鳞片出血（秦卓明　供图）

图4-19　病鸡输卵管常有黏脓样分泌物（秦卓明　供图）

图4-20 病鸡的肝脏肿大，表面有针尖大的灰白色坏死点（赵秀美 供图）

图4-21 病鸡气管、支气管内有血性分泌物（秦卓明 供图）

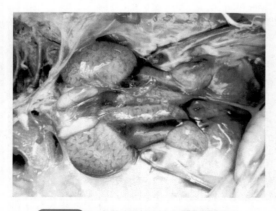

图4-22 病鸡肾脏和输尿管的尿酸盐沉积（李银 供图）

（2）与急性禽霍乱的鉴别

【相似点】本病的腺胃乳头出血与新城疫的病变相似。

【不同点】禽霍乱多发生于日龄较大的鸡，而新城疫的发生没有日龄上的差异；禽霍乱病程较短，急性发作，病死率高，应用磺胺类药物或抗生素能快速地稳定病情，而新城疫病程较长，大多数病死率低于20%，应用抗生素或磺胺类药物没有效果；禽霍乱病鸡剖检时可见肝脏肿大，有针尖大小的灰白色坏死点（见图4-20），而新城疫没有这一剖检病变。

（3）与传染性支气管炎的鉴别

【相似点】本病病鸡表现的呼吸道症状与新城疫病鸡的症状相似，常发病的日龄也较接近。

【不同点】传染性支气管炎传播迅速，短期内可波及全群，发病率高达90%以上，新城疫因鸡群大多数接种了疫苗，临床表现多为亚急性新城疫，发病率不高。新城疫病鸡除呼吸道症状外，还表现歪头、扭颈、站立不稳等神经症状，传染性支气管炎病鸡无神经症状。新城疫病鸡腺胃乳头出血或出血不明显，盲肠扁桃体肿胀、出血，喉头和气管充血或出血，气管内有黏性分泌物，而传染性支气管炎病鸡无消化道病变，在支气管内有血性分泌物（见图4-21）、干酪样栓子。肾型传支病例可见肾脏和输尿管的尿酸盐沉积（见图4-22）。腺胃型传支见腺胃肿大。成年鸡发病时二者均可见产蛋量下降，且软蛋、畸形蛋、粗壳蛋明显增多，传染性支气管炎病鸡产的蛋质量更差，蛋白稀薄如水、蛋黄和蛋白分离等。

（4）与传染性喉支气管炎的鉴别

【相似点】本病病鸡表现的呼吸道症状与新城疫病鸡的症状相似。

【不同点】传染性喉气管炎病鸡的呼吸道症状更为严重，呼吸极为困难，伸颈张口呼吸，咳出血样分泌物，在鸡鼻、脸、嘴，鸡舍地面、墙壁、笼具等处可见血样物，而新城疫病鸡的呼吸道症状较缓和。传染性喉气管炎病鸡剖检时除可见到与新城疫病鸡相似的喉头、气管环的充血或出血之外，常见气管内有血凝块或喉头被干酪样物堵塞（见图4-23）。

7.防治方法

【预防措施】以免疫为主，采取"扑杀与免疫相结合"的综合性防治措施。

（1）免疫接种　国家对新城疫实施全面免疫政策。免疫按农业农村部制定的免疫方案规定的程序进行。所用疫苗必须是经国务院兽医主管部门批准使用的新城疫疫苗。

① 非疫区（或安全鸡场）的鸡群：一般在10 ～ 14日龄用鸡新城疫Ⅱ系（B1株）、Ⅳ系（La Sota株）、C30、N79、V4株等弱毒苗点眼或滴鼻，25 ～ 28日龄时用同样的疫苗进行点眼、滴鼻或饮水免疫，并同时肌内注射0.3毫升的新城疫油佐剂灭活苗。疫区鸡群于4 ～ 7

图4-23　病鸡喉头被干酪样物堵塞
（孙卫东　供图）

日龄用鸡新城疫弱毒苗首免（滴鼻或点眼），17 ～ 21日龄用同样的疫苗同样的方法二免，35日龄三免（饮水）。若在70 ～ 90天之间抗体水平偏低，再补做一次弱毒苗的气雾免疫或Ⅰ系苗接种，120天和240天左右分别进行一次油佐剂灭活苗加强免疫即可。当鸡场与水禽养殖场较近时，应注意使用含基因Ⅶ型的新城疫疫苗。

② 紧急免疫接种：当鸡群受到新城疫威胁时（免疫失败或未作免疫接种的情况下）应进行紧急免疫接种，经多年实践证明，紧急注射接种可缩短流行过程，是一种较经济而积极可行的措施。当然，此种做法会加速鸡群中部分潜在感染鸡的死亡。

（2）加强饲养管理　坚持全进全出和/或自繁自养的饲养方式，在引进种鸡及产品时，一定要来自无新城疫的养鸡场；采取封闭式饲养，饲养人员进入生产区应更换衣、帽及鞋靴；严禁其他养鸡场人员参观，生产区设立消毒设施，对进出车辆彻底消毒，定期对鸡舍及周围环境进行消毒，加强带鸡消毒；设立防护网，严防野鸟进入鸡舍；多种家禽应分开饲养，尤其须与水禽分开饲养；定期消灭养禽场内的有害昆虫（如蚊、蝇）及鼠类。

【治疗方法】

新城疫发生后请按照《中华人民共和国动物防疫法》和"新城疫防治技术规范"进行处理。具体内容请参考禽流感对应部分的叙述。

【注意事项】

定期对免疫鸡群进行免疫水平监测，根据群体抗体水平考核免疫效果，以便及时加免。做好母源抗体的测定，确定首免日龄。疫苗免疫应注意与其他疫苗（如传染性支气管炎）之间的干扰。在靠近水禽养殖场的鸡场应考虑含有基因Ⅶ型的毒株。

疫苗免疫是防制鸡新城疫的一种重要方法，但仅以疫苗免疫为控制策略而忽视整个生物安全体系的建立是极其错误的，因为疫苗免疫只可能减少新城疫病毒侵入鸡群而带来的经济损失，尽可能降低发病概率，而决不能阻止新城疫病毒进入鸡群，更不能消灭鸡群内已经存在的病毒。鸡群如果暴露于强病毒包围的环境中，感染率是极高的，即使是免疫鸡群，感染和发病也是完全可能的。正因为如此，建立健全鸡场的生物安全体系至关重要。即要建立科学的、严格的卫生防疫制度和措施。诸如入场人员的淋浴、更衣消毒，车辆、用具、物品带入生产区时先消毒处理，鸡场和生产区分开，生产区内净、污道分开，粪便垫料及污水的处理，场区和鸡舍的消毒，鼠、兽的预防，生产区工具专用，以及谢绝无关人员参观等各项措施应真正落实到位，以切断传播途径。鸡舍在进鸡前必须彻底清扫、冲刷、消毒，并有适当的空闲期，使鸡舍得以净化，进鸡前至少消毒2次。同时要改变生产模式，关注鸡的福利，减少应激，提供全价饲料营养，提高鸡体健康水平。

二、非典型新城疫

1.概念

【定义】近十几年来，发现鸡群免疫接种新城疫弱毒型疫苗后，以高发病率、高死亡率、暴发性为特征的典型新城疫已十分罕见，代之而起的低发病率、低死亡率、高淘汰率、散发的非典型新城疫（Atypical newcastle disease）却日渐流行。

【病原】为新城疫病毒属于Ⅰ型禽副黏病毒中温和型毒株或某些中等毒力的毒株。

2.临床症状

非典型新城疫多发生于30～40日龄的免疫鸡群和有母源抗体的雏鸡群，发病率和死亡率均不高。患病雏鸡主要表现为明显的呼吸道症状，病鸡张口伸颈、气喘、呼吸困难，有"呼噜"的喘鸣声，咳嗽，口中有黏液，有摇头和吞咽动作。除有死亡外，病鸡还出现神经症状，如歪头、扭颈、共济失调、头后仰呈观星状，转圈后退、翅下垂或腿麻痹、安静时恢复常态，尚可采食饮水，病程较长，有的可耐过，稍遇刺激即可发作。成年鸡和开产鸡症状不明显，且极少死亡。蛋鸡产蛋量急剧下降，一般下降20%～30%，软壳蛋、畸形蛋和粗壳蛋明显增多。种蛋的受精率、孵化率降低，弱雏增多。

3.病理剖检变化

病/死鸡眼观病变不明显。雏鸡一般见喉头和气管明显充血、水肿、出血、有多量黏液；30%病鸡的腺胃乳头肿胀、出血；十二指肠淋巴滤泡增生或有溃疡；泄殖腔黏膜出血，盲肠、扁桃体肿胀出血等；成鸡发病时病变不明显，仅见轻微的喉头和气管充血；蛋鸡卵巢出血，卵泡破裂后因细菌继发感染引起腹膜炎和气囊炎。

4.防治方法

【预防措施】

加强饲养管理，严格消毒制度；运用免疫监测手段：提高免疫应答的整齐度，避免"免疫空白期"和"免疫麻痹"；制定合理的免疫程序，选择正确的疫苗，使用正确的免疫途径进行免疫接种。表4-1为临床实践中已经取得良好效果的预防鸡非典型新城疫的疫苗使用方案，供参考。

表4-1　临床上控制鸡非典型新城疫的疫苗使用方案

免疫时间	疫苗种类	免疫方法
1日龄	C30+Ma5	点眼
21日龄	C30	点眼
8周龄	Ⅳ系、N79、V4等	点眼/饮水
13周龄	Ⅳ系、N79、V4等	点眼/饮水
16～18周龄	Ⅳ系、N79、V4等 新支减流四联油乳剂灭活疫苗	点眼/饮水 肌注
35～40周龄	Ⅳ系、N79、V4等 新流二联油乳剂灭活疫苗	点眼/饮水 肌注

注：为加强鸡的局部免疫，可在16～18周龄与35～40周龄中间，采用喷雾法免疫1次鸡新城疫弱毒苗，以获得更全面的保护。

第四章　鸡病毒性疾病的类症鉴别

【治疗方法】
请参照低致病性禽流感中对应内容的叙述。

第二节　禽流感

禽流感（Avian influenza，AI）是由 A 型禽流感病毒引起的一种禽类传染病。该病毒属于正黏病毒科，根据病毒的血凝素（HA）和神经胺酸酶（NA）的抗原差异，将 A 型禽流感病毒分为不同的血清型，目前已发现 16 种 HA 和 9 种 NA，可组合成许多血清亚型。毒株间的致病性有差异，根据各亚型毒株对禽类的致病力的不同，将禽流感病毒分为高致病性、低致病性和无致病性病毒株。

一、高致病性禽流感

1.概念

【定义】高致病性禽流感（Highly pathogenic avian influenza，HPAI）是由高致病力毒株（主要是 H5 和 H7 亚型）引起的以禽类为主的一种急性、高度致死性传染病。临床上以鸡群突然发病、高热、羽毛松乱，成年母鸡产蛋停止、呼吸困难、冠髯发紫、颈部皮下水肿、腿鳞出血，高发病率和高死亡率，胰腺出血坏死、腺胃乳头轻度出血等为特征。世界动物卫生组织（OIE）将其列为必须报告的动物传染病，我国将其列为一类疫病。目前，我国采取免费发放疫苗进行强制免疫来防控该病。与此同时，为了保障养殖业生产安全和公共卫生安全，农业农村部办公厅于2017年6月5日下发了关于做好广东广西H7N9免疫工作的通知。

【病原】为正黏病毒科流感病毒属的 A 型流感病毒。目前危害养禽业的主要高致病性毒株有 H5N1、H5N2、H7N1、H7N9。

2.流行病学

【易感动物】多种家禽、野禽和（迁徙）鸟类均易感，但以鸡和火鸡易感性最高。

【传染源】主要为病禽（野鸟）和带毒禽（野鸟）。野生水禽是自然界流感病毒的主要带毒者，鸟类也是重要的传播者。病毒可长期在污染的粪便、水等环境中存活。

【传播途径】主要通过接触感染禽（野鸟）及其分泌物和排泄物、污染的饲料、水、蛋托（箱）、垫草、种蛋、鸡胚和精液等媒介，经呼吸道、消化道感染，也可通过气源性媒介传播。

【流行季节】本病一年四季均可发生，以冬春季节发生较多。

3.临床症状

不同日龄、不同品种、不同性别的鸡均可感染发病，其潜伏期从几小时到数天，最长可达21天。发病率高，可造成大批死亡（见图4-24）。病鸡体温明显升高，精神极度沉郁，羽毛松乱，头和翅下垂（见图4-25）。腿部鳞片出血（见图4-26）。母鸡产蛋量迅速下降，蛋形变小（见图4-27），蛋壳颜色变淡、蛋壳变薄（见图4-28），或产软壳蛋（见图4-29）。有的鸡感染后鸡冠和肉髯发绀（见图4-30），眼睑肿胀，眼结膜出血（见图4-31）。排黄白色、黄绿色稀粪（见图4-32）。有的病鸡出现神经症状，共济失调（见图4-33）。

图4-24　病鸡大批死亡（孙卫东　供图）

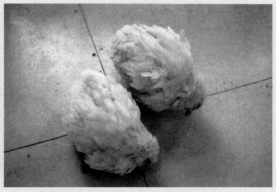

图4-25　病鸡精神极度沉郁，羽毛松乱，头和翅下垂（孙卫东　供图）

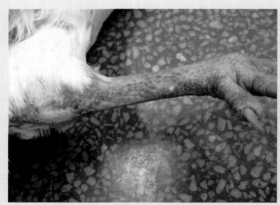

图4-26　病鸡腿部鳞片出血（李银　供图）

图4-27　母鸡感染后产蛋量下降，蛋形变小（孙卫东　供图）

图4-28　母鸡感染后蛋壳颜色变淡、蛋壳变薄（秦卓明　供图）

图4-29　母鸡感染后产软壳蛋（左），有的掉到笼下的粪便中（右）（李银　供图）

图4-30　病鸡鸡冠发绀
（秦卓明　供图）

图4-31　病鸡眼睑肿胀、眼结
膜出血（右）（李银　供图）

图4-32　病鸡排黄白色（左）和黄绿色（右）稀粪（孙卫东　供图）

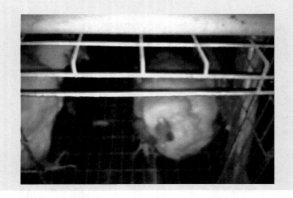

图4-33　病鸡出现斜颈等神经症状
（孙卫东　供图）

4.病理剖检变化

病/死鸡剖检见胰腺出血和坏死（见图4-34）；腺胃乳头、黏膜出血，乳头分泌物增多（见图4-35），肌胃角质层下出血（见图4-36）；气管黏膜和气管环出血（见图4-37）；消化道黏膜广泛出血，尤其是十二指肠黏膜和盲肠、扁桃体出血更为明显（见图4-38），有的病鸡的嗉囊（见图4-39）、泄殖腔（见图4-40）黏膜出血；心冠脂肪、心肌出血；肝脏（见图4-41）、脾脏（见图4-42）、肺脏（见图4-43）、肾脏出血；蛋鸡或种鸡卵泡充血、出血、变性（见图4-44），或破裂后导致腹膜炎（见图4-45），输卵管黏膜广泛出血，黏液增多（见图4-46）。颈部皮下有出血点和胶冻样渗出（见图4-47）。有的病鸡见腿部肿胀、肌肉有散在的小出血点（见图4-48）。公鸡见睾丸出血（见图4-49）。

图4-34　病死鸡胰腺出血和坏死（秦卓明　供图）

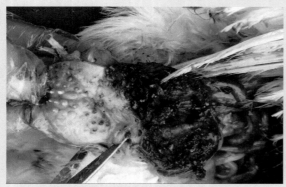

图4-35　腺胃乳头分泌物增多，乳头边缘出血，肌胃内容物绿色（孙卫东　供图）

图4-36　腺胃乳头出血，肌胃角质层下出血（李银　供图）

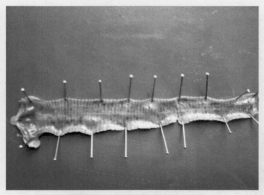

图4-37 喉头、气管黏膜和气管环出血（李银 供图）

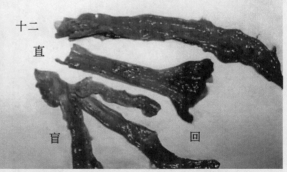

十二

直

盲

回

图4-38 消化道（尤其是十二指肠黏膜和盲肠、扁桃体）黏膜广泛出血（孙卫东 供图）

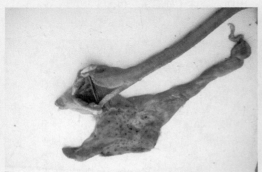

图4-39 病鸡的嗉囊黏膜出血（下）（李银 供图）

图4-40 病鸡的泄殖腔出血（秦卓明 供图）

图4-41 病鸡的冠状脂肪、心肌及肝脏出血（孙卫东 供图）

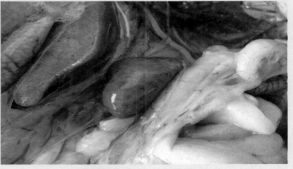

图4-42 病鸡的脾脏出血（赵秀美 供图）

图4-43 病鸡的肺脏出血（孙卫东 供图）

图4-44　感染蛋鸡或种鸡的卵泡充血、出血、变性（孙卫东　供图）

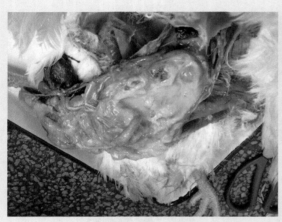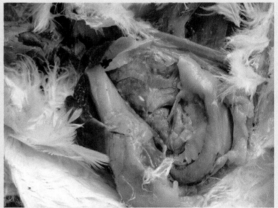

图4-45　感染蛋鸡或种鸡的卵泡破裂，形成腹膜炎（孙卫东　供图）

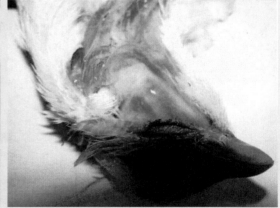

图4-46　感染蛋鸡或种鸡的输卵管黏膜肿胀，脓性黏液增多（孙卫东　供图）

图4-47　病鸡的颈部皮下有出血点和胶冻样渗出（孙卫东　供图）

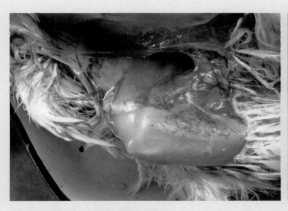

图4-48 病鸡的腿肌出血（孙卫东 供图） 图4-49 病鸡的睾丸出血（孙卫东 供图）

5.诊断

根据病鸡已有较高的新城疫抗体而又出现典型的腺胃乳头、肌胃角质膜下出血的病变以及心肌、胰腺坏死等，结合病鸡高热、排出绿色稀便、头颈部皮下水肿、跖骨鳞片出血、高死亡率等临床症状，可做出初步诊断。在已经做过禽流感免疫接种的鸡群，由于症状和病变不典型，仅凭症状和病变则较难做出初步诊断。确诊需要做病毒学（病毒的分离、鉴定）、血清学（血凝和血凝抑制试验、荧光抗体技术、中和试验、ELISA、补体结合反应、免疫放射试验等）和分子生物学〔反转录聚合酶链式反应（RT-PCR）等〕等方面的工作。

6.类似病症鉴别

（1）与新城疫的鉴别

【相似点】本病的主要临床症状和病理剖检变化典型新城疫相似。

【不同点】新城疫病鸡不表现高致病性禽流感特有的头部、眼睑和肉垂的水肿或肿胀。新城疫病鸡嗉囊内有大量积液，而高致病性禽流感则没有这一变化。新城疫病鸡胰腺常见不到明显病变，而高致病性禽流感病鸡胰腺常有坏死病变。新城疫病鸡腿鳞片出血罕见，而高致病性禽流感病鸡常见。此外，新城疫病鸡常表现扭颈、站立不稳等神经症状，剖检见肠道有环状枣核状出血（见图4-50）。

图4-50 新城疫病鸡扭颈（左）和肠道环状枣核状出血（右）（孙卫东 供图）

（2）与急性禽霍乱的鉴别　见鸡新城疫相关部分的描述。

（3）与传染性支气管炎的鉴别　见鸡新城疫相关部分的描述。

（4）与传染性喉支气管炎的鉴别　见鸡新城疫相关部分的描述。

7.防治方法

【预防措施】

（1）免疫接种

① 疫苗的种类：灭活疫苗有H5亚型、H9亚型、H5-H9亚型二价和变异株疫苗四类。H5亚型有N28株（H5N2亚型，从国外引进，曾用于售往香港和澳门的活鸡免疫）、H5N1亚型毒株、H5亚型变异株（2006年起已在北方部分地区使用）、H5N1基因重组病毒Re-1株（是GS/GD/96/PR8的重组毒，广泛用于鸡和水禽）等；重组活载体疫苗有重组新城疫病毒活载体疫苗（rl-H5株）和禽流感重组鸡痘病毒载体活疫苗。为了达到一针预防多病的效果，目前已经有禽流感与其他疫病的二联和多联疫苗。

② 免疫接种要求：国家对高致病性禽流感实行强制免疫制度，免疫密度必须达到100%，抗体合格率达到70%以上。所用疫苗必须采用农业农村部批准使用的产品，并由动物防疫监督机构统一组织、逐级供应。所有易感禽类饲养者必须按国家制定的免疫程序做好免疫接种，当地动物防疫监督机构负责监督指导。预防性免疫，按农业农村部制定的免疫方案中规定的程序进行。a.蛋鸡（包括商品蛋鸡与父母代种鸡）参考免疫程序：14日龄首免，肌内注射H5N1亚型禽流感灭活苗或重组新城疫病毒活载体疫苗。35～40日龄时用同样免疫进行二免。开产前再用H5N1亚型禽流感灭活苗进行强化免疫，以后每隔4～6个月免疫一次。在H9亚型禽流感流行的地区，应免疫H5和H9亚型二价灭活苗。b.肉鸡参考免疫程序：7～14日龄时肌内注射H5N1亚型或H5和H9二价禽流感灭活苗即可，或7～14日龄时用重组新城疫病毒活载体疫苗首免，2周后用同样疫苗再免。

（2）加强饲养管理　坚持全进全出和/或自繁自养的饲养方式，在引进种鸡及产品时，一定要来自无禽流感的养鸡场；采取封闭式饲养，饲养人员进入生产区应更换衣、帽及鞋靴；严禁其他养鸡场人员参观，生产区设立消毒设施，对进出车辆彻底消毒，定期对鸡舍及周围环境进行消毒，加强带鸡消毒；设立防护网，严防野鸟进入鸡舍，养鸡场内/不同鸡舍之间严禁饲养其他家禽，多种家禽应分开饲养，尤其须与水禽分开饲养，避免不同家禽与野鸟之间的病原传播；定期消灭养禽场内的有害昆虫，如蚊、蝇及鼠类。

【治疗方法】

高致病性禽流感发生后请按照《中华人民共和国动物防疫法》和"高致病性禽流感疫情判定及扑灭技术规范"进行处理，在疫区或受威胁区，要用经农业农村部批准使用的禽流感疫苗进行紧急免疫接种。

（1）临床怀疑疫情的处置　对发病场（户）实施隔离、监控，禁止禽类、禽类产品及有关物品移动，并对其内、外环境实施严格的消毒措施。

（2）疑似疫情的处置　当确认为疑似疫情时，扑杀疑似禽群，对扑杀禽、病死禽及其产品进行无害化处理，对其内、外环境实施严格的消毒措施，对污染物或可疑污染物进行无害化处理，对污染的场所和设施进行彻底消毒，限制发病场（户）周边3公里的家禽及其产品移动。

（3）确诊疫情的处置　疫情确诊后立即启动相应级别的应急预案，依法扑灭疫情。

【注意事项】

由于本病为人兽共患病，在防控过程中人员的防护请按《高致病性禽流感人员防护技术规范》执行。定期对免疫禽群进行免疫水平监测，根据群体抗体水平及时加强免疫。

二、低致病性禽流感

1.概念

【定义】低致病性禽流感（Low pathogenic avian influenza，LPAI）主要由中等毒力以下禽流感病毒（如H9亚型禽流感病毒）引起，以产蛋鸡产蛋率下降或青年鸡的轻微呼吸道症状和低死亡率为特征，感染后往往造成鸡群的免疫力下降，易发生并发或继发感染。

【病原】为正黏病毒科流感病毒属的A型流感病毒。目前危害养禽业的主要低致病性毒株有H9N2。

2.临床症状

病初表现体温升高，精神沉郁，采食量减少或急骤下降，排黄绿色稀便，出现明显的呼吸道症状（咳嗽、啰音、打喷嚏、伸颈张口、鼻窦肿胀等），有的病鸡出现肿头、肿眼、流泪（见图4-51）。后期部分鸡有神经症状（头颈后仰、抽搐、运动失调、瘫痪等）（见图4-52）。产蛋鸡感染后，蛋壳质量变差、畸形蛋增多，产蛋率下降，严重时可停止产蛋。

图4-51 病鸡出现肿头、肿眼、流泪（秦卓明 供图）

图4-52 SPF鸡攻毒后鸡出现扭颈（秦卓明 供图）

3.病理剖检变化

剖检病/死鸡可见口腔及鼻腔积存黏液，有的混有血液；腺胃乳头和肌胃角质层（见图4-53）、胰腺（见图4-54）、泄殖腔（见图4-55）轻度出血；心包轻度积液（见图4-56）；气管、支气管出血（见图4-57），有的支气管内有堵塞物（见图4-58），肺脏水肿（见图4-59），轻度气囊炎（见图4-60）。产蛋鸡可出现卵黄性腹膜炎（见图4-61），卵泡充血、出血、变形、破裂，输卵管内有白色或淡黄色胶冻样或干酪样物（见图4-62）。

图4-53 病鸡腺胃乳头、肌胃角质层轻度出血（孙卫东 供图）

图4-54 病鸡胰腺轻度出血、坏死（李银 供图）

图4-55 病鸡泄殖腔黏膜出血、坏死（秦卓明供图）

图4-56 病鸡心包轻度积液（秦卓明供图）

图4-57 病鸡气管、支气管出血（秦卓明供图）

图4-58 病鸡支气管内有堵塞物（李银 供图）

图4-59 病鸡肺脏水肿（李银 供图）

图4-60 病鸡轻度气囊炎（秦卓明 供图）

图4-61 病鸡卵黄性腹膜炎（秦卓明供图）

图4-62 蛋鸡卵泡充血、出血，输卵管内有白色胶冻样物（孙卫东 供图）

4.诊断

根据该病的流行特点、临床症状和病理变化可做出初步诊断。确诊需要做病毒学（病毒的分离、鉴定）、血清学（血凝和血凝抑制试验、荧光抗体技术、中和试验、ELISA、补体结合反应、免疫放射试验等）和分子生物学［反转录聚合酶链式反应（RT-PCR）等］等方面的工作。

5.防治方法

【预防措施】免疫程序和接种方法同高致病性禽流感，只是所用疫苗必须含有与养禽场所在地一致的低致病性禽流感的毒株即可。H9亚型有SS株和F株等，均为H9N2亚型。

【治疗方法】对于低致病性鸡流感，应采取"免疫为主，治疗、消毒、改善饲养管理和防止继发感染为辅"的综合措施。特异性抗体早期治疗有一定的效果。抗病毒药对该病毒有一定的抑制作用，可降低死亡率，但不能降低感染率，用药后病鸡仍向外界排出病毒。应用抗生素可以减轻支原体和细菌性并发感染，应用清热解毒、止咳平喘的中成药可以缓解本病的症状，饮水中加入多维电解质可以提高鸡的体质和抗病力。

（1）特异抗体疗法　立即注射抗禽流感高免血清或卵黄抗体，每羽按2～3毫升/千克体重肌内注射。

（2）抗病毒　请参照"鸡传染性支气管炎"的抗病毒疗法。

（3）合理使用抗生素对症治疗　中药与抗菌西药结合，如每羽成年鸡按板蓝根注射液（口服液）1～4毫升，一次肌内注射/口服；阿莫西林按0.01%～0.02%浓度混饮或混饲，每天2次，连用3～5天。联用的抗菌药应对症选择，如针对大肠杆菌的可用阿莫西林+舒巴坦，或阿莫西林+乳酸环丙沙星，或单纯用阿莫西林；针对呼吸道症状的可用罗红霉素+氧氟沙星，或多西环素+氧氟沙星，或阿奇霉素；兼治鼻炎可用泰灭净。

（4）正确运用药物使用方法　如多西环素与某些中药口服液混饮会加重苦味，若鸡群厌饮、拒饮，一是改用其他药物，二是改用注射给药；如食欲不佳的病鸡不宜用中药散剂拌料喂服，可改用中药口服液的原液（不加水）适量灌服，1天1～2次，连续2～4天。

【注意事项】

在诊疗过程中应重视低致病性H9禽流感病毒与大肠杆菌的致病协同作用（见表4-2），要改变H9感染发生就一定养不成鸡的观念，要把防控重点放在做好防疫，严防大肠杆菌继发，加强通风，防止早期弱雏比例过大。在成功实施免疫H9N2的鸡场不要随意更换疫苗毒株。

表4-2　低致病性H9禽流感病毒与大肠杆菌的致病协同作用

组别	接种病毒量	病毒接种时日龄	接种细菌量	接种细菌时日龄	死亡率/%
MP AIV	$4×10^5$	10			15.33
E.coli173			$4×10^7$	13	6.67
MP AIV+E.coli173	$4×10^5$	10	$4×10^7$	13	80.00

第三节　鸡传染性支气管炎

【定义】鸡传染性支气管炎（Infectious bronchitis of chickens）是由传染性支气管炎病毒引起的急性、高度接触性呼吸道传染病。鸡以呼吸型（包括支气管堵塞）、肾型、腺胃型为主。产蛋鸡则以畸形蛋、产蛋率明显下降、蛋的品质降低为主，其呼吸道症状轻微，死亡率较低。目前IB已蔓延至我国大部分地区，给养鸡业造成了巨大的经济损失。

【病原】传染性支气管炎病毒属于冠状病毒科冠状病毒属，是该属的代表种。

一、呼吸型传染性支气管炎

1.流行病学

【易感动物】各种日龄的鸡均易感，但以雏鸡和产蛋鸡发病较多。

【传染源】病鸡和康复后的带毒鸡。

【传播途径】病鸡从呼吸道排毒，主要经空气中的飞沫和尘埃传播，此外，人员、用具及饲料等也是传播媒介。该病在鸡群中传播迅速，有接触史的易感鸡几乎可在同一时间内感染，在发病鸡群中可流行2～3周，雏鸡的病死率在6%～30%，病愈鸡可持续排毒达5周以上。

【流行季节】多见于秋末至翌年春末，冬季最为严重。

2.临床症状与病理剖检变化

（1）雏鸡　发病后表现为流鼻液、打喷嚏、伸颈张口呼吸（见图4-63和视频4-3）。安静时，可以听到病鸡的呼吸道啰音和嘶哑的叫声。病鸡畏寒、打堆（见图4-64），精神沉郁，闭眼蹲卧，羽毛蓬松无光泽。病鸡食欲下降或不食（见图4-65）。部分鸡病鸡排黄白色稀粪，趾爪因脱水而干瘪。剖检可见：有的病鸡气管、支气管、鼻腔和窦内有水样或黏稠的黄白色渗出物（见图4-66），气管环出血（见图4-67），气管黏膜肥厚，气囊混浊，变厚、有渗出物；有的病鸡在气管内有灰白色/痰状栓子（见图4-68）；有的病鸡的支气管及细支气管被黄色干酪样渗出物部分或完全堵塞（见图4-69至图4-72），肺充血、水肿或坏死。

视频4-3

（扫码观看：鸡传染性支气管-传支呼吸困难-张口呼吸）

图4-63　病鸡精神沉郁，羽毛蓬松，张口呼吸（刘大方　供图）

图4-64　病鸡畏寒、打堆（孙卫东　供图）

图4-65　病鸡食欲下降、不食（刘大方　供图）

图4-66　病鸡气管内的黄白色渗出物（孙卫东　供图）

图4-67 病鸡气管环出血
（孙卫东 供图）

图4-68 病鸡气管内有灰白色渗
出物栓子（孙卫东 供图）

图4-69 病鸡的两侧支气管内有灰
白色堵塞物（孙卫东 供图）

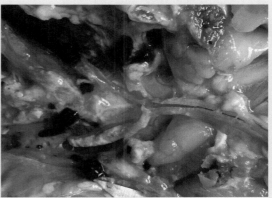

图4-70 病鸡的一侧支气管
堵塞（孙卫东 供图）

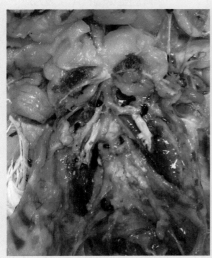
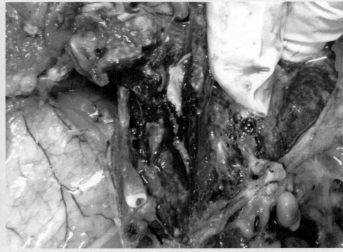

图4-71 病鸡的两侧支气管堵塞（左）和肺水肿（右）（孙卫东 供图）

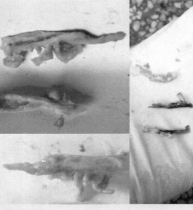

图4-72 病鸡支气管堵塞物的形态（孙卫东 供图）

（2）青年鸡/育成鸡　发病后气管炎症明显，出现呼吸困难，发出"喉喉"的声音；因气管内有多量黏液，病鸡频频甩头，伴有气管啰音，但是流鼻液不明显。有的病鸡在发病3～4天后出现腹泻，粪便呈黄白色或绿色。病程7～14天，死亡率较低。蛋鸡产蛋下降，颜色变淡，产软壳蛋（见图4-73）；打开鸡蛋见蛋清稀薄（见图4-74）。病毒感染的鸡胚呈侏儒样（见图4-75）。

图4-73 病鸡所产蛋的颜色变淡，产软壳蛋（左下为对照）（李银 供图）

图4-74 病鸡所产蛋的蛋清稀薄（左边为对照）（李银 供图）

图4-75 病毒感染的鸡胚呈侏儒样（左边为对照）（秦卓明 供图）

3.诊断

根据本病的流行病学、临床症状和剖检病变可做出初步诊断。确诊则需要借助于病毒学、血清学和分子生物学等一系列实验室检测方法。

4.类似病症鉴别

（1）与新城疫的鉴别　见禽流感相关部分的描述。

（2）与禽流感的鉴别　见鸡新城疫相关部分的描述。

（3）与传染性支气管炎的鉴别　见鸡新城疫相关部分的描述。

5.防治方法

【预防措施】

（1）免疫接种　临床上进行相应毒株的疫苗接种可有效预防本病。该病的疫苗有呼吸型毒株（如H120、H52、M41等）和多价活疫苗以及显影的灭活疫苗。由于本病的发病日龄较早，建议采用以下免疫程序：雏鸡1～3日龄用H120（或Ma5）滴鼻或点眼免疫，21日龄用H52滴鼻或饮水免疫，以后每3～4个月用H52饮水1次。产蛋前2周用含有鸡传染性支气管炎毒株的灭活油乳剂疫苗免疫接种。

（2）做好引种和卫生消毒工作　防止从病鸡场引进鸡只，做好防疫、消毒工作，加强饲养管理，注意鸡舍环境卫生，做好冬季保温，并保持通风良好，防止鸡群密度过大，供给营养优良的饲料，有易感性的鸡不能和病愈鸡或来历不明的鸡接触或混群饲养。及时淘汰患病幼龄母鸡。

【治疗方法】选用抗病毒药抑制病毒的繁殖，添加抗生素防止继发感染，用黄芪多糖等提高鸡群的抵抗力，配合镇咳等进行对症治疗。

（1）抗病毒　在发病早期肌内注射禽用基因干扰素/干扰素诱导剂/聚肌胞，每只0.01毫升，每天1次，连用2天，有一定疗效。或试用板蓝根注射液（口服液）、双黄连注射液（口服液）、柴胡注射液（口服液）、黄芪多糖注射液（口服液）、芪蓝囊病饮、板蓝根口服液（冲剂）、金银花注射液（口服液）、斯毒克口服液，抗病毒颗粒等。

（2）合理使用抗生素　如林可霉素，每升饮水中加0.1克；或强力霉素粉剂，50千克饲料中加入5～10克。此外还可选用土霉素、氟苯尼考、诺氟沙星、氨苄青霉素等。禁止使用庆大霉素、磺胺类药物等对肾有损伤的药物。

（3）对症治疗　用氨茶碱片口服扩张支气管，每只鸡每天1次，用量为0.5～1克，连用4天。

（4）中草药方剂治疗　选用清瘟散（取板蓝根250克，大青叶100克，鱼腥草250克，穿心莲200克，黄芩250克，蒲公英200克，金银花50克，地榆100克，薄荷50克，甘草50克。水煎取汁或开水浸泡拌料，供1000只鸡1天饮服或喂服，每天1剂，一般经3天好转。说明：如病鸡痰多、咳嗽，可加半夏、桔梗、桑白皮；粪稀，加白头翁；粪干，加大黄；喉头肿痛，加射干、山豆根、牛蒡子；热象重，加石膏、玄参）、定喘汤［取白果9克（去壳砸碎炒黄），麻黄9克，苏子6克，甘草3克，款冬花9克，杏仁9克，桑白皮9克，黄芩6克，半夏9克。加水3盅，煎成2盅，供100只鸡2次饮用，连用2～4天］等。

（5）加强饲养管理，合理配制日粮　提高育雏室温度2～3℃，防止应激因素，保持鸡群安静；降低饲料蛋白质的水平，增加多种维生素（尤其是维生素A）的用量，供给充足饮水。

【注意事项】

重视鸡传染性支气管炎变异株的免疫预防，如变异型传染性支气管炎（4/91或793/B），防止支气管堵塞的发生；重视鸡传染性支气管炎病毒对新城疫疫苗免疫的干扰，因传染性支气管炎病毒对新城疫病毒有免疫干扰作用，所以两者如使用单一疫苗需间隔10天以上。

二、腺胃型传染性支气管炎

1996年首发于山东，临床上以生长停滞、消瘦死亡、腺胃肿大为特征。

1.临床症状

主要发生于20～80日龄，以20～40日龄为发病高峰。人工感染潜伏期3～5天。病鸡初期生长缓慢，继而精神不振，闭目，饮食减少，腹泻，有呼吸道症状；中后期高度沉郁，闭目，羽毛蓬乱；咳嗽，张口呼吸，消瘦，最后衰竭死亡。病程为10～30天，有的可达40天。发病率和死亡率差异较大，发病率10%～95%，死亡率为10%～95%。

2.病理剖检变化

初期病鸡消瘦，气管内有黏液；中后期腺胃肿大，如乒乓球状（见图4-76）；腺胃壁增厚，黏膜出血和溃疡，个别鸡腺胃乳头肿胀，出血或乳头凹陷、消失，周边坏死，出血，溃疡（见图4-77）。胸腺、脾脏和法氏囊萎缩。

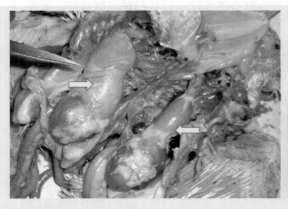

图4-76　病鸡的腺胃显著肿大（左箭头所示），右箭头所示为正常对照（孙卫东　供图）

图4-77　病鸡的腺胃壁增厚，乳头及黏膜出血、糜烂和溃疡（秦卓明　供图）

3.诊断

同呼吸型传染性支气管炎。

4.防治方法

【预防措施】

（1）免疫接种　7～16日龄用VH-H$_{120}$-28/86滴鼻，同时颈部皮下注射新城疫-腺胃型传染性支气管炎-肾型传染性支气管炎三联苗0.3～0.5毫升，两周后再用新城疫-腺胃型传染性支气管炎-肾型传染性支气管炎三联苗0.4～0.5毫升颈皮下注射一次。

（2）其他预防措施　请参考呼吸型传染性支气管炎中有关预防的叙述。

【治疗方法】

抗病毒、合理使用抗生素请参考呼吸型传染性支气管炎中有关临床用药指南部分的叙述。中草药疗法：可取板蓝根30克，金银花20克，黄芪30克，枳壳20克，山豆根30克，厚朴20克，苍术30克，神曲30克，车前子20克，麦芽30克，山楂30克，甘草20克，龙胆草20克。水煎取汁，供100只鸡上、下午两次喂服。每天1剂，连用3剂。

三、肾病型传染性支气管炎

近二十年来，我国一些地区发生一种以肾病变为主的支气管炎，临床上以突然发病、迅速传播、排白色稀粪、渴欲增加、严重脱水、肾脏肿大为特征。

1.临床症状

主要集中在14～45日龄的鸡发病。病初有轻微的呼吸道症状，怕冷、嗜睡、减食、饮水量增加的现象，经2～4天症状近乎消失，表面上"康复"。但在发病后10～12天，出现严重的全身症状，精神沉郁，羽毛松乱，厌食，排白色石灰水样稀粪（见图4-78），脚趾干枯（见图4-79）。整个病程21～25天，鸡日龄越小，发病率和死亡率越高，通常在5%～45%不等。

2.病理剖检变化

病/死鸡剖检可见肾肿大、出血（见图4-80），或肾脏苍白，肾小管和输尿管扩张，充满白色的尿酸盐，外观呈花斑状（见图4-81），称之为"花斑肾"；盲肠后段和泄殖腔中常多量白色尿酸盐；机体脱水、消瘦。严重的病例在肌肉（见图4-82）、内脏浆膜的表面（见图4-83）、胆囊（见图4-84）会有尿酸盐沉积。

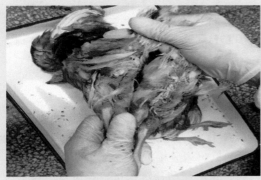

图4-78　病鸡排白色石灰水样稀粪，沾染在泄殖腔下的羽毛上（孙卫东　供图）

图4-79　病鸡脚趾干枯（孙卫东　供图）

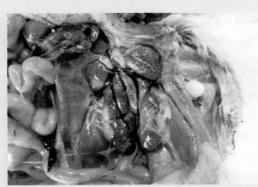

图4-80　病鸡肾肿大、出血（秦卓明　供图）

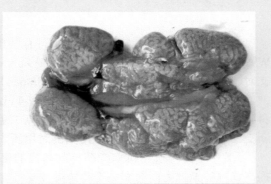

图4-81　病鸡肾肿大，充满白色的尿酸盐，外观呈花斑状（李银　供图）

图4-82　病鸡肌肉内有尿酸盐沉积（秦卓明　供图）

图4-83　病鸡的内脏浆膜表面有尿酸盐沉积（秦卓明　供图）

图4-84　病鸡的胆囊肿大（左），内有有尿酸盐沉积（右）（孙卫东　供图）

3.诊断

同呼吸型传染性支气管炎。

4.类似病症鉴别

（1）与鸡传染性法氏囊的鉴别　本病排出石灰水样稀粪、肾脏尿酸盐沉积呈"花斑肾"与肾型传染性支气管炎的病变相似，其鉴别诊断详细见鸡痛风相关部分内容的叙述。

（2）与鸡痛风的鉴别　本病排出石灰水样稀粪、肾脏尿酸盐沉积呈"花斑肾"与肾型传染性支气管炎的病变相似，其鉴别诊断详细见鸡痛风相关部分内容的叙述。

5.防治方法

【预防措施】

临床上进行相应毒株的疫苗接种可有效预防本病。该病的疫苗有肾型毒株（Ma5、IBn、W93、C90/66、HK、D41、H94等）和多价活疫苗以及显影的灭活疫苗。肉仔鸡预防肾型传支时，1日龄用新城疫Ⅳ系、H120和28/86三联苗点眼或滴鼻首免，15～21日龄用Ma5点眼或滴鼻二免。蛋鸡预防肾型传支时，1～4日龄用Ma5或H120或新城疫传支二联苗点眼或滴鼻首免，15～21日龄用Ma5点眼或滴鼻二免，30日龄用H52点眼或滴鼻，6～8周龄时用新支二联弱毒苗点眼或滴鼻，16周龄时用新支二联灭活油乳剂苗肌注。

【治疗方法】选用抗病毒药抑制病毒的繁殖，添加抗生素防止继发感染，用黄芪多糖等提高鸡群的抵抗力同前文关于鸡传染性支气管炎的叙述，其他对症疗法如下。

（1）减轻肾脏负担　将日粮中的蛋白质水平降低2%～3%，禁止使用对肾有损伤的药物，如庆大霉素、磺胺类药物等。

（2）维持肾脏的离子及酸碱平衡　可在饮水中加入肾肿解毒药（肾肿消、益肾舒或口服补液盐）或饮水中加5%的葡萄糖或0.1%的盐和0.1%维生素C，并充足供应饮水，连用3～4天，有较好的辅助治疗作用。

（3）中草药疗法　取金银花150克，连翘200克，板蓝根200克，车前子150克，五倍子100克，秦皮200克，白茅根200克，麻黄100克，款冬花100克，桔梗100克，甘草100克。水煎2次，合并煎液，供1500只鸡分上、下午两次喂服。每天1剂，连用3剂（说明：由于病鸡脱水严重，体内钠、钾离子大量丢失，应给足饮水，如添加口服补液盐或其他替代物，效果更好）。或取紫菀、细辛、大腹皮、龙胆草、甘草各20克，茯苓、车前子、五味子、泽泻各40克，大枣30克。研末，过筛，按每只每天0.5克，加入20倍药量的100℃开水浸泡15～20分钟，再加入适量凉水，分早、晚两次饮用。饮药前断水2～4小时，2小时内饮完，连用4天即愈。

四、生殖型传染性支气管炎

1.临床症状

产蛋鸡开产日龄后移，产蛋高峰不明显，开产时产蛋率上升速度较慢，病鸡腹部膨大呈"大裆鸡"，触诊有波动感，行走时呈企鹅状步态（见图4-85），病鸡鸡冠鲜红有光泽，腿部黄亮。

2.病理剖检变化

形成幼稚型输卵管（见图4-86），狭部阻塞（见图4-87）或输卵管壁积液、变薄，发育不良（见图4-88），有的病鸡输卵管内有大量积液（见图4-89）。

【注意事项】重视鸡生殖系统发育阶段避免传染性支气管炎弱毒疫苗的免疫或野毒感染。

图4-85 病鸡腹部膨大下垂，头颈高举，行走时呈企鹅状姿势（张青 供图）

图4-86 病鸡形成幼稚型输卵管（孙卫东 供图）

图4-87 病鸡的输卵管狭部阻塞（右上为健康对照）（孙卫东 供图）

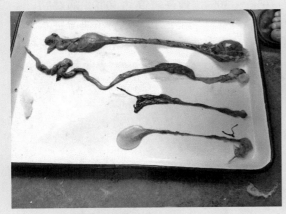

图4-88 病鸡的输卵管积液、变薄，发育不良（上为健康对照）（孙卫东 供图）

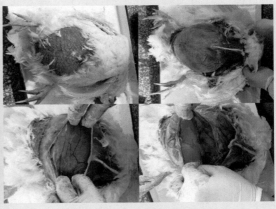

图4-89 病鸡的输卵管内有大量积液（孙卫东 供图）

第四节　传染性法氏囊病

一、概念

【定义】传染性法氏囊病（Infections bursal disease，IBD）又称甘布罗病（Gumboro disease）、传染性腔上囊炎，是由传染性法氏囊病毒引起的一种急性、高度接触性和免疫抑制性的禽类传染病。临床上以排石灰水样粪便、法氏囊显著肿大并出血、胸肌和腿肌呈斑块状出血为特征。

【病原】传染性法氏囊病毒属于双RNA病毒科，禽双RNA病毒属。

二、流行病学

【易感动物】主要感染鸡和火鸡，鸭、珍珠鸡、鸵鸟等也可感染。火鸡多呈隐性感染。

【传染源】主要为病鸡和带毒禽。病禽在感染后3～11天排毒达到高峰，该病毒耐酸、耐碱，对紫外线有抵抗力，在鸡舍中可存活122天，在受污染饲料、饮水和粪便中52天仍有感染性。

【传播途径】主要经消化道、眼结膜及呼吸道感染。

【流行季节】本病无明显季节性。

三、临床症状

本病的潜伏期一般为7天。在自然条件下，3～6周龄鸡最易感。常为突然发病，迅速传播，同群鸡约在1周内均可被感染，感染率可达100%，若不采取措施，邻近鸡舍在2～3周后也可被感染发病，一般发病后第3天开始死亡（见图4-90），5～7天内死亡达到高峰并很快减少，呈尖峰形死亡曲线。死亡率一般为10%～30%，最高可高达40%。病鸡初、中期体温升高可达43℃，后期体温下降。表现为昏睡、呆立、羽毛逆立，翅膀下垂等症状（见图4-91）；病鸡以排白色石灰水样稀便为主（见图4-92），泄殖腔周围羽毛常被白色石灰样粪

图4-90　病鸡一般发病后第3天开始死亡
（孙卫东　供图）

图4-91　病鸡昏睡、呆立、羽毛逆立
（孙卫东　供图）

图4-92　病鸡精神沉郁，垫料上有白色石灰样粪便（孙卫东　供图）

图4-93　病鸡泄殖腔周围羽毛被粪便污染，趾爪干枯（孙卫东　供图）

便污染，趾爪干枯（见图4-93），眼窝凹陷，最后衰竭而死。有时病鸡频频啄肛，严重者尾部被啄出血。发病1周后，病亡鸡数逐渐减少，迅速康复。

四、病理剖检变化

病/死鸡通常呈现脱水，胸部（见图4-94）、腿部（见图4-95）肌肉常有条状、斑点状出血。法氏囊先肿胀、后萎缩。在感染后2～3天，法氏囊呈胶冻样水肿（见图4-96），体积和重量会增大至正常的1.5～4倍；法氏囊切开后，可见内壁水肿、少量出血或坏死灶（见图4-97），有的有多量黄色黏液或奶油样物。感染3～5天的病鸡可见整个法氏囊广泛出血，如紫色葡萄（见图4-98）；法氏囊切开后，可见内壁黏膜严重充血、出血（见图4-99），常见有坏死灶。感染5～7天后，法氏囊会逐渐萎缩，重量为正常的1/3～1/5，颜色由淡粉红色变为蜡黄色；但法氏囊病毒变异株可在72小时内引起法氏囊的严重萎缩。死亡及病程后期的鸡肾肿大，尿酸盐沉积，呈花斑肾（见图4-100）。肝脏呈土黄色，有的伴有出血斑点（见图4-101）。有的感染鸡在腺胃与肌胃之间有出血带（见图4-102）；有的感染鸡的胸腺可见出血点；脾脏可能轻度肿大，表面有弥漫性的灰白色的病灶。

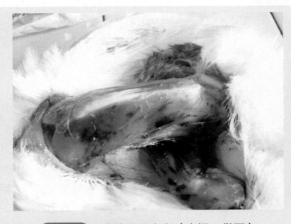

图4-94　病鸡胸肌出血（李银　供图）

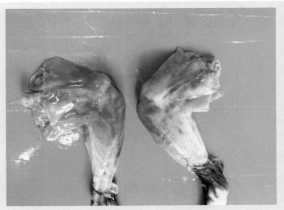

图4-95　病鸡腿肌出血（李银　供图）

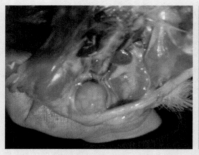

图4-96 病鸡的法氏囊外观呈胶冻样水肿（李银 供图）

图4-97 病鸡的法氏囊切开后内壁水肿，有少量出血和坏死灶（孙卫东 供图）

图4-98 病鸡的法氏囊外观出血呈紫葡萄样（崔锦鹏 供图）

图4-99 病鸡的法氏囊切开后内壁黏膜严重出血（崔锦鹏 供图）

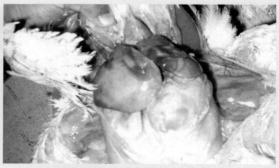

图4-100 病鸡的肾脏肿大，尿酸盐沉积，呈花斑肾（孙卫东 供图）

图4-101 病鸡的肝脏呈土黄色，伴有出血斑点（孙卫东 供图）

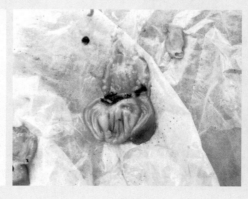

图4-102 病鸡的腺胃与肌胃之间有出血带（孙卫东 供图）

五、诊断

根据本病的流行病学、临床症状和特征性剖检病变，如鸡群突然发病、发病率高、有明显的死亡高峰和迅速康复的特点、法氏囊水肿和出血等，可做出初步诊断。确诊依赖于病毒的分离和人工复制试验。此外，血清学试验中的琼脂扩散试验可进行流行病学调查和检测疫苗接种后产生的抗体，亦可用阳性血清检测法氏囊组织中的病毒抗原；荧光抗体技术可用于检测法氏囊组织中的病毒抗原；双抗体夹心ELISA可用于病毒抗原的检测；病毒中和试验可用于传染性法氏囊病毒的鉴定和分型；用于传染性法氏囊病诊断的分子生物学技术有原位PCR、RT-PCR、RFLP、核酸探针等，这些方法可用于检测血清和组织中的病毒，且可进行血清学分型，区分经典毒株和疫苗毒株。

六、类似病症鉴别

（1）与肾型传染性支气管炎的鉴别　本病排出石灰水样稀粪、肾脏尿酸盐沉积呈"花斑肾"与肾型传染性支气管炎的病变相似，其鉴别诊断详细见鸡痛风相关部分内容的叙述。

（2）与鸡痛风的鉴别　本病排出石灰水样稀粪、肾脏尿酸盐沉积呈"花斑肾"与肾型传染性支气管炎的病变相似，其鉴别诊断详细见鸡痛风相关部分内容的叙述。

七、防治方法

【预防措施】实行"以免疫为主"的综合性防治措施。

（1）免疫接种

① 免疫接种要求：根据当地流行病史、母源抗体水平、禽群的免疫抗体水平监测结果等合理制定免疫程序、确定免疫时间及使用疫苗的种类，按疫苗说明书要求进行免疫。必须使用经国家兽医主管部门批准的疫苗。

② 疫苗种类：鸡传染性法氏囊病的疫苗有两大类，活疫苗和灭活苗。活疫苗分为三种类型，一类是温和型或低毒力型的活苗如A80、D78、PB克98、LKT、Bu-2、LID228、CT等；另一类是中等毒力型活苗如J87、B2、D78、S706、BD、BJ836、TAD、Cu-IM、B87、NF8、K85、MB、Lukert细胞毒等；还有一类是高毒力型的活疫苗如初代次的2512毒株、J1株等。灭活苗如CJ-801-BKF株、X株、强毒克株等。

③ 鸡的免疫参考程序

a.对于母源抗体水平正常的种鸡群，可于2周龄时选用中等毒力活疫苗首免，5周龄时用同样疫苗二免，产蛋前（20周龄时）和38周龄时各注射油佐剂灭活苗1次。

b.对于母源抗体水平正常的肉用雏鸡或蛋鸡，10～14日龄选用中等毒力活疫苗首免，21～24日龄时用同样疫苗二免。对于母源抗体水平偏高的肉用雏鸡或蛋鸡，18日龄选用中等毒力活疫苗首免，28～35日龄时用同样疫苗二免。

c.对于母源抗体水平低或无的肉用雏鸡或蛋鸡，1～3日龄时用低毒力活疫苗如D78株首免，或用1/2～1/3剂量的中等毒力活疫苗首免，10～14日龄时用同样疫苗二免。

（2）加强监测

① 监测方法：以监测抗体为主。可采取琼脂扩散试验、病毒中和试验方法进行监测。

② 监测对象：鸡、鸭、火鸡等易感禽类。

③ 监测比例：规模养禽场至少每半年监测一次。父母代以上种禽场、有出口任务养禽场的监测，每批次（群）按照0.5%的比例进行监测；商品代养禽场，每批次（群）按照0.1%的比例进行监测。每批次（群）监测数量不得少于20份。散养禽以及对流通环节中的交易市场、禽类屠宰厂（场）、异地调入的批量活禽进行不定期的监测。

④ 监测样品：血清或卵黄。

⑤ 监测结果及处理：监测结果要及时汇总，由省级动物防疫监督机构定期上报至中国动物疫病预防控制中心。监测中发现因使用未经农业农村部批准的疫苗而造成的阳性结果的禽群，一律按传染性法氏囊病阳性的有关规定处理。

（3）引种检疫　国内异地引入种禽及其精液、种蛋时，应取得原产地动物防疫监督机构的检疫合格证明。到达引入地后，种种禽必须隔离饲养7天以上，并由引入地动物防疫监督机构进行检测，合格后方可混群饲养。

（4）加强饲养管理，提高环境控制水平　饲养、生产、经营等场所必须符合《动物防疫条件审核管理办法》（农业农村部15号令）的要求，并须取得动物防疫合格证。饲养场实行全进全出饲养方式，控制人员出入，严格执行清洁和消毒程序。各饲养场、屠宰厂（场）、动物防疫监督检查站等要建立严格的卫生（消毒）管理制度。

【治疗方法】宜采取抗体疗法，同时配合抗病毒、对症治疗。

（1）抗体疗法

① 高免血清　利用鸡传染性法氏囊病康复鸡的血清［中和抗体价在（1：1024）～（1：4096）之间］或人工高免鸡的血清［中和抗体价在1：（16000～32000）］，每只皮下或肌内注射0.1～0.3毫升，必要时第二天再注射1次。

② 高免卵黄抗体　每羽皮下或肌内注射1.5～2.0毫升，必要时第二天再注射1次。利用高免卵黄抗体进行法氏囊病的紧急治疗效果较好，但也存在一些问题。一是卵黄抗体中可能存在垂直传播的病毒（如禽白血病、减蛋综合征病毒等）和病菌（如大肠杆菌病或沙门氏菌等），接种后造成新的感染；二是卵黄中含有大量蛋白质，注射后可能造成应激反应和过敏反应等；三是卵黄液中可能含有多种疫病的抗体，注射后干扰预定的免疫程序，导致免疫失败。

（2）抗病毒　防治本病的抗病毒的商品中成药有速效管囊散、速效囊康、独特（荆防解毒散）、克毒Ⅱ号、瘟病消、瘟喘康、黄芪多糖注射液（口服液）、芪蓝囊病饮、病菌净口服液、抗病毒颗粒等。

（3）对症治疗　在饮水中加入肾肿解毒药/肾肿消/益肾舒/激活/肾宝/活力健/肾康/益肾舒/口服补液盐（氯化钠3.5克、碳酸氢纳2.5克、氯化钾1.5克、葡萄糖20克，水2500～5000毫升）等水盐及酸碱平衡调节剂让鸡自饮或喂服，每天1～2次，连用3～4天。同时在饮水中抗生素（如环丙沙星、氧氟沙星、卡那霉素等）和5%的葡萄糖，效果更好。

【注意事项】

（1）首免日龄的确定　用琼脂扩散试验检测母源抗体，1日龄雏鸡母源抗体阳性率低于80%者，10～17日龄首免。母源抗体阳性率高于80%者，7～10日龄再次测定，若低于50%者，10～21日龄首免，高于50%者，17～24日龄首免。

（2）免疫方法　最好采用滴口免疫。若采用饮水免疫，则饮水器和饮水中不得含有能使疫苗病毒灭活的有害物质，可在饮水中加入0.2%的脱脂牛奶，且在30分钟内将疫苗饮完。

（3）免疫剂量　中等毒力的疫苗在使用时应严格剂量，切忌加大剂量。

附：变异株传染性法氏囊病

自从1985年J K Rosenberger在美国首次证实传染性法氏囊病毒变异株流行以来，变异株传染性法氏囊病就成为养鸡者和学术研究人员关心的议题。

【发病特点】

（1）发病日龄范围变宽　早发病例出现在20日龄之前，迟发病例推迟到160日龄，明显比典型传染性法氏囊病的发病日龄范围拓宽，即发病日龄有明显提前和拖后的趋势，特别是变异株传染性法氏囊病病毒引起的3周龄以内的鸡感染后通常不表现临床症状，而呈现早期亚临床型感染，可引起严重而持久的不可逆的免疫抑制；而90日龄时发病比例明显增大，这很可能与蛋鸡二免后出现的90日龄到开产之间的抗体水平较低有关，应该引起养鸡者的重视。

（2）多发于免疫鸡群　病程延长，死亡率明显降低，且有复发倾向，主要原因是免疫鸡群对鸡传染性法氏囊病毒有一定的抵抗力，个别或部分抗体水平较低的鸡只感染发病，成为传染源，不断向外排毒，其他鸡只陆续发病，从而延长了病程，一般病程超过10天，有的长达30多天。死亡率明显降低，一般在2%以下，个别达到5%，此外治愈鸡群可再次发生本病。

（3）剖检变化不典型　法氏囊呈现的典型变化明显减少；肌肉（腿肌、胸肌）出血的情况显著增加；肾脏肿胀较轻，尿酸盐很少沉积；病程越长，症状和病变越不明显，病鸡多出现食欲正常，粪便较稀，肛门清洁有弹性，肠壁肿胀呈黄色。

【预防】

（1）加强种鸡免疫　发病日龄提前的一个主要原因，是雏鸡缺乏母源抗体的保护。较好的种鸡免疫程序是：种鸡用传染性法氏囊D_{78}的弱毒苗进行二次免疫，在18～20周龄和40～42周龄再各注射一次油佐剂灭活苗

（2）选用合适疫苗接种　是预防本病的主要途径，由于毒株变异或毒力变化，先前的疫苗和异地的疫苗难以奏效，应选用合适的疫苗（如含本地鸡场感染毒株或中等毒力的疫苗）。另外，灭活疫苗与活疫苗的配套使用也是很重要的。对于自繁自养的鸡场来说，从种鸡到雏鸡，免疫程序应当一体化，雏鸡群的首免可采用弱毒疫苗，然后用灭活疫苗加强免疫或弱毒疫苗与灭活疫苗配套使用的免疫程序。也可使用新型疫苗，如*VP5*基因缺失疫苗等。

（3）加强饲养管理　合理搭配饲料，减少应激，提高鸡机体的抗病力。

【治疗】请参考鸡传染性法氏囊病的治疗部分。

第五节　传染性喉气管炎

一、概念

【定义】传染性喉气管炎（Infectious laryngotracheitis，ILT）是由传染性喉气管炎病毒引起的一种急性、高度接触性上呼吸道传染病。临床上以发病急、传播快、呼吸困难、咳嗽、咳出血样渗出物，喉头和气管黏膜肿胀、糜烂、坏死、大面积出血和产蛋下降等为特征。我国将其列为二类动物疫病。

【病原】传染性喉气管炎病毒属禽疱疹病毒Ⅰ型。

二、流行病学

【易感动物】不同品种、性别、日龄的鸡均可感染本病，多见于育成鸡和成年产蛋鸡。

【传染源】病鸡、康复后的带毒鸡以及无症状的带毒鸡。

【传播途径】主要是通过呼吸道、眼结膜、口腔侵入体内，也可经消化道传播，是否经种蛋垂直传播还不清楚。

【流行季节】本病一年四季都可发生，但以寒冷的季节多见。

三、临床症状

4～10月龄的成年鸡感染该病时多出现典型症状。发病初期，常有数只鸡突然死亡，其他病鸡开始流泪，流出半透明的鼻液。经1～2天后，病鸡出现特征性的呼吸道症状，包括

视频4-4

（扫码观看：鸡传染性喉气管炎-伸颈、张嘴、喘气）

伸颈、张嘴、喘气（见图4-103和视频4-4）、打喷嚏，不时发出"咯-咯"声，并伴有啰音和喘鸣声，甩头并咳出血痰和带血液的黏性分泌物（见图4-104）。在急性期，此类病鸡增多，带血样分泌物污染病鸡的嘴角、鼻孔（见图4-105）、颜面及头部羽毛，也污染鸡笼（见4-106）、垫料、水槽及鸡舍墙壁等。多数病鸡体温升高43℃以上，间有下痢。最后病鸡往往因窒息而死亡。本病的病程不长，通常7日左右症状消失，但大群笼养蛋鸡感染时，从发病开始到终止需要4～5周。产蛋高峰期产蛋率下降10%～20%的鸡群，约1月后恢复正常；而产蛋量下降超过40%的鸡群，一般很难恢复到产前水平。有的病鸡的眼内有干酪样渗出物（见图4-107），有的病鸡出现一侧或两侧的瞎眼（见图4-108）。

图4-103 病鸡呼吸困难，张口呼吸，伴有啰音和喘鸣声（孙卫东 供图）

图4-104 打开病鸡口腔后见血液的黏性分泌物（右）（孙卫东 供图）

图4-105 病鸡喙部和鼻孔处有血丝（李银 供图）

图4-106　鸡笼上有
病鸡甩出的血性黏液
（李银　供图）

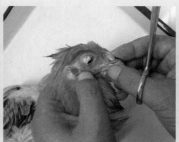

图4-107　病鸡的眼
内有干酪样渗出物
（秦卓明　供图）

图4-108　病鸡出
现一侧或两侧的瞎眼
（李银　供图）

四、病理剖检变化

有的病/死鸡口腔内有血凝块（见图4-109），喉头和气管上1/3处黏膜水肿，严重者气管内有血样黏条（见图4-110），喉头和气管内覆盖黏液性分泌物，病程长的在喉口或上腭裂处形成黄色干酪样物（见图4-111），甚至在喉气管形成假膜（见图4-112），严重时形成黄色栓子，阻塞喉头（见图4-113）；去除渗出物后可见渗出物下喉头（见图4-114）和气管环（见图4-115）出血。严重的病例可见喉头、气管的渗出物脱落堵塞下面的支气管（见图4-116）。眼结膜水肿充血，出血，严重的眶下窦水肿出血。产蛋鸡卵泡出血（见图4-117）、萎缩变性。有的病鸡心脏冠状脂肪有出血点（见图4-118）。部分病/死鸡可因内脏瘀血和气管出血而导致胸肌贫血。

图4-109　病/死鸡口腔中有血凝块
（程龙飞　供图）

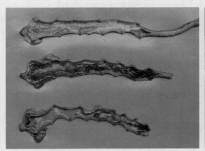

图4-110　病鸡气管上1/3处黏膜
水肿，严重者气管内有血样/干酪样
渗出物（程龙飞　供图）

图4-111　有的病鸡喉口（左）或上腭裂（右）
处有黄色干酪样物（孙卫东　供图）

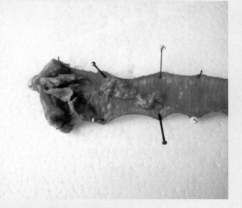

图4-112　病鸡喉气管有黄色干酪样物（孙卫东　供图）

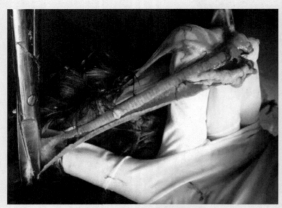

图4-113　干酪样渗出物阻塞病鸡的喉头（程龙飞　供图）

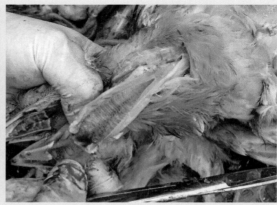

图4-114　去除喉头的干酪样渗出物见其
下方出血（程龙飞　供图）

图4-115　去除喉头和气管的渗出物见喉头
及气管环出血（孙卫东　供图）

图4-116 严重的病鸡可见喉头气管的渗
出物脱落堵塞下面的支气管
（孙卫东 供图）

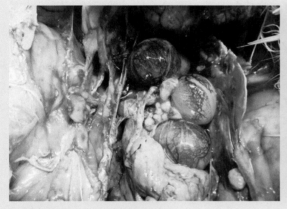

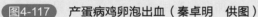

图4-117 产蛋病鸡卵泡出血（秦卓明 供图）

图4-118 病鸡心脏冠状脂肪有出血点
（秦卓明 供图）

五、诊断

根据本病的流行病学、临床症状和剖检病变可做出初步诊断，同时应注意强弱毒株感染时不同的症状和流行特点。确诊依赖于病毒的分离和人工复制试验。此外，目前已经建立的用于检测传染性喉气管炎病毒抗体的血清学方法有间接荧光抗体技术、琼脂扩散试验、病毒中和试验、ELISA方法等；可用于检测病料中抗原的方法有免疫过氧化物酶技术、免疫荧光抗体技术、双抗夹心ELISA、斑点酶联免疫吸附试验（Dot-ELISA）等；可用于检测传染性喉气管炎病毒和区分强弱毒的分子生物学技术有PCR、核酸探针技术、DNA酶切图谱分析等。

六、防治方法

【预防措施】

（1）免疫接种 现有的疫苗有冻干活疫苗、灭活苗和基因工程苗等。首免应选用毒力弱、副作用小的疫苗（如传染性喉气管炎-禽痘二联基因工程苗），二免可选择毒力强、免疫原性好的疫苗（如传染性喉气管炎弱毒疫苗）。现仅提供几种免疫程序，供参考。

① 未污染的蛋鸡和种鸡场：50日龄首免，选择冻干活疫苗，点眼的方式进行，90日龄时同样疫苗同样方法再免一次。

② 污染的鸡场：30～40日龄首免，选择冻干活疫苗，点眼的方式进行，80～110日龄用同样疫苗同样方法二免；或20～30日龄首免，选择基因工程苗，以刺种的方式进行接种，80～90日龄时选用冻干活疫苗，点眼的方式进行二免。

（2）加强饲养管理，严格检疫和淘汰　改善鸡舍通风，注意环境卫生，并严格执行消毒卫生措施。不要引进病鸡和带毒鸡。病愈鸡不可与易感鸡混群饲养，最好将病愈鸡淘汰。

【治疗方法】

（1）紧急接种　用传染性喉气管炎活疫苗对鸡群作紧急接种，采用泄殖腔接种的方式。具体做法为：每克脱脂棉制成10个棉球，每个鸡用1个棉球，以每个棉球吸水10毫升的量计算稀释液，将疫苗稀释成每个棉球含有3倍的免疫量，将棉球浸泡其中后，用镊子夹取1个棉球，通过鸡肛门塞入泄殖腔中并旋转晃动，使其向泄殖腔四壁涂抹，然后松开镊子并退出，让棉球暂留于泄殖腔中。

（2）加强消毒和饲养管理　发病期间用12.8%的戊二醛溶液按1∶1000、10%的聚维酮碘溶液按1∶500喷雾消毒，1天1次，交替进行；提高饲料蛋白质和能量水平，并注意营养要全面和适口性。

（3）对症疗法　用"麻杏石甘口服液"饮水，用以平喘止咳，缓解症状；干扰素肌注，每瓶用250毫升生理盐水稀释后每只鸡注射1毫升；用喉毒灵给鸡饮水或中药制剂喉炎净散拌料，同时在饮水中加入林可霉素（每升饮水中加0.1克）或在饲料中加入强力霉素粉剂（每百斤饲料中加入5～10克）以防止继发感染，连用4天；0.02%氨茶碱饮水，连用4天；饮水中加入黄芪多糖，连用4天。

【注意事项】

疾病发生期，提高饲料中蛋白质和能量水平，增加多维素用量3～4倍，以保证病鸡在低采食量情况下营养的充足供应，减轻应激，加速康复；疾病康复期，在饲料中增加维生素A含量3～5倍，可促使被损坏喉头、气管黏膜上皮的修复。

第六节　鸡痘

一、概念

【定义】鸡痘（Avian pox）是由禽痘病毒引起的一种鸡急性、热性、高度接触性传染病。临床上以传播快，发病率高，病鸡在皮肤无毛处或在呼吸道、口腔和食道黏膜处形成增生性皮肤或黏膜损伤形成结节为特征。我国将其列为二类动物疫病。

【病原】禽痘病毒属痘病毒科禽痘病毒属。目前认为引起禽痘的病毒最少有五种类型，即鸡痘病毒、火鸡痘病毒、鸽痘病毒、金丝雀痘病毒、燕八哥痘病毒等。

二、流行病学

【易感动物】各种品种、日龄的鸡和火鸡都可受到侵害，但以雏鸡和青年鸡较多见，大冠品种鸡的易感性更高。所有品系的产蛋鸡都能感染，特别是产褐壳蛋的种鸡最易感。此外，野鸡、松鸡等也有易感性。

【传染源】病鸡

【传播途径】病毒随病鸡的皮屑和脱落的痘痂等散布到饲养环境中，通过受损伤的皮肤、黏膜或蚊子、蝇和其他吸血昆虫等吸血昆虫的叮咬传播。

【流行季节】无明显的季节性。

三、临床症状

本病的潜伏期为4～10天，鸡群常是逐渐发病。根据发病部位的不同可分为皮肤型、黏膜型、混合型三种。

（1）皮肤型　在鸡冠、肉髯、眼睑、嘴角等部位（见图4-119），有时也见于下颌（见图4-120）、耳垂（见图4-121）、腿（见图4-122）、爪、泄殖腔和翅内侧等无毛或少毛部位（见图4-123）出现痘斑。典型发痘的过程顺序是红斑-痘疹（呈黄色，见图4-124）-糜烂（暗红色）-痂皮（巧克力色）-脱落-痊愈。人为剥去痂皮会露出出血病灶。病程持续30天左右，一般无明显全身症状，若有细菌感染，结节则形成化脓性病灶。雏鸡的症状较重，产蛋鸡产蛋减少或停止。

（2）黏膜型　痘斑发生于口腔、咽喉、食道或气管，初呈圆形黄色斑点，以后小结节相互融合形成黄白色假膜，随后变厚成棕色痂块，不易剥离，常引起呼吸、吞咽困难，甚至窒息而死。

（3）混合型　是指病鸡的皮肤和黏膜同时受到侵害。

图4-119　病鸡鸡冠、肉髯、眼睑、嘴角等部位的痘斑（孙卫东　供图）

图4-120　病鸡眼睑、下颌等部位的痘斑（郎应仁　供图）　　图4-121　病鸡眼睑、耳垂等部位的痘斑（郎应仁　供图）　　图4-122　病鸡后腿上的痘斑（郎应仁　供图）

图4-123　病鸡皮肤上的痘斑（郎应仁　供图）　　图4-124　病鸡早期在肉髯、鸡冠上的痘斑呈黄白色（孙卫东　供图）

四、病理剖检变化

在口腔、咽喉（见图4-125）、食道或气管（见图4-126）黏膜上可见到处于不同时期的病灶，如小结节、大结节、结痂或疤痕等。肠黏膜可出现小点状出血，肝、脾、肾肿大，心肌有时呈实质性变性。

图4-125　病鸡口腔、咽喉部的痘斑　　　　图4-126　病鸡气管表面有痘疹颗粒（左）或结痂（郎应仁　供图）　　　　　　　　　　　　　　　　（孙卫东　供图）

五、诊断

鸡痘在皮肤、黏膜上形成典型的痘疹和特殊的痂皮及伪膜，结合其他发病情况，如蚊虫发生的夏季、初秋以皮肤型多见，而冬季以黏膜型多发；成年鸡有一定的抵抗力，而1月龄或开产初期产蛋鸡有多发的倾向，常可做出初步诊断。应用组织学检查方法寻找感染上皮细胞内的大型嗜酸性包涵体和原生小体，有较大的诊断意义。确诊依赖于病毒的分离和人工复制试验。此外，也可用琼脂扩散沉淀试验、血凝试验、中和试验等方法进行诊断。

六、防治方法

【预防措施】

（1）免疫接种　免疫预防使用的是活疫苗，常用的有鸡痘鹌鹑化疫苗F282E株（适合20

日龄以上的鸡接种）、鸡痘汕系弱毒苗（适合小日龄鸡免疫）和澳大利亚引进的自然弱毒M株。疫苗开启后应在2小时内用完。接种方法采用刺种法或毛囊接种法。刺种法更常用，是用消过毒的钢笔尖或带凹槽的特制针蘸取疫苗，在鸡翅内侧无血管处皮下刺种；毛囊接种法适合40日龄以内鸡群，用消毒过的毛笔或小毛刷蘸取疫苗涂擦在颈背部或腿外侧拔去羽毛后的毛囊上。一般刺种后14天即可产生免疫力。雏鸡的免疫期为2个月，成年鸡免疫期为5个月。一般免疫程序为：20～30日龄时首免，开产前二免；或1日龄用弱毒苗首免，20～30日龄时二免，开产前再免疫一次。

（2）做好卫生防疫，杜绝传染源　引进鸡种时应隔离观察，证明无病时方可入场。驱除蚊虫和其他吸血昆虫。经常检查鸡笼和器具，以避免雏鸡外伤。

【治疗方法】一旦发现，应隔离病鸡，再进行治疗。而对重病鸡或死亡鸡应作无害化处理（烧毁或深埋）。

（1）特异疗法　用患过鸡痘的康复禽血液，每天给病禽注射0.2～0.5毫升，连用2～5天，疗效较好。

（2）抗病毒　请参考低致病性禽流感有关治疗条目的叙述。

（3）对症疗法　皮肤型禽痘一般不进行治疗，必要时可用镊子剥除痂皮，伤口涂擦紫药水或碘酊消毒。黏膜型禽痘的口腔和喉黏膜上的假膜，妨碍病禽的呼吸和吞咽运动，可用镊子除去假膜，黏膜伤口涂以碘甘油（碘化钾10克，碘片5克，甘油20毫升，混合后加蒸馏水100毫升）。眼部肿胀的，可用2%硼酸溶液或0.1%高锰酸钾液冲洗干净，再滴入一些5%的蛋白银溶液。剥离的痘痂、假膜或干酪样物质要集中销毁，避免散毒。在饲料或饮水中添加抗生素如环丙沙星和氧氟沙星等防止继发感染。同时在饲料中增添维生素A、鱼肝油等有利于鸡体的恢复。

（4）中草药疗法

① 将金银花、连翘、板蓝根、赤芍、葛根各20克，蝉蜕、甘草、竹叶、桔梗各10克，水煎取汁，备用，为100只鸡用量，用药液拌料喂服或饮服，连服3日，对治疗皮肤与黏膜混合型鸡痘有效。

② 将大黄、黄柏、姜黄、白芷各50克，生南星、陈皮、厚朴、甘草各20克，天花粉100克，共研为细末，备用。临用前取适量药物置于干净盛器内，水酒各半调成糊状，涂于剥除鸡痘痂皮的创面上，每天2次，第3天即可痊愈。

【注意事项】

在蚊蝇滋生季节到来之前接种疫苗可以很好地预防本病的发生。痘病毒是嗜上皮病毒，接种时必须刺种，肌内注射效果差，刺种4～6天后应检查刺种部位有无肿胀、水疱、结痂等反应，抽检的鸡只80%以上有反应，表明接种成功，若无反应或反应率低，应再次接种。此外，应注意某些品种的草鸡（地方鸡）苗鸡对鸡痘疫苗的敏感性较强，接种后可能会在鸡冠、腿部等部位发生痘斑（见图4-127）。

图4-127　某品种的草鸡接种鸡痘疫苗后在鸡冠（左）腿部（右）出现痘斑（姚太平　供图）

第七节　产蛋下降综合征

一、概念

【定义】产蛋下降综合征（Egg drop syndrome，EDS）是由禽腺病毒引起的一种传染病。临床上以产蛋量下降、蛋壳褪色、产软壳蛋或无壳蛋为特征。

【病原】致病因子属于腺病毒科、禽腺病毒属III群，仅有一个血清型。

二、流行病学

【易感动物】所有品系的产蛋鸡都能感染，特别是产褐壳蛋的种鸡最易感。

【传染源】病鸡和带毒母鸡。

【传播途径】主要经卵垂直传播，种公鸡的精液也可传播；其次是鸡与鸡之间缓慢水平传播；第三是家养或野生的鸭、鹅或其他水禽，通过粪便污染饮水而将病毒传播给母鸡。

【流行季节】无明显的季节性。

三、临床症状

（1）典型症状　26～32周龄产蛋鸡群突然产蛋下降，产蛋率比正常下降20%～30%，甚至达50%。病初蛋壳颜色变浅（见图4-128），随之产畸形蛋，蛋壳粗糙变薄，易破损（见图4-129），软壳蛋和无壳蛋增多（见图4-130），在15%以上。鸡蛋的品质下降，蛋清稀薄呈水样（见图4-131）。病程一般为4～10周，无明显的其他表现。

（2）非典型症状　经过免疫接种但免疫效果差的鸡群发病症状会有明显差异，主要表现为产蛋期可能推迟，产蛋率上升速度较慢，高峰期不明显，少部分鸡会产无壳蛋（见图4-132），且很难恢复。

图4-128　病鸡所产蛋的蛋壳颜色变淡
（孙卫东　供图）

图4-129　鸡笼下粪便中可见破碎的鸡蛋及
鸡蛋壳（孙卫东　供图）

图4-130 病鸡的蛋壳粗糙变薄、易破损,软壳蛋和无壳蛋增多（孙卫东 供图）

图4-131 鸡蛋的品质下降,蛋清呈水样或混浊（右下角为健康对照）（孙卫东 供图）

图4-132 鸡产无壳蛋（右下角为收集的无壳蛋）（孙卫东 供图）

四、病理剖检变化

病鸡卵巢、输卵管萎缩变小（见图4-133）或呈囊泡状（见图4-134）,输卵管黏膜轻度水肿、出血（见图4-135）,子宫部分水肿、出血（见图4-136）,严重时形成小水疱。少部分鸡的生殖系统无明显的肉眼变化,只是子宫部的纹理不清晰,炎症轻微（见图4-137）,且在下午五点左右子宫部的卵（鸡蛋）没有钙质沉积（见图4-138）,故鸡产无壳蛋。

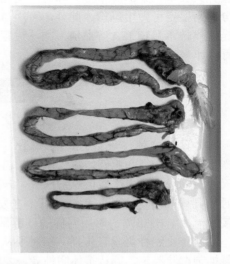

图4-133 输卵管萎缩变小（最上排为健康对照）（孙卫东 供图）

图4-134　输卵管呈囊泡状（孙卫东　供图）　图4-135　输卵管卡他性炎症和黏膜水肿、出血（孙卫东　供图）　图4-136　子宫部分水肿、出血（孙卫东　供图）

图4-137　鸡子宫部的纹理不清晰，炎症轻微（中间为健康对照）（孙卫东　供图）　图4-138　下午五点左右子宫部的卵（鸡蛋）没有钙质沉积（中间为健康对照）（孙卫东　供图）

五、诊断

根据流行病学、结合临床症状（产蛋鸡群产蛋量突然下降，同时出现无壳软蛋、薄壳蛋及蛋壳失去褐色素的异常蛋）和病理变化，排除其他因素之后，可做出初步诊断。根据病毒的分离与鉴定可做出确诊。此外，可用血凝抑制试验、琼脂扩散试验、病毒中和试验、免疫荧光抗体技术和ELISA等血清学方法进行诊断，也可选用基因探针、PCR等分子生物学方法进行临床病料的检测。

六、防治方法

【预防措施】

（1）预防接种　商品蛋鸡/种鸡16～18周龄时用鸡产蛋下降综合征（EDS$_{76}$）灭活苗，鸡产蛋下降综合征和鸡新城疫二联灭活苗，或新城疫-鸡产蛋下降综合征-传染性支气管炎三联灭活油剂疫苗肌内注射0.5毫升/只，一般经15天后产生抗体，免疫期6个月以上；在35周龄时用同样的疫苗进行二免。注意：在发病严重的鸡场，分别于开产前4～6周和2～4周各接种一次；在35周龄时用同样的疫苗再免疫一次。

（2）防止经种蛋垂直传播　引种要从非疫区引进，引进种鸡要严格隔离饲养，产蛋后经血凝抑制试验鉴定，确认抗体阴性者，才能留作种用。

（3）严格卫生消毒　对产蛋下降综合征污染的鸡场（群），要严格执行兽医卫生措施。鸡场和鸭场之间要保持一定的距离，加强鸡场和孵化室的消毒工作，日粮配合时要注意营养平衡，注意对各种用具、人员、饮水和粪便的消毒。

（4）加强饲养管理 提供全价日粮，特别要保证鸡群必需氨基酸、维生素及微量元素的需要。

【治疗方法】本病目前尚无有效的治疗方法。

【注意事项】

在疾病初期，在隔离、淘汰病鸡的基础上，可进行疫苗紧急接种，以缩短病程；在产蛋恢复期，在饲料中可添加一些增蛋灵/激蛋散之类的中药制剂，可促进产蛋的恢复。

第八节 包涵体性肝炎

一、概念

【定义】包涵体性肝炎（Inclusion body hepatitis，IBH）又名出血性贫血综合征，是由腺病毒引起的一种鸡的急性传染病。临床上以病鸡贫血、黄疸，肝脏肿大、脂肪变性、肝细胞内出现核内包涵体等为特征。肉仔鸡多发，也见于青年母鸡和产蛋鸡。

【病原】为腺病毒科Ⅰ群病毒中的鸡包涵体肝炎病毒，该病毒目前证实至少有9～11个血清型，各血清型的病毒粒子均能侵害肝脏。

二、流行病学

【易感动物】肉用仔鸡5～7周龄的鸡发病较多，产蛋鸡群多在18周龄以后，特别是在开产后散发性发病。

【传染源】感染鸡。

【传播途径】自然感染时，病毒可通过消化道、呼吸道及眼结膜感染；产蛋鸡发病时，可通过输卵管使病毒感染鸡蛋，发生母鸡-蛋-雏鸡的垂直传染。

【流行季节】无明显的季节性。

三、临床症状

自然感染的鸡潜伏期为1～2天，1日龄雏鸡感染时呈现严重的贫血症状。发病率可高达100%，病死率2%～10%，偶尔也可达30%～40%。病初不见任何症状而突然出现死鸡，2～3天后少数病鸡表现为精神委顿，逆毛，食欲减少，腹泻，嗜睡，有的病鸡表现肉髯褪色、皮肤呈黄色，皮下有出血，偶尔有水样稀粪。在发病3～5天后达死亡高峰，每天可死亡1%～2%。约经2周，死亡停止。种鸡或成年鸡主要表现为隐性感染，产蛋下降，种蛋孵化率低，雏鸡死亡率高。

四、病理剖检变化

剖检病死鸡可见肝脏肿大，呈土黄色，质脆，有不同程度的点状（见图4-139）、斑状

图4-139　病鸡肝脏肿大、呈土黄色，有不同程度的点状出血（孙卫东　供图）

（见图4-140）出血。病程稍长的鸡有肝萎缩，并发肝包膜炎（见图4-141）。若病毒侵害骨髓，有明显贫血，胸肌、骨骼肌、皮下组织、肠管黏膜、脂肪等处有广泛的出血或带黄色。肾脏、脾脏肿大。法氏囊萎缩，胸腺水肿。特征性组织学变化是肝细胞内出现核内包涵体。

　　病鸡因抵抗力下降，常出现巴氏杆菌［肝脏出血并伴有点状灰白色坏死灶（见图4-142）］或大肠杆菌［肝脏出血伴有点肝脏表面胶冻样渗出（见图4-143）］等的继发或并发感染。

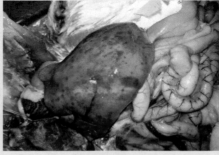

图4-140　病鸡肝脏肿大，有不同程度的斑块状出血（王峰　供图）

图4-141　病鸡肝脏略萎缩（左），并发肝包膜炎（右）（孙卫东　供图）

图4-142　病鸡肝脏出血伴有点状灰白色坏死灶（孙卫东　供图）

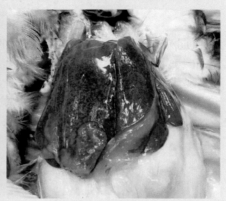

图4-143　病鸡肝脏出血伴有胶冻样渗出（孙卫东　供图）

五、诊断

该病根据临床症状、病理剖检变化和肝脏细胞特征性组织学变化可做出初步诊断，确诊必须进行病原分离和血清学试验。

六、防治方法

【预防措施】
①加强饲养管理，防止或消除一切应激因素（过冷、过热、通风不良、营养不足、密度过高、贼风以及断喙过度等）。
②杜绝传染源传入，从安全的种鸡场引进苗鸡或种蛋。若苗鸡来自可疑种鸡场，应在本病可能暴发前2～3天（根据以往病史），适当喂给抗菌药物，连续喂4～5批出壳的雏鸡，同时再添加铁、铜、钴等微量元素，同时用碘制剂、次氯酸钠等消毒剂进行消毒。
【治疗方法】目前尚无有效的治疗药物。
【注意事项】
由于本病毒的血清型较多，故疫苗接种的可靠程度不一，因此，控制本病的诱因要比接种疫苗更为有效。腺病毒广泛存在于鸡群中，只有在免疫抑制时才发病，因此必须首先做好传染性法氏囊病、鸡传染性贫血病等的免疫预防工作。

第九节　心包积水综合征

一、概念

【定义】心包积水综合征（Hydropericardium syndrome）该病最早于1987年发生在巴基斯坦的安格拉地区，故被称为Angara病，而在印度被称为Leechi病，在墨西哥和其他拉丁美洲国家被称为Hydropericardium hepatitis syndrome（心包积水-肝炎综合征）。
【病原】为腺病毒科、腺病毒属Ⅰ群4型腺病毒。

二、临床症状

国外报道该病主要侵害3～5周龄鸡，已经进入产蛋期的蛋鸡也可发生此病，只是发病率相对低一些。病鸡多数病程很短，主要表现为精神沉郁，不愿活动，食欲减退，排黄色稀粪。鸡冠呈暗紫红色，呼吸困难。

三、病理剖检变化

病/死鸡剖检可见：多数鸡的心包积液十分明显，液体呈淡黄色、透明（见图4-144和

视频4-5
（扫码观看：心包积液综合征-剖检见心包积液）

视频4-5)，内含胶冻样的渗出物（见图4-145）；病鸡的心冠脂肪减少，呈胶胨样，且右心肥大、扩张（见图4-146）；肝脏肿大，有些有点状出血或坏死点；腺胃与肌胃之间有明显出血，甚至呈现出血斑或出血带；肾稍微肿大，输尿管内尿酸盐增多；少数病死鸡有气囊炎，肺脏淤血、出血、水肿（见图4-147）。育雏期内发病的，胸腺（见图4-148）、法氏囊萎缩。产蛋期发病的，卵巢、输卵管均无异常。

图4-144　病鸡心包内积有大量的液体（孙卫东　供图）

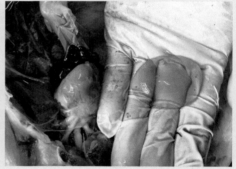

图4-145　病鸡心包内的积液中有时还有胶胨样渗出物（孙卫东　供图）

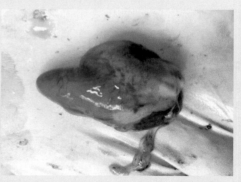

图4-146　病鸡的心冠脂肪减少、呈胶胨样（左），且右心肥大、扩张（右）（孙卫东　供图）

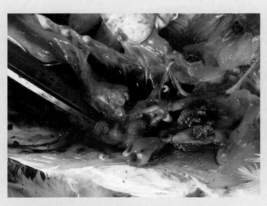

图4-147　病鸡的肺脏瘀血、出血、水肿
（孙卫东　供图）

图4-148　病鸡的胸腺萎缩
（孙卫东　供图）

四、诊断

根据流行病学、临床症状和病理变化可做出初步诊断。心包大量积液同时伴有肝脏细胞内发现包涵体具有诊断意义。确诊需要进行病原学、血清学及分子生物学等方面的工作。

五、防治方法

【预防措施】

国外（墨西哥、印度和巴基斯坦）采用鸡包涵体肝炎-心包积水综合征（Ⅰ群4型腺病毒）油乳灭火苗和活苗，肉鸡在15～18日龄免疫注射效果好，在10日龄和20日龄进行2次免疫效果更佳，皮下注射较肌内注射的效果好。国内现有的研究资料显示，目前我国流行的所谓心包积水综合征不完全是Ⅰ群4型病毒，在使用前应该找相关的检测机构获得较为明确的诊断后，再使用与本鸡场血清型一致的疫苗。建议：若在既往发生的疫区，可使用自家灭活疫苗，慎用活疫苗（尤其是非SPF鸡胚生产的疫苗）。

【治疗方法】

在收集病死鸡、淘汰病残鸡，及时做好无害化处理的同时，隔离病鸡治疗。

（1）生物制品疗法

① 血清疗法，因该病原的血清型多（12型），故在使用血清治疗前一定要确认其与本鸡场流行毒株的血清型一致，否则无效。

② 卵黄抗体疗法，能取得一定的效果，但可能存在卵黄带菌（毒），且不能排除该病复发的可能。

③ 自家苗紧急预防，有人认为有一定效果，但考虑到自家苗制作的时间、安全性检验的时间及注射疫苗后产生抗体的时间，结合本病的病程，笔者认为其理论基础值得商榷。

（2）已发病鸡场防治药物的选择　该病侵袭的靶器官主要肝脏、肺脏、右心室、肾脏。其西医治则为抑制病毒增殖，减少出血性肺炎，保肝护肾；中医治则为抗病毒，疏理肝气，安心神，温补脾气，坚阴除湿。具体做法为：

① 抑制病毒繁殖，可使用干扰素、抗病毒冲剂，或在饮水中加入0.07%～0.1%碘液等。

② 保肝护肾，使用葡萄糖、维生素C、龙胆泻肝汤、五苓散、茯白散等。

③ 利水消肿，保护上皮细胞，改善微循环，维持水、电解质和酸碱平衡，即使用呋塞米利尿，牛磺酸、ATP、肌苷、CoA补充能量等。

④ 提高自身抵抗力、防止继发感染（注意药物剂量）。

（3）已发病鸡场的管理

① 做好鸡群基础性疫苗的免疫接种工作：尤其是免疫抑制性疾病的免疫。

② 种鸡控制：注意引种安全。

③ 在发病区域、发病季节：注意及时扩栏和鸡群的有效隔离，养殖密度；打开禽舍顶窗除湿等。

④ 给鸡充足的氧气：注意通风。

⑤ 密闭式鸡舍：注意负压不要过大。

⑥ 预防各种应激：尤其是夏季的热应激，做好防暑降温工作。

【注意事项】

（1）病因分析　引发心包积液的原因很多。

① 病原因素：腺病毒只是其致病原之一，其他病毒（如传染性贫血因子、IBD等）与该病之间的相互作用值得进一步研究；另据研究报道，除腺病毒外似乎还有一种传染性病原（如禽流感H9亚型等）与腺病毒协同感染才能复制出本病。

② 中毒因素：如黄曲霉毒素中毒、聚氯二苯中毒、某种化学毒素中毒等。据报道腺病毒与黄曲霉（毒素）混合感染后，可以复制典型的鸡心包积液综合征。

③ 营养因素：如菜籽饼等与代谢紊乱。

④ 诱发因素：缺氧、过度负压通风。

⑤ 遗传育种。

（2）对待心包积水综合征的态度

① 不要轻易相信你的鸡得了鸡心包积液综合征，但如果已经得到权威检测机构的明确结果时应及时采取应对措施。

② 按流程做好常规的管理，尤其是生物安全措施（消毒）、疫苗免疫和药物预防。

③ 不要盲目使用一些效果尚不确定的生物制品，因为在发达国家，生物制品永远是防治疾病的最后一道防线。

第十节　马立克氏病

一、概念

【定义】马立克氏病（Marek's disease，MD）是由马立克氏病病毒引起的，以危害淋巴系统和神经系统，引起外周神经、性腺、虹膜、各种内脏器官、肌肉和皮肤的单个或多个组织器官发生肿瘤为特征的禽类传染病。

【病原】为疱疹病毒科、α疱疹病毒亚科的马立克氏病病毒。该病毒分为三个血清型，血清Ⅰ型包括强毒株及其致弱毒株；血清Ⅱ型，在自然情况下存在于鸡体内，但不致瘤；血清Ⅲ型为火鸡疱疹病毒（HVT）。

二、流行病学

【易感动物】鸡是主要的自然宿主。鹌鹑、火鸡、雉鸡、乌鸡等也可发生自然感染。2周龄以内的雏鸡最易感。6周龄以上的鸡可出现临床症状，12～24周龄最为严重。

【传染源】病鸡和带毒鸡。

【传播途径】呼吸道是主要的感染途径，羽毛囊上皮细胞中成熟型病毒可随着羽毛和脱落皮屑散毒。病毒对外界抵抗力很强，在室温下传染性可保持4～8个月。此外，进出育雏室的人员、昆虫（甲虫）、鼠类可成为传播媒介。

【流行季节】无明显的季节性。

三、临床症状

本病的潜伏期为4个月。根据临床症状分为4个型，即神经型、内脏型、眼型和皮肤型。本病的病程一般为数周至数月。因感染的毒株、易感鸡品种（系）和日龄不同，死亡率表现为2%～70%。

（1）神经型 最早症状为运动障碍。常见腿和翅膀完全或不完全麻痹，表现为"劈叉"式（见图4-149）、翅膀下垂；嗉囊因麻痹而扩大。

（2）内脏型 常表现极度沉郁，有时不表现任何症状而突然死亡。有的病鸡表现厌食、消瘦（见图4-150）和昏迷，最后衰竭而死。

图4-149 病鸡呈"劈叉"姿势
（孙卫东 供图）

图4-150 病鸡消瘦、龙骨突出
（孙卫东 供图）

（3）眼型 视力减退或消失。虹膜失去正常色素（见图4-151），呈同心环状或斑点状。瞳孔边缘不整，严重阶段瞳孔只剩下一个针尖大小的孔。

（4）皮肤型 全身皮肤毛囊肿大，以大腿（见图4-152）、翅部（见图4-153）、腹部、胸前部（见图4-154）尤为明显。

图4-151　病鸡视力减退或消失，虹膜失去
正常色素（孙卫东　供图）

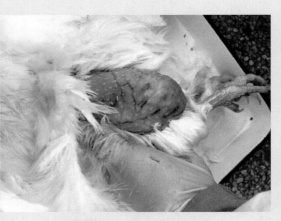

图4-152　病鸡腿部的肿瘤
（孙卫东　供图）

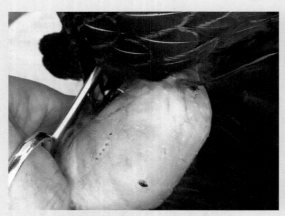

图4-153　病鸡翅部的肿瘤
（孙卫东　供图）

图4-154　病鸡胸前部的肿瘤
（孙卫东　供图）

四、病理剖检变化

（1）神经型　常在翅神经丛、坐骨神经丛、坐骨神经、腰荐神经和颈部迷走神经等处发生病变，病变神经可比正常神经粗2～3倍，横纹消失，呈灰白色或淡黄色。有时可见神经淋巴瘤。

（2）内脏型　在心（见图4-155）、肝（见图4-156）、脾（见图4-157）、胰（见图4-158）、睾丸、卵巢（见图4-159）、肾（见图4-160）、肺（见图4-161）、腺胃（见图4-162）、心脏、肠管（见图4-163）等脏器出现广泛的结节性或弥漫性肿瘤。

（3）眼型　虹膜失去正常色素，呈同心环状或斑点状。瞳孔边缘不整，严重阶段瞳孔只剩下一个针尖大小的孔。

（4）皮肤肌肉型　常见毛囊肿大，大小不等，融合在一起，形成淡白色结节，在拔除羽毛后尸体尤为明显（见图4-164）。肌肉肿瘤切开后可见肿瘤部有多个坏死灶（见图4-165）。

图4-155　病鸡心脏上的肿瘤结节（李银　供图）

图4-156　病鸡肝脏上的肿瘤结节
（李银　供图）

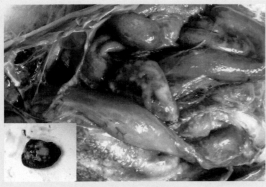

图4-157　病鸡脾脏上的肿瘤结节（左下角
为脾脏肿瘤的横切面）（孙卫东　供图）

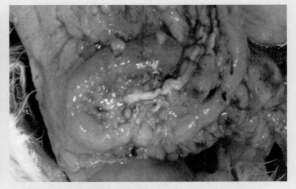

图4-158　病鸡胰腺上的肿瘤结节
（孙卫东　供图）

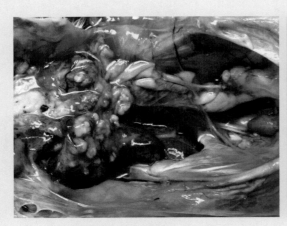

图4-159　病鸡卵巢上的肿瘤结节
（孙卫东　供图）

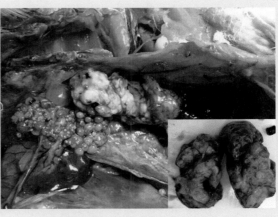

图4-160　病鸡肾脏上的肿瘤结节
（孙卫东　供图）

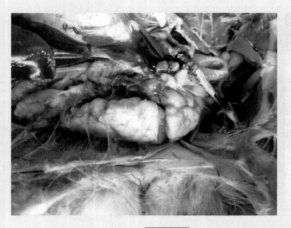
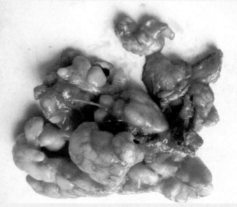

图4-161　病鸡肺脏上的肿瘤结节（李银　供图）

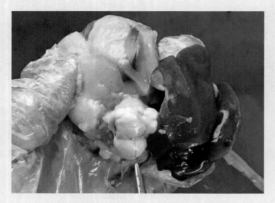

图4-162　病鸡腺胃上的肿瘤结节
（闫光金　供图）

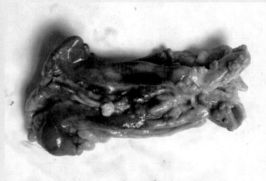

图4-163　病鸡肠道上的肿瘤结节
（孙卫东　供图）

图4-164　病鸡股内侧皮肤上的肿瘤结节
（孙卫东　供图）

图4-165　腿部（左）和翅部（右）肌肉肿瘤切
开后可见肿瘤部有多个坏死灶（孙卫东　供图）

五、诊断

目前诊断最可靠的方法仍然是临床综合诊断，特别是病理剖检。用单克隆抗体做间接荧光检测、PCR和基因探针，可区分马立克氏病病毒的三种血清型。琼脂扩散试验常用于监测感染或疫苗接种免疫后的鸡群。

六、防治方法

【预防措施】实行"以免疫为主"的综合性防治措施。

（1）免疫接种

① 免疫接种要求　应于雏鸡出壳24小时内进行免疫。所用疫苗必须是经国务院兽医主管部门批准使用的疫苗。

② 疫苗的种类　目前使用的疫苗有三种，人工致弱的Ⅰ型（如CVI988）、自然不致瘤的Ⅱ型（如SB1、Z4）和Ⅲ型HVT（如FC126）。HVT疫苗使用最为广泛，但有很多因素可以影响疫苗的免疫效果。

③ 参考免疫程序　选用火鸡疱疹病毒（HVT）疫苗或CVI988病毒疫苗，小鸡在一日龄接种；或以低代次种毒生产的CVI988疫苗，每头份的病毒含量应大于2000PFU，通常一次免疫即可，必要时还可加上HVT同时免疫。疫苗稀释后仍要放在冰瓶内，并在2小时内用完。

（2）加强监测　养禽场应做好死亡鸡肿瘤发生情况的记录，并接受动物防疫监督机构监督。对可能存在超强毒株的高发鸡群使用814+SB-1二价苗或814+SB-1+FC_{126}三价苗进行免疫接种。

（3）引种检疫　国内异地引入种禽时，应经引入地动物防疫监督机构审核批准，并取得原产地动物防疫监督机构的免疫接种证明和检疫合格证明。

（4）加强饲养管理

① 防止雏鸡早期感染　为此种蛋入孵前应对种蛋进行消毒；注意育雏室、孵化室、孵化箱和其他笼具应彻底消毒；雏鸡最好在严格隔离的条件下饲养；采用全进全出的饲养制度，防止不同日龄的鸡混养于同一鸡舍。

② 提高环境控制水平　饲养、生产、经营等场所必须符合《动物防疫条件审核管理办法》（农业农村部15号令）的要求，并须取得动物防疫合格证。饲养场实行全进全出的饲养方式，控制人员出入，严格执行清洁和消毒程序。

（5）加强消毒　各饲养场、屠宰厂（场）、动物防疫监督检查站等要建立严格的卫生（消毒）管理制度。

【治疗方法】对于患该病的鸡群，目前尚无有效的治疗方法。一旦发病，应隔离病鸡和同群鸡，鸡舍及周围进行彻底消毒，对重症病鸡应立即扑杀，并连同病死鸡、粪便、羽毛及垫料等进行深埋或焚烧等无害化处理。

【注意事项】

在疫苗免疫接种之前应严格检查每一瓶疫苗，剔除不合格的产品，同时注意开瓶后疫苗使用的时间和每只鸡接种疫苗的剂量，确保每只鸡疫苗免疫接种的有效性。此外，在疫苗接种后到疫苗产生保护力至少需要一周时间，故此阶段必须强化卫生管理，防止雏鸡的早期感染显得至关重要。

第十一节　禽淋巴白血病

一、概念

【定义】禽淋巴白血病（Avian lymphoid leukemia）是由禽白血病/肉瘤病毒群中的病毒引起的禽类多种肿瘤性疾病的总称。临床上以病禽血细胞和血母细胞失去控制而大量增殖，使全身很多器官发生良性或恶性肿瘤，最终导致死亡或失去生产能力。我国将其列为二类动物疫病。

【病原】禽白血病/肉瘤病毒群中的病毒属反转录病毒科、禽C群反转录病毒，俗称C型肿瘤病毒。该群中的鸡成髓细胞白血病病毒（AMV）、鸡成红细胞白血病病毒（AEV）和肉瘤病毒等，含有一种特殊瘤基因，这些基因可在数天内引起肿瘤迅速转化和生长；而淋巴白血病病毒则缺乏该转化基因，故该病毒引起肿瘤速度慢，需要数周甚至数月才能形成肿瘤。根据病毒在不同遗传型鸡胚成纤维细胞上的宿主范围、病毒间的干扰情况及病毒囊膜中和抗原特性，本病毒分为A、B、C、D、E、J等亚群。A亚群和B亚群病毒为临床上常见的外源性病毒，E亚群为极为普遍的致瘤性内源性病毒，而C亚群和D亚群在临床上罕见，J亚群病毒则为20世纪90年代从肉用型鸡中分离到的一种新的致病性白血病病毒。

二、流行病学

【易感动物】鸡是本群所有病毒的自然宿主。此外，雉、鸭、鸽、日本鹌鹑、火鸡、岩鹧鸪等也可感染。

【传染源】病禽或病毒携带禽为主要传染源，特别是病毒血症期的禽。

【传播途径】主要通过种蛋（存在于蛋清及胚体中）垂直传播，也可通过与感染鸡或污染的环境接触而水平传播。

【流行季节】无明显的季节性。

三、临床症状和病理剖检变化

潜伏期较长，因病毒株不同、鸡群的遗传背景差异等而不同。一般发生于16周龄以上的鸡，并多发生于24～40周龄之间；且发病率较低，一般不超过5%。其临床表现和剖检变化有很多类型。

（1）淋巴性白血病型　在鸡白血病中最常见，该病无明显特征性变化。病鸡表现为食欲不振，进行性消瘦（见图4-166），冠和肉髯苍白、皱缩（见图4-167）、偶见发绀，后期腹部增大，可触诊出肝脏肿瘤结节。隐性感染的母鸡，性成熟推迟、蛋小且壳薄，

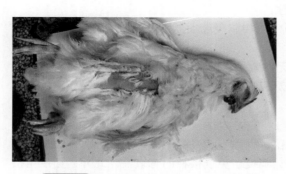

图4-166　病鸡进行性消瘦，龙骨突出
（孙卫东　供图）

受精率和孵化率降低。剖检时可见到肝脏（见图4-168和图4-169）、脾脏（见图4-170）、心脏（见图4-171）、肾脏（见图4-172）、肺脏、腺胃（见图4-173）、肠壁（见图4-174）、盲肠、扁桃体（见图4-175）、卵巢（见图4-176）和睾丸、法氏囊（见图4-177）等不同器官有大小不一、数量不等的肿瘤。有的病鸡在颅骨也能形成肿瘤（见图4-178）。肿瘤有结节型、粟粒型、弥散型和混合型等。

图4-167　病鸡的鸡冠和肉髯色淡、皱缩（左为健康对照）（孙卫东　供图）

图4-168　病鸡肝脏上的弥散型肿瘤结节（秦卓明　供图）

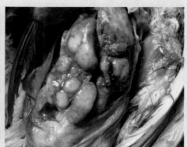

图4-169　病鸡肝脏上的结节型肿瘤结节（陈甫　供图）

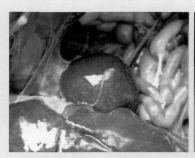

图4-170　病鸡脾脏上的弥散型肿瘤结节（李银　供图）

图4-171　病鸡心脏上的肿瘤结节（陈甫　供图）

图4-172　病鸡肾脏上的肿瘤结节（陈甫　供图）

图4-173　病鸡腺胃因肿瘤而肿大（秦卓明　供图）

图4-174　病鸡的肠系膜上有大小不等的肿瘤结节（孙卫东　供图）

图4-175　病鸡盲肠淋巴结上的肿瘤结节（陈甫　供图）

图4-176 病鸡的卵巢上有大小不等的肿瘤结节（陈甫 供图）

图4-177 病鸡的法氏囊上有大小不等的肿瘤结节（孙卫东 供图）

图4-178 病鸡颅骨上的肿瘤结节（陈甫 供图）

（2）成红细胞性白血病型 该病型较少见。有增生型和贫血型两种。病鸡表现为冠轻度苍白或变成淡黄色，消瘦，腹泻，一个或多个羽毛囊可能发生大量出血。病程从数天到数月不等。剖检时，增生型肝脏和脾脏显著肿大，肾轻度肿胀，上述器官呈樱红色到曙红色，质脆而柔软。骨髓增生呈水样，颜色为暗红色到樱红色。贫血型病变为内脏器官萎缩，骨髓苍白呈胶冻样。

（3）成髓细胞性白血病型 病鸡表现为嗜睡、贫血、消瘦、下痢和部分毛囊出血（见图4-179）。剖检时可见肝脏（见图4-180）、脾脏（见图4-181）、肠道（见图4-182）、腹部脂肪（见图4-183）等处出现血管瘤，骨髓增生呈苍白色。

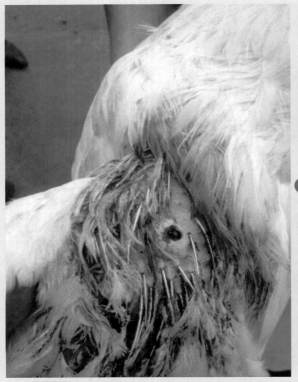

图4-179 病鸡的毛囊出血（孙卫东 供图）

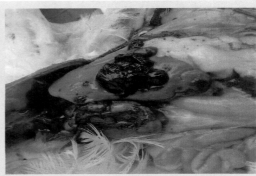

图4-180 病鸡肝脏上的血管瘤（张文明 供图）

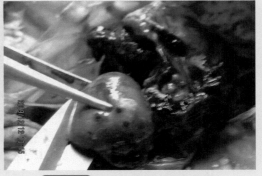

图4-181 病鸡脾脏上的血管瘤（孙卫东 供图）

图4-182　病鸡肠壁上的血管瘤
（陈甫　供图）

图4-183　病鸡腹部脂肪内的血管瘤
（孙卫东　供图）

（4）骨髓细胞瘤病型　在病鸡的骨髓上可见到由骨髓细胞增生所形成的肿瘤，因而病鸡头部、胸和肋骨会出现异常突起。剖检可见在骨髓的表面靠近肋骨处发生肿瘤。骨髓细胞瘤呈淡黄色、柔软、质脆或似干酪样，呈弥漫状或结节状，常散发，两侧对称发生。

（5）骨石化病型　多发于育成期的公鸡，呈散发性，特征是长骨，尤其跖骨变粗（见图4-184），外观似穿长靴样，病变常两侧对称。病鸡一般发育不良，苍白，行走拘谨或跛行。剖检见骨膜增厚，疏松骨质增生呈海绵状，易被折断，后期骨质变成石灰样，骨髓腔可被完全阻塞，骨质比正常坚硬（见图4-185）。

图4-184　病鸡的跖骨变粗（箭头所示）
（孙卫东　供图）

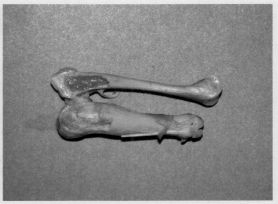

图4-185　病鸡的跖骨变粗，骨髓腔被完全阻塞，骨质比正常坚硬（上为健康对照）
（孙卫东　供图）

四、诊断

　　根据流行病学和病理学检查，如16周龄以上的鸡渐进性消瘦、低死亡率，法氏囊组织呈淋巴细胞浸润等即可做出初步临床诊断。确诊依赖于病毒的分离鉴定和血清特异性抗体检测，它们虽然在日常的诊断中很少使用，但在净化种鸡场、原种鸡场特别是SPF鸡场时却十分有用。病毒分离最好选用血浆、血清、肿瘤病灶、刚产蛋的蛋清、10日龄鸡胚和粪便。病料经适当处理后接种敏感CEF，因接种后不产生明显的细胞病变，可选择抵抗力诱导因子试验（RIF）、补体结合试验和ELISA、非产毒细胞激活试验（NP）、表型混合试验（PM）等进行鉴定。有些毒株接种鸡胚绒毛膜可产生痘斑。一般实验室可用琼脂扩散试验检测羽髓中的gs抗原，结果可靠。

五、防治方法

【预防措施】

（1）做好鸡群的检测和净化工作　本病至今尚无有效疫苗可降低该病的发生率和死亡率。控制该病应从建立无禽淋巴白血病的种鸡群着手，对每批即将产蛋的种鸡群，经酶联免疫吸附试验或其他血清学方法检测，对阳性鸡进行一次性淘汰。如果每批种鸡淘汰一次，经3～4代淘汰后，鸡群的禽淋巴白血病将显著降低，并逐步消灭。因此，控制该病的重点是做好原种场、祖代场、父母代场鸡群净化工作。

（2）实行严格的检疫和消毒　由于禽白血病可通过鸡蛋垂直传播，因此种鸡、种蛋必须来自无禽白血病的鸡场。雏鸡和成鸡也要隔离饲养。孵化器、出雏器、育雏室及其他设备每次使用前应彻底清洗、消毒，防止雏鸡接触感染。

（3）建立科学的饲养管理体系　采取"全进全出"的饲养方式和"封闭式饲养"制度。加强饲养管理，前期温度一定要稳定，降低温差；密度要适宜，保证每只鸡有适宜的采食、饮水空间；低应激，防止贼风，不断水，不断料等。使用优质饲料促进鸡群良好的生长发育。

【治疗方法】目前尚没有疗效确切的药物治疗。

【注意事项】

发现疑似疫情时，养鸡户应立即将病鸡及其同群鸡隔离，并限制其移动；对病鸡粪便和分泌物等污染的饲料、饮水和饲养用具等彻底消毒，防止直接或间接接触的水平传播，并按照《J-亚群禽白血病防治技术规范》进行疫情处理。

第十二节　网状内皮组织增殖症

一、概念

【定义】网状内皮组织增殖症（Reticuloendotheliosis）是由网状内皮组织增殖病病毒群的反转录病毒引起的一群病理综合征。临床上可表现为急性网状内皮细胞肿瘤、矮小病综合征以及淋巴组织和其他组织的慢性肿瘤等。该病对种鸡场和祖代鸡场可造成较大的经济损失，而且还会导致免疫抑制，故需引起重视。

【病原】网状内皮组织增殖病病毒（REV）群属反转录病毒科禽C型反转录病毒属，包括REV-T株、REV-A株、雏鸡合胞体病毒（CSV）、鸭传染性贫血病毒（DIAV）、脾坏死病毒（SNV），目前已从世界各地分离到30多个毒株。

二、流行病学

【易感动物】该病的感染率因鸡的品种、日龄和病毒的毒株不同而不同。该病毒对雏鸡特别是1日龄雏鸡最易感，低日龄雏鸡感染后引起严重的免疫抑制或免疫耐受，较大日龄雏鸡感染后，不出现或仅出现一过性的病毒血症。

【传播途径】病毒可通过口、眼分泌物及粪便水平传播，也可通过蛋垂直传播。此外，商品疫苗的种毒如果受到该病病毒的意外污染，特别是马立克氏病和鸡痘疫苗，会人为造成全群感染。

三、临床症状和病理剖检变化

因病毒的毒株不同而不同。

（1）急性网状内皮细胞肿瘤病型 潜伏期较短，一般为3～5天，死亡率高，常发生在感染后的6～12天，新生雏鸡感染后死亡率可高达100%。剖检见肝脏、脾脏、胰腺、性腺、心脏等肿大，并伴有局灶性或弥漫性的浸润病变。

（2）矮小病综合征病型 病鸡羽毛发育不良（见图4-186），腹泻，垫料易潮湿（俗称湿垫料综合征），生长发育明显受阻（见图4-187），机体瘦小/矮小。剖检见胸腺和法氏囊萎缩，并有腺胃炎、肠炎、贫血、外周神经肿大等症状。

（3）慢性肿瘤病型 病鸡形成多种慢性肿瘤，如鸡法氏囊淋巴瘤（见图4-188）、鸡非法氏囊淋巴瘤、火鸡淋巴瘤和其他淋巴瘤等。

图4-186 病鸡羽毛发育不良（孙卫东 供图）

图4-187 病鸡生长发育明显受阻，脚鳞发白，易腹泻、被毛潮湿（孙卫东 供图）

图4-188 鸡法氏囊淋巴瘤外观（孙卫东 供图）

四、诊断

本病的确诊，不仅根据典型的临床症状、病理变化，而且需要从临床病例中进行病毒的分离、鉴定。在肿瘤细胞中检测到感染性病毒、病毒抗原和前病毒DNA才具有诊断价值。

此外，可用间接免疫荧光试验、病毒中和试验、琼脂凝胶扩散试验、ELISA等血清学方法进行诊断；PCR反应检测前病毒RNA，用于诊断肿瘤和检测REV污染的疫苗。

五、防治方法

【预防措施】目前尚无有效预防本病的疫苗。

【治疗方法】请参考马立克氏病对应部分的叙述。

【注意事项】

防止疫苗污染，选择SPF鸡胚制作的疫苗。净化种鸡群，对种鸡群进行检测，剔除阳性鸡。

第十三节　鸡传染性贫血

一、概念

【定义】鸡传染性贫血（Chicken infectious anemia，CIA）是由鸡传染性贫血病毒引起的以再生障碍性贫血和淋巴组织萎缩为特征的一种免疫抑制性疾病。目前该病在我国的邻国日本等地广泛存在，应引起兽医临床工作者的重视。

【病原】为圆环病毒科、圆环病毒属、鸡传染性贫血病毒。

二、流行病学

【易感动物】本病主要发生于2～4周龄雏鸡，发病率100%，死亡率10%～50%，肉鸡比蛋鸡易感，公鸡比母鸡易感。

【传染源】病鸡和带毒鸡是本病的主要传染源。

【传播途径】病毒主要经蛋垂直传播，一般在出壳后2～3周发病，也可经呼吸道、免疫接种、伤口等水平传播。

图4-189　病鸡的脚鳞颜色变白（左为正常对照）（孙卫东　供图）

三、临床症状

该病一般在感染10天后发病，病鸡表现为精神沉郁、衰弱、消瘦、行动迟缓、生长缓慢/体重减轻，鸡冠、肉垂等可视黏膜苍白，喙、脚颜色变白（见图4-189），翅膀皮炎或呈现蓝翅，下痢。病程1～4周。

四、病理剖检变化

病鸡血稀、色淡（见图4-190），血凝时间延长，血细胞比容值可下降20%以下，重症者可降到10%以下。全身肌肉及各脏器苍白呈贫血状态（见图4-191），有时病鸡会出现肌肉出血（见图4-192）。胸腺显著萎缩甚至完全退化，呈暗红褐色，骨髓褪色呈脂肪色、淡黄色或粉红色，偶有出血肿胀。肝脏、脾脏及肾脏肿大、褪色，有时肝脏黄染，有坏死灶。严重贫血鸡可见腺胃/肌胃黏膜糜烂或溃疡，消化道萎缩、变细，黏膜有出血点（见图4-193）。部分病鸡的肺实质病变，心肌、真皮及皮下出血。

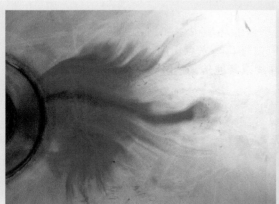

图4-190　病鸡的血液稀薄、色淡（孙卫东　供图）

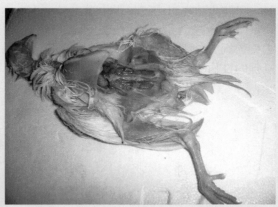

图4-191　病鸡的全身肌肉出血和各脏器苍白呈贫血状态（秦卓明　供图）

图4-192　有些病鸡的腿肌肌肉出血（秦卓明　供图）

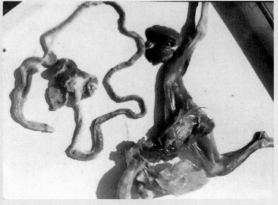

图4-193　病鸡腺胃黏膜糜烂，消化道变细、黏膜有出血点（孙卫东　供图）

五、诊断

根据流行病学特点、症状和病理变化，可做出初步诊断。血常规检查有助于诊断，但确诊需要做病毒学（病毒的分离、鉴定）、血清学（病毒中和试验和ELISA等）和分子生物学（核酸探针技术、PCR等）等方面的工作。

六、防治方法

【预防措施】

（1）免疫接种　目前全球成功应用的疫苗为活疫苗，如德国罗曼动物保健有限公司的Cux-1株活疫苗，可以经饮水途径接种8周龄至开产前6周龄的种鸡，使子代获得较高水平的母源抗体，有效保护子代抵抗自然野毒的侵袭。要注意的是，不能在开产前3～4周龄时接种，以防止该病毒通过种蛋传播。

（2）加强饲养管理和卫生消毒措施　实行严格的环境卫生和消毒措施，采取"全进全出"的饲养方式和"封闭式饲养"制度。鸡场应做好鸡马立克氏病、鸡传染性法氏囊病等免疫抑制性病的疫苗免疫接种工作，避免因霉菌毒素或其他传染病导致的免疫抑制。

【治疗方法】目前尚无有效的治疗方法。

第十四节　禽传染性脑脊髓炎

一、概念

【定义】禽传染性脑脊髓炎（Avian encephalomyelitis，AE）俗名流行性震颤，是由禽脑脊髓炎病毒引起的一种主要侵害雏鸡的病毒性传染病。临床上以两腿轻微不全麻痹、瘫痪，头颈震颤，产蛋鸡产蛋量急剧下降等为特征。

【病原】为小RNA病毒科的肠道病毒属禽传染性脑脊髓炎病毒。

二、流行病学

【易感动物】鸡、雉、日本鹌鹑、火鸡，各日龄均可感染，以1～3周龄的雏鸡最易感。雏鸭、雏鸽可被人工感染。

【传染源】病禽、带毒的种蛋。

【传播途径】病毒可经卵垂直传播，也可经消化道水平传播。

【流行季节】该病一年四季均可发生。

三、临床症状

图4-194　病鸡出现走路不稳，头颈部震颤
（秦卓明　供图）

该病的潜伏期6～7天。通常自出壳后1～7日龄和11～20日龄出现两个发病和死亡的高峰期，前者为病毒垂直传播所致，后者为水平传播所致。典型症状多见于雏鸡，病雏初期眼神呆滞，走路不稳，头颈部震颤（见图4-194），随后出现共济失调（见图4-195）或

图4-195 病鸡出现共济失调（左下）
（秦卓明 供图）

图4-196 病鸡共济失调或完全瘫痪
（程龙飞 供图）

完全瘫痪（见图4-196），后期衰竭卧地，被驱赶时摇摆不定或以翅膀扑地。死亡率一般为10%～20%，最高可达50%。1月龄以上鸡感染后很少表现临床症状，产蛋鸡感染后可见产蛋量急剧下降，蛋种减轻，一般经15天后产蛋量尚可恢复。种鸡感染后2～3周内所产种蛋带有病毒，孵化率会降低（下降幅度为5%～20%），孵化出的苗鸡往往发育不良，此过程会持续3～5周。

四、病理剖检变化

病/死雏鸡可见腺胃的肌层及胰腺中有浸润的淋巴细胞团块所形成的数目不等的从针尖大到米粒大的灰白色小病灶，脑盖骨有出血斑点（见图4-197），揭去脑盖骨后，发现在大小脑表面有针尖大的出血点（见图4-198），有时仅见到脑水肿。在成年鸡偶见脑水肿。病毒接种鸡胚后发现鸡胚发育不良、弱小（见图4-199），感染鸡胚的肝脏出现斑斓肝病变（见图4-200）。

图4-197 病鸡的脑部淤血、出血明显
（程龙飞 供图）

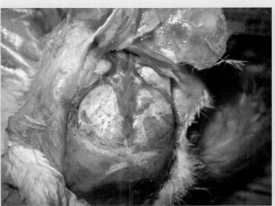

图4-198 病鸡的脑膜有出血点
（秦卓明 供图）

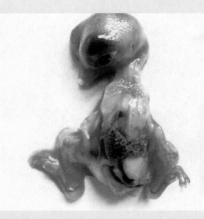

图4-199　鸡胚感染病毒后鸡胚发育不良、弱小（右为健康对照）（秦卓明　供图）　　图4-200　鸡胚感染病毒后鸡胚肝脏出现斑斓肝病变（秦卓明　供图）

五、诊断

根据疾病仅发生在3周龄以下的雏鸡，无明显的眼观病变而以共济失调和震颤为主要症状，药物治疗无效等，可做出初步诊断。但确诊需要做病毒学（病毒的分离、鉴定）、血清学（中和试验和荧光抗体技术等）和分子生物学等方面的工作。

六、类似病症鉴别

本病表现的走路不稳、共济失调与维生素 B_1 缺乏症相似，其鉴别诊断见维生素 B_1 缺乏症相关部分内容的叙述。

七、防治方法

【预防措施】

（1）免疫接种

① 疫区的免疫程序　蛋鸡在75～80日龄时用弱毒苗饮水接种，开产前肌内注射灭活苗；或蛋鸡在90～100日龄用弱毒苗饮水接种。种鸡在120～140日龄饮水接种弱毒苗或肌内注射禽脑脊髓炎病毒油乳剂灭活苗。

② 非疫区的免疫程序　一律于90～100日龄时用禽脑脊髓炎病毒油乳剂灭活苗肌注。禁用弱毒苗进行免疫。

（2）严格检疫　不引进本病污染场的禽苗。种鸡在患病一个月内所产的种蛋不能用于孵化，防止经蛋传播。

【治疗方法】本病目前尚无有效的治疗方法。

【注意事项】

用于本病预防的弱毒苗，易散毒，只能用于10周龄以上、开产前4周的种鸡。若在产蛋期接种，在接种后6周内，种蛋不能用于孵化。

第十五节　病毒性关节炎

一、概念

【定义】病毒性关节炎（Viral arthritis）是一种由呼肠孤病毒引起的鸡的传染病，临床上以腿部关节肿胀、腱鞘发炎，继而使腓肠肌腱断裂，导致鸡运动障碍为特征。我国将其列为三类动物疫病。

【病原】为呼肠孤病毒。

二、流行病学

【易感动物】鸡和火鸡是已知的该病的自然宿主和试验宿主。

【传染源】病鸡/火鸡。

【传播途径】病毒主要经空气传播，也可通过污染的饲料通过消化道传播，经蛋垂直传播的概率很低，约为1.7%。

【流行季节】该病一年四季均可发生。

三、临床症状

本病潜伏期一般为1～13天，常为隐性感染。2～16周龄的鸡多发，尤以5～7周龄的鸡易感。可发生于各种类型的鸡群，但肉仔鸡比其他鸡的发病概率高。鸡群的发病率可达100%，死亡率从0～6%不等。病鸡多在感染后3～4周发病，初期步态稍见异常，逐渐发展为跛行（见图4-201），跗关节肿胀，常蹲伏，驱赶时才跳动。患肢不能伸张，不敢负重，当肌腱断裂时（见图4-202），趾屈曲，病程稍长时，患肢多向外扭转，步态蹒跚，这种症状多见于大雏或成鸡。种鸡及蛋鸡感染后，产蛋率下降10%～15%，种鸡受精率下降。病程在1周左右到1个月之久。

图4-201　病鸡跛行（郎应仁　供图）

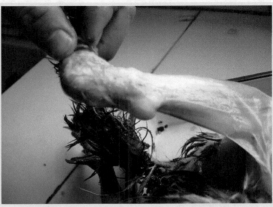

图4-202　病鸡的肌腱断裂形成的突出肿胀
（郎应仁　供图）

图4-203 病鸡的关节囊及腱鞘水肿、充血或出血（郎应仁 供图）

四、病理剖检变化

病/死鸡剖检时可见关节囊及腱鞘水肿、充血或出血（见图4-203），跖伸肌腱和跖屈肌腱发生炎性水肿（见图4-204），造成病鸡小腿肿胀增粗，跗关节较少肿胀，关节腔内有少量渗出物，呈黄色透明或带血或有脓性分泌物。慢性型可见腱鞘粘连（见图4-205）、硬化、软骨上出现点状溃疡、糜烂、坏死，骨膜增生（见图4-206），使骨干增厚。关节软骨。严重病例可见肌腱断裂或坏死（见图4-207）。

图4-204 病鸡的跖伸肌腱和跖屈肌腱发生炎性水肿（郎应仁 供图）

图4-205 病鸡的腱鞘粘连（郎应仁 供图）

图4-206 病鸡的骨膜增生、出血（郎应仁 供图）

图4-207 病鸡肌腱断裂或坏死（孙卫东 供图）

五、诊断

根据流行病学、临床症状和病理变化可做出初步诊断。腿部腱鞘的肿胀同时伴有心肌纤维间的异嗜性白细胞浸润具有诊断意义。根据病毒的分离与鉴定可做出确诊。此外，也可用琼脂扩散试验、间接荧光抗体技术和ELISA、中和试验等方法进行诊断。

六、防治方法

【预防措施】
（1）免疫接种　1～7日龄和4周龄各接种一次弱毒苗，开产前2～3周接种一次灭活苗。但应注意不要和马立克氏病疫苗同时免疫，以免产生干扰现象。

（2）加强饲养管理　做好环境的清洁、消毒工作，防止感染源传入。对肉鸡/火鸡、种禽采用全进全出的饲养程序是非常有效的控制本病的重要预防措施。不从受本病感染的种禽场进鸡/火鸡。

【治疗方法】目前尚无有效的治疗方法。

第五章　鸡细菌性疾病的类症鉴别

第一节　鸡大肠杆菌病

一、概念

【定义】鸡大肠杆菌病（Colibacillosis in chickens）是由某些致病血清型或条件致病性埃希氏大肠杆菌引起的鸡感染性疾病的总称。随着集约化养鸡业的发展，大肠杆菌病的发病率日趋增多，造成鸡的成活率下降、增重减慢和屠宰废弃率增加；与此同时该病还与慢性呼吸道病、低致病性流感、非典型新城疫、传染性支气管炎、传染性喉气管炎、巴氏杆菌病等混合感染，使病情更为复杂，成为危害养鸡业的重要传染病之一，造成巨大的经济损失。

【病原】大肠杆菌是革兰氏阴性、非抗酸染色、不形成芽孢的杆菌，在电镜下可见菌体有少量长的鞭毛和大量短的菌毛。大肠杆菌在麦康凯和远藤培养基上生长良好，由于它能分解乳糖，因此在上述培养基上形成红色的菌落。根据大肠杆菌的O抗原、K抗原、H抗原等表面抗原的不同，可将本菌分为很多血清型。我国已经发现与禽病相关的大肠杆菌血清型50余种，其中最常见的血清型是O_1、O_2、O_{35}和O_{78}，各地分离的大肠杆菌菌株之间其交叉免疫性很低。

二、流行病学

【易感动物】各种日龄、品种的鸡均可发病，以4月龄以内的鸡易感性较高。

【传染源】鸡大肠杆菌病既可单独感染，也可能是继发感染，病鸡或带菌鸡是主要的传染源。

【传播途径】该细菌可以经种蛋带菌（或污染）垂直传播，也可经消化道、呼吸道和生殖道（自然交配或人工授精）及皮肤创伤等门户入侵，饲料、饮水、垫料、空气等是主要传播媒介。

【流行季节】本病一年四季均可发生，但在多雨、闷热和潮湿季节发生更多。

三、临床症状与病理剖检变化

1.鸡胚和幼雏感染型

鸡胚感染时多在出壳前死亡（见图5-1），但也有一些鸡胚在出壳3周内陆续死亡，其中

6日龄以内的幼雏死亡最多。幼雏感染时，见部分病雏发生脐炎（俗称"硬脐"）（见图5-2和视频5-1），或脐带愈合不良（见图5-3）。剖检见卵黄囊内容物呈黄绿色或黄棕色水样物（见图5-4），或呈干酪样。

视频5-1

（扫码观看：鸡大肠杆菌病-雏鸡的脐带炎）

图5-1 感染鸡胚多在出壳前死亡或孵出弱雏
（孙卫东 供图）

图5-2 病雏的脐带发炎（俗称"硬脐"）
（孙卫东 供图）

图5-3 病雏的脐带愈合不良
（孙卫东 供图）

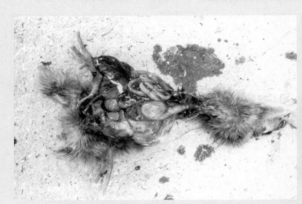

图5-4 病雏的卵黄囊内容物呈黄棕色或绿色（左）水样物（右）（孙卫东 供图）

视频5-2

（扫码观看：鸡大肠杆菌病-病鸡呼吸困难-伴呼啰音）

2.浆膜炎型

常见于2～6周龄的雏鸡，病鸡精神沉郁，缩颈眼闭，嗜睡，羽毛松乱，两翅下垂，食欲不振或废绝，气喘、甩鼻、出现呼吸困难并伴有呼吸啰音（见视频5-2），眼结膜和鼻腔带有浆液性或黏液性分泌物，部分病例腹部膨大下垂，行动迟缓，重症者呈企鹅状，腹部触诊有液体波动。死于浆膜炎型的病鸡，可见心包积液（见图5-5），纤维素性心包炎（见图5-6），气囊混浊（见图5-7），呈纤维素性气囊炎（见图5-8），肝脏肿大，表面亦有胶冻样（见图5-9）或纤维素膜覆盖（见图5-10），呈现肝周炎。重症病鸡可同时见到心包炎、肝周炎和气囊炎（见图5-11），有的病鸡可同时伴有腹水（见图5-12），腹水较浑浊或含有炎性渗出物（见图5-13），应注意与腹水综合征的区别。

图5-5 病鸡心包积液（孙卫东 供图）

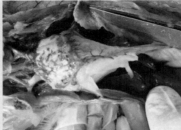

图5-6 病鸡的心包有纤维素性渗出（左），呈现"绒毛心"（右）变化（孙卫东 供图）

图5-7 病鸡的胸、腹气囊浑浊（李银 供图）

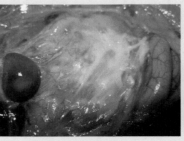

图5-8 病鸡胸气囊炎，囊内有黄色干酪样渗出（孙卫东 供图）

图5-9 病鸡的肝脏表面有胶冻样渗出物覆盖（孙卫东 供图）

图5-10 病鸡的肝脏表面有纤维素样渗出膜覆盖（李银 供图）

图5-11　病鸡的心包炎、肝周炎和气囊炎（孙卫东　供图）

图5-12　感染病鸡出现腹水（孙卫东　供图）

图5-13　感染病鸡的腹水浑浊或含有炎性渗出物（孙卫东　供图）

3.急性败血症型

是大肠杆菌病的典型表现，6～10周龄的鸡多发，呈散发性或地方流行性，病死率5%～20%，有时可达50%。剖检见死亡鸡营养良好，肌肉丰满，嗉囊充实；肺脏充血、水肿和出血（见图5-14）；肝脏呈绿色，或有灰白色坏死灶，胆囊扩张，充满胆汁；脾、肾肿大。

4.关节炎和滑膜炎型

多发生于幼雏或中雏，一般呈慢性经过，是由关节的创伤或大肠杆菌性败血时细菌经血液途径转移至关节所致。病鸡表现为行走困难、跛行或呈伏卧姿势，一个或多个腱鞘、关节发生肿大（见图5-15）。剖检可见关节液混浊，关节腔内有干酪样或脓性渗出物蓄积，滑膜肿胀、增厚（见图5-16）。

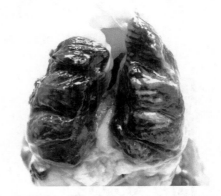

图5-14　病鸡的肺脏充血、水肿和出血（孙卫东　供图）

图5-15　病鸡的跗关节肿大（孙卫东　供图）　　图5-16　病鸡的关节腔内有干酪样或脓性渗出物蓄积，滑膜肿胀（孙卫东　供图）

5.大肠杆菌性肉芽肿型

是一种常见的病型，45～70日龄鸡多发。病鸡进行性消瘦，可视黏膜苍白，腹泻。特征性病理剖检变化是在病鸡的小肠、盲肠、肠系膜及肝脏、心脏等表面见到黄色脓肿或肉芽肿结节（见图5-17），肠粘连不易分离，脾脏无病变。外观与结核结节及马立克氏病的肿瘤结节相似。严重的死亡率可高达75%。

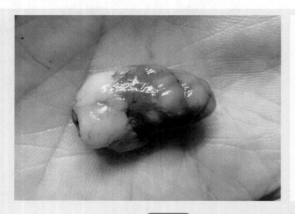
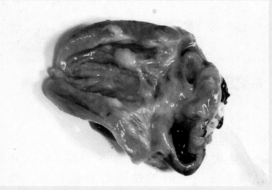

图5-17　病鸡心脏上的肉芽肿结节（孙卫东　供图）

视频5-3

（扫码观看：鸡大肠杆菌病-卵黄性腹膜炎）

6.卵黄性腹膜炎和输卵管炎型

主要发生于产蛋母鸡，病鸡表现为产蛋停止，精神委顿，腹泻，粪便中混有蛋清及卵黄小块，有恶臭味。剖检时可见卵泡充血、出血、变性（见图5-18），破裂后引起腹膜炎（见视频5-3）。有的病例还可见输卵管炎，整个输卵管充血和出血或整个输卵管膨大（见图5-19），内含有干酪样物质（见图5-20），切面呈轮层状（见图5-21），可持续存在数月，并可随时间的延长而增大。

图5-18　病鸡的卵泡充血、出血、变性（孙卫东　供图）

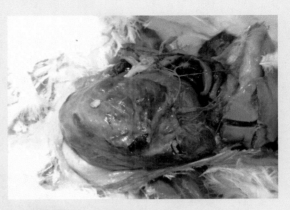

图5-19　病鸡的整个输卵管充血、出血、膨大（孙卫东　供图）

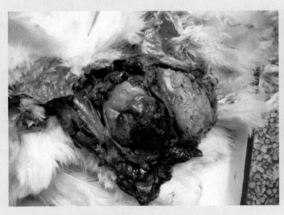

图5-20　病鸡的输卵管内充满干酪样物质（孙卫东　供图）

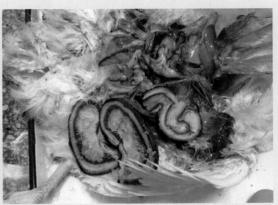

图5-21　病鸡的输卵管内含有干酪样物质，切面呈轮层状（孙卫东　供图）

7.脑炎型

　　某些血清型的大肠杆菌可突破血脑屏障进入脑内引起脑炎。病鸡多有神经症状，如扭颈或斜颈（见图5-22），采食减少或不食。剖检可见脑膜增厚（见图5-23），脑膜及脑实质血管扩张、充血，蛛网膜下腔及脑室液体增多。

图5-22　脑炎型病鸡呈现扭颈（左）或斜颈（右）等神经症状（孙卫东　供图）

图5-23　脑炎型病鸡剖检见脑水肿（左）和出血点（右）（孙卫东　供图）

8.全眼球炎型

当鸡舍内空气中的大肠杆菌密度过高时，或在发生大肠杆菌性败血症的同时，部分鸡可引发眼球炎，表现为眼睑肿胀（见图5-24），流泪，羞明，眼内有大量脓液或干酪样物（见图5-25），角膜混浊，眼球萎缩，失明。内脏器官一般无异常病变。

9.肿头综合征

是指在鸡的头部皮下组织及眼眶周围发生急性或亚急性蜂窝状炎症。可以看到鸡眼眶周围皮肤红肿，严重的整个头部明显肿大（见图5-26），皮下有干酪样渗出物。

图5-24 病鸡的眼睑高度肿胀（孙卫东 供图）

图5-25 病鸡的眼内有大量干酪样物（孙卫东 供图）

图5-26 病鸡的整个头部明显肿胀（孙卫东 供图）

10.鼻窦炎型

是指鸡的鼻窦发生炎症，鼻窦肿胀，手挤有干酪样渗出物（见图5-27）。

11.中耳炎型

有些大肠杆菌感染病例可出现中耳炎（见图5-28）。

图5-27 病鸡鼻窦肿胀，挤压有干酪样渗出物（李银 供图）

图5-28 感染鸡出现了中耳炎（孙卫东 供图）

四、诊断

根据本病的流行病学、临床症状、特征性剖检病变等可做出初步诊断。确诊需要进行细菌的分离、培养与鉴定。用于病菌分离的病料的采集应尽可能在病鸡濒死期或死亡不久，因死亡时间过久，肠道菌很容易侵入机体内。

五、类似病症鉴别

（1）与鸡毒支原体病的鉴别

【相似点】本病出现的心包炎、肝周炎和气囊炎（"三炎"）或"包心包肝"病变（见图5-29）与鸡毒支原体病的剖检病变相似。

【不同点】易感鸡群感染鸡毒支原体后，呼吸道症状一般较轻微，若有应激因素或混合感染其他病原体时，呼吸道症状明显。雏鸡感染后主要表现呼吸道的症状，病初流鼻液、咳嗽、喷嚏、呼吸时有啰音，到后期呼吸困难时常张口呼吸，病鸡眼部和脸部肿胀，鼻腔和眶下窦积有干酪样渗出物，随时间延长，窦内渗出物挤压眼球，

图5-29 感染鸡毒支原体病鸡出现的"三炎"病变（李银 供图）

引起眼炎甚至失明。产蛋鸡感染呼吸道症状不明显，主要表现为产蛋率和蛋的孵化率明显降低，弱雏率上升。剖检鸡毒支原体患鸡/火鸡除了"三炎"病变外，还可见到在鼻腔、眶下窦、气管、支气管和气囊内含有稍混浊的黏稠渗出物。严重的，炎症可波及气囊，使气囊混浊，含有黄色泡沫样黏液（见图5-30）或干酪样物。而鸡大肠杆菌病病鸡的上呼吸道病变不明显，但两者的确诊需要进行实验室诊断。

（2）与鸡痛风病的鉴别

【相似点】本病出现的心包炎、肝周炎和气囊炎（"三炎"）或"包心包肝"病变（见图5-31）与鸡痛风的剖检病变相似。

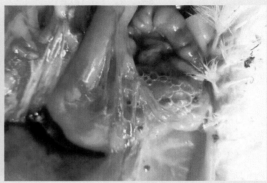

图5-30 感染鸡毒支原体病鸡腹腔（左）和气囊内（右）含有泡沫样黏液（孙卫东 供图）

【不同点】痛风发病鸡消瘦、贫血，鸡冠、肉髯苍白，排稀白色或半黏稠状、含有多量白色尿酸盐的粪便，内脏表面有石灰样粉末或薄片状的尿酸盐，在阳光下有特殊的晶体光泽（见图5-32），病程较长，抗生素治疗无效；而鸡大肠杆菌病病鸡内脏表面为纤维素性渗出物，在阳光下无晶体光泽，敏感抗生素治疗有效。

图5-31　痛风病鸡出现的"三炎"病变（李银　供图）　　图5-32　痛风病鸡内脏表面沉积的尿酸盐在阳光下有晶体光泽（李银　供图）

六、防治方法

【预防措施】

（1）免疫接种　为确保免疫效果，须用与鸡场血清型一致的大肠杆菌制备的甲醛灭活苗、大肠杆菌灭活油乳苗、大肠杆菌多价氢氧化铝苗或多价油佐剂苗进行两次免疫，第一次接种时间为4周龄，第二次接种时间为18周龄，以后每隔6个月进行一次加强免疫注射。体重在3千克以下皮下注射0.5毫升，在3千克以上皮下注射1.0毫升。

（2）建立科学的饲养管理体系　鸡大肠杆菌病在临床上虽然可以使用药物控制，但不能达到永久的效果，加强饲养管理，搞好鸡舍和环境的卫生消毒工作，避免各种应激因素显得至关重要。

①种鸡场要及时收拣种蛋，避免种蛋被粪便污染。

②搞好种蛋、孵化器及孵化全过程的清洁卫生及消毒工作。

③注意育雏期间的饲养管理，保持较稳定的温度、湿度（防止时高时低），做好饲养管理用具的清洁卫生。

④控制鸡群的饲养密度，防止过分拥挤。保持空气流通、新鲜，防止有害气体污染。定期消毒鸡舍、用具及养鸡环境。

⑤在饲料中增加蛋白质和维生素E的含量，可以提高鸡体抗病能力。应注意饮水污染，做好水质净化和消毒工作。鸡群可以不定期地饮用"生态王"，维持肠道正常菌群的平衡，减少致病性大肠杆菌的侵入。

（3）建立良好的生物安全体系　正确选择鸡场场址，场内规划应合理，尤其应注意鸡舍内的通风。消灭传染源，减少疫病发生。重视新城疫、禽流感、传染性法氏囊病、传染性支气管炎等传染病的预防，重视免疫抑制性疾病的防控。

（4）药物预防　有一定的效果，一般在雏鸡出壳后开食时，在饮水中加入庆大霉素（剂量为0.04%～0.06%，连饮1～2天）或其他广谱抗生素；或在饲料中添加微生态制剂，连用7～10天。

【治疗方法】

（1）西药治疗

①头孢噻呋（赛得福、速解灵、速可生）：注射用头孢噻呋钠或5%盐酸头孢噻呋混悬注射液，雏鸡按每只0.08～0.2毫克颈部皮下注射。

②氟苯尼考（氟甲砜霉素）：氟苯尼考注射液按1千克体重20～30毫克1次肌内注射，1天2次，连用3～5天。或按1千克体重10～20毫克1次内服，1天2次，连用3～5天。10%氟苯尼考散按1千克饲料50～100毫克混饲3～5天。以上均以氟苯尼考计。

③安普霉素（阿普拉霉素、阿布拉霉素）：40%硫酸安普霉素可溶性粉按每升饮水250～500毫克混饮5天。以上均以安普霉素计。产蛋期禁用，休药期7天。

④诺氟沙星（氟哌酸）：2%烟酸或乳酸诺氟沙星注射液按1千克体重10毫克1次肌内注射，1天2次。2%、10%诺氟沙星溶液按每千克体重10毫克1次内服，1天1～2次。按1千克饲料50～100毫克混饲，或按每升饮水100毫克混饮。

⑤环丙沙星（环丙氟哌酸）：2%盐酸或乳酸环丙沙星注射液按1千克体重5毫克1次肌内注射，1天2次，连用3天。或按1千克体重5～7.5毫克一次内服，1天2次。2%盐酸或乳酸环丙沙星可溶性粉按每升饮水25～50毫克混饮，连用3～5天。

⑥恩诺沙星（乙基环丙沙星、百病消）：0.5%、2.5%恩诺沙星注射液按1千克体重2.5～5毫克1次肌内注射，1天1～2次，连用2～3天。恩诺沙星片按1千克体重5～7.5毫克1次内服，1天1～2次，连用3～5天。2.5%、5%恩诺沙星可溶性粉按每升饮水50～75毫克混饮，连用3～5天。休药期8天。

⑦甲磺酸达氟沙星（单诺沙星）：2%甲磺酸达氟沙星可溶性粉或溶液按每升饮水25～50毫克混饮3～5天。此外，其他抗鸡大肠杆菌病的药物有氨苄西林（氨苄青霉素、安比西林）、链霉素、卡那霉素、庆大霉素（正泰霉素）、新霉素（弗氏霉素、新霉素B）、土霉素（氧四环素）（用药剂量请参考鸡白痢治疗部分）、泰乐菌素（泰乐霉素、泰农）、阿米卡星（丁胺卡那霉素）、大观霉素（壮观霉素、奇霉素）、大观霉素-林可霉素（利高霉素）、多西环素（强力霉素、脱氧土霉素）、氧氟沙星（氟嗪酸）（用药剂量请参考鸡毒支原体病治疗部分）、磺胺对甲氧嘧啶（消炎磺、磺胺-5-甲氧嘧啶、SMD）、磺胺氯达嗪钠、沙拉沙星（用药剂量请参考禽霍乱治疗部分）。

（2）中药治疗

①黄柏100克，黄连100克，大黄50克，加水1500毫升，微火煎至1000毫升，取药液；药渣加水如上法再煎一次，合并两次煎成的药液以1：10的比例稀释饮水，供1000羽鸡饮水，一天1剂，连用3天。

②黄连、黄芩、栀子、当归、赤芍、丹皮、木通、知母、肉桂、甘草、地榆炭按一定比例混合后，粉碎成粗粉，成鸡每次1～2克，每次2次，拌料饲喂，连喂3天；症状严重者，每天2次，每次2～3克，做成药丸填喂，连喂3天。

【注意事项】

本病常与鸡毒支原体等混合感染，治疗时必须同时兼顾，否则往往治疗效果不佳；由于不规范地使用药物进行预防和治疗本病，当前鸡场有很多抗药菌株产生，为了获得良好的疗效，应先做药物敏感试验，选择最敏感的药物，且要定期更换用药或几种药物交替使用；针对大肠杆菌的感染途径［即下行性感染（呼吸道、消化道）和上行性感染（人工授精等）］

用药，便于发挥药物在不同组织器官中有效药物浓度；每次喂完抗菌药物之后，为了调整肠道微生物区系的平衡，可考虑饲喂微生态制剂2～3天；疫苗接种应注意大肠杆菌血清型的匹配，注射疫苗后密切注意疫苗可能出现的过敏反应。

第二节　鸡沙门氏菌病

鸡沙门氏菌病（Salmonellosis in chickens）包括鸡白痢、禽伤寒和禽副伤寒感染。

一、鸡白痢

1. 概念

【定义】鸡白痢（Pullorum disease）是由鸡白痢沙门氏菌引起的一种传染病，其主要特征是患病雏鸡排白色糊状粪便。

【病原】为鸡白痢沙门氏菌，属于肠道杆菌科沙门氏菌属D血清群中的一个成员。革兰氏阴性、兼性厌氧、无芽孢，菌体两端钝圆、中等大小、无荚膜、无鞭毛、不能运动。

2. 流行病学

【易感动物】多种家禽（如鸡、火鸡、鸭、雏鹅、珍珠鸡、野鸡、鹌鹑、麻雀、欧洲莺、鸽等），但流行主要限于鸡和火鸡，尤其鸡对本病最敏感。

【传染源】病鸡的排泄物、分泌物及带菌种蛋均是本病主要的传染源。

【传播途径】主要经蛋垂直传播，也可通过被粪便污染的饲料、饮水和孵化设备而水平传播，野鸟、啮齿类动物和蝇可作为传播媒介。

【流行季节】无明显的季节性。

3. 临床症状

经种鸡垂直感染的鸡胚有的在出壳前死亡（见图5-33和视频5-4），有的往往在出壳后1～2天内死亡，部分外表健康的雏鸡7～10天时发病，7～15日龄为发病和死亡的高峰，16～20日龄时发病逐日下降，20日龄后发病迅速减少。其发病率因品种和性别而稍有差别，一般在5%～40%，但在新传入本病的鸡场，其发病率显著增高，有时甚至达100%，病死率也较老疫区的鸡群高。病鸡的临床症状因发病日龄不同而有较大的差异。

视频5-4

（扫码观看：鸡沙门氏菌病-因垂直感染等
没有孵化出苗鸡的死胚蛋）

图5-33　垂直感染鸡胚多在出壳前死亡
（孙卫东　供图）

（1）雏鸡　弱雏较多，脐部发炎（见图5-34）或闭合不全（见图5-35）。病雏精神沉郁、怕冷、扎堆、尖叫、两翅下垂、反应迟钝（见图5-36）、不食或少食。排白色糊状或带绿色的稀粪（见图5-37），沾染肛门周围的绒毛，粪便干后结成石灰样硬块常常堵塞肛门，发生"糊肛"现象（见图5-38），影响排粪。有些病鸡会出现泄殖腔外翻（见图5-39）。肺型白痢病例出现张口呼吸，最后因呼吸困难、心力衰竭而死亡。某些病雏出现眼盲（见图5-40），关节肿胀、跛行。病程一般4～7天，短者1天，20日龄以上鸡病程较长，病鸡呈现脱水、鸡冠、腿鳞片发白（见图5-41）。耐过鸡生长发育不良，成为慢性或带菌者。

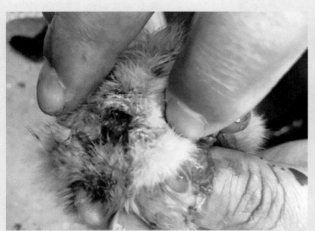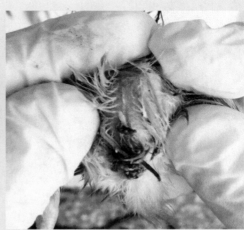

图5-34　病雏的脐带发炎（俗称"硬脐"）（孙卫东　供图）

图5-35　病雏的脐带愈合不良，从脐孔有浑浊物渗出（孙卫东　供图）

图5-36　病鸡两翅下垂、反应迟钝（李银　供图）

图5-37 病鸡泄殖腔周围的羽毛粘有灰白色（左）或带绿色（右）的稀粪（孙卫东 供图）

图5-38 病鸡泄殖腔周围的羽毛粘有黏稠、较干的粪便，形成"糊肛"（孙卫东 供图）

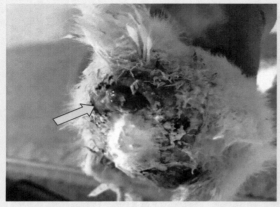

图5-39 病鸡泄殖腔外翻（箭头），泄殖腔下的羽毛粘有灰白色稀粪（孙卫东 供图）

图5-40 病雏出现角膜浑浊、眼盲（崔锦鹏 供图）

（2）育成鸡　多发生于40～80日龄，多为未彻底治愈的病雏转为慢性，或育雏期感染所致。此外，青年鸡受应激因素（如密度过大、气候突变、卫生条件差等）影响也可发病。从整体上看鸡群没有什么异常，但鸡群中总有几只鸡精神沉郁、食欲差和腹泻，常突然发病，而且经常有死亡的鸡，病程较长，为20～30天，死亡率达5%～20%。

（3）成年鸡　一般呈慢性经过，无任何症状或仅出现轻微症状。冠和眼结膜苍白，渴欲增加，感染母鸡的产蛋量、受精率和孵化率均处于较低水平。极少数病鸡表现精神委顿，排出稀粪（见图5-42），产蛋停止。有的感染鸡因卵黄囊炎引起腹膜炎、腹膜增生而呈"垂腹"现象。

图5-41　病鸡脱水、鸡冠、腿鳞片发白（孙卫东　供图）

图5-42　病种鸡腹泻、泄殖腔周围的羽毛沾有稀粪（孙卫东　供图）

4.病理剖检变化

（1）雏鸡　病/死鸡严重脱水，脚趾干枯（见图5-43）；卵黄囊内容物呈液状黄/绿色或干酪样灰黄绿色（见图5-44）；肝肿大，有散在或密布的黄白色小坏死点（见图5-45）；有的病例见肝脏土黄色，胆囊肿大（见图5-46）。腺胃肿胀，肌胃有明显的糜烂与溃疡（见图5-47）。盲肠膨大，有干酪样物阻塞（见图5-48）。肾充血或贫血，肾小管和输尿管充满尿酸盐。"糊肛"鸡见直肠积粪（见图5-49），伴有泄殖腔炎。病程稍长者，在肺脏上有黄白色米粒大小的坏死结节（见图5-50），心脏有肉芽肿（见图5-51）；肠管等部位有隆起的白色白痢结节（见图5-52）。

图5-43　病雏鸡脚趾干枯（孙卫东　供图）

图5-44　病鸡的卵黄囊内容物呈液状黄/绿色（左）或干酪样灰黄绿色（李银　供图）

图5-45　病雏鸡肝脏上有密集（左）或散在（右）的黄白色坏死点（孙卫东　供图）

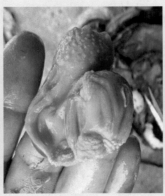

图5-46　病雏鸡肝脏表面有灰白色坏死点，胆囊肿大（李银　供图）　　图5-47　病鸡腺胃肿胀，肌胃有明显的糜烂与溃疡（李银　供图）

图5-48　病鸡的盲肠膨大，有干酪样物阻塞（孙卫东　供图）

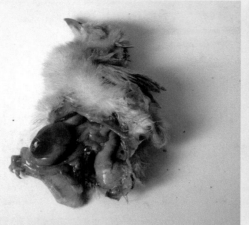

图5-49　"糊肛"鸡直肠积粪（孙卫东　供图）

图5-50　病鸡肺脏上有黄白色坏死结节（孙卫东　供图）

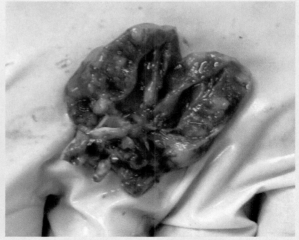

图5-51　病鸡心脏上的肉芽肿外观（左）和心室内的肉芽肿（右）（孙卫东　供图）

图5-52　病鸡肠管上的白痢结节（孙卫东　供图）

（2）育成鸡　肝脏肿大至正常的数倍，质脆，一触即破，表面有散在或密布的出血点或灰白色坏死灶；脾脏肿大；心脏严重变形，可见肿瘤样黄白色白痢结节；肠道呈卡他性炎症，盲肠、直肠形成大小不等的坏死或溃疡结节（见图5-53）。有的病鸡可见输卵管阻塞（见图5-54）。

（3）成年鸡　成年母鸡主要剖检病变为卵泡萎缩、变形（梨形、或不规则形）、变性（见图5-55）、变色（黄绿色、灰色、黄灰色、灰黑色等）（见图5-56）；卵泡内容物呈水样、

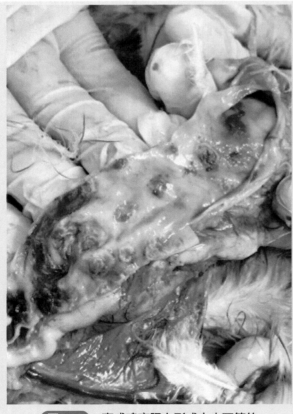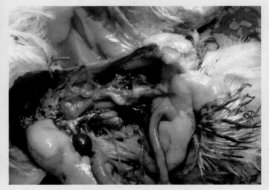

图5-53

图5-53　育成鸡盲肠上形成大小不等的坏死或溃疡结节（孙卫东　供图）

图5-54　青年肉种鸡输卵管阻塞

油状或干酪样（见图5-57）；卵泡系膜肥厚，上有数量不等的坏死灶（见图5-58）。有的病例见输卵管炎，内有灰白色干酪样渗出物（见图5-59）。有的病鸡发生卵黄性腹膜炎（见图5-60）。成年公鸡出现睾丸炎或睾丸极度萎缩，输精管管腔增大，充满稠密的均质渗出物。

图5-55　病鸡卵泡的变形与变性（孙卫东　供图）

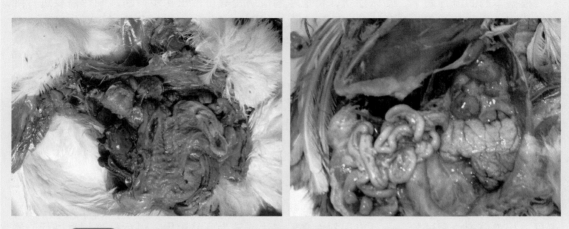

图5-56　病鸡卵泡的变色，卵泡呈灰白、灰黄、暗红、发绿等（孙卫东　供图）

图5-57　病鸡卵泡内容物呈水样油状或干酪样（孙卫东　供图）

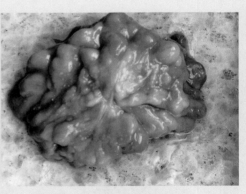

图5-58　病鸡卵泡系膜肥厚，上有数量不等的坏死灶（孙卫东　供图）

图5-59　病鸡发生输卵管炎，内有灰白色干酪样渗出物（孙卫东　供图）

图5-60　病鸡发生卵黄性腹膜炎（孙卫东　供图）

5.诊断

根据本病的流行病学、临床症状、特征性剖检病变等可做出初步诊断。确诊需要进行细菌的分离、培养与鉴定。此外，也可利用全血平板凝集试验，血清或卵黄试管凝集试验，全血、血清或卵黄琼脂扩散试验，ELISA等进行实验室或现场诊断。

6.类似病症鉴别

（1）与鸡曲霉菌病的鉴别　本病肺脏有白色的结节病变与鸡曲霉菌病相似，其鉴别见第六章第一节"曲霉菌病"相关部分内容的叙述。

（2）与组织滴虫病的鉴别　本病盲肠中出现干酪样物（栓子）病理变化与组织滴虫病（盲肠肝炎）相似，其鉴别见第七章第三节"鸡组织滴虫病"相关部分内容的叙述。

7.防治方法

【预防措施】

（1）净化种鸡群　有计划地培育无白痢病的种鸡群是控制本病的关键，对种鸡包括公鸡逐只进行鸡白痢血凝试验，一旦出现阳性立即淘汰或转为商品鸡用，以后种鸡每月进行一次鸡白痢血凝试验，连续3次，公鸡要求在12月龄后再进行1～2次检查，阳性者一律淘汰或转为商品鸡，从而建立无鸡白痢的健康种鸡群。购买苗鸡时，应尽可能地避免从有白痢病的种鸡场引进苗鸡。

（2）免疫接种　一种是雏鸡用的菌苗为9R，另一种是青年鸡和成年鸡用的菌苗为9S，这两种弱毒菌苗对本病都有一定的预防效果，但国内使用不多。

（3）利用微生态制剂预防　用蜡样芽孢杆菌、乳酸杆菌或粪链球菌等制剂混在饲料中喂鸡，这些细菌在肠道中生长后，有利于厌氧菌的生长，从而抑制了沙门氏菌等需氧菌的生长。目前市场上此类制剂有"促菌生""止痢灵""康大宝"等。

（4）药物预防　在雏鸡首次开食和饮水时添加预防鸡白痢的药物（见治疗部分）。

【治疗方法】

（1）氨苄西林（氨苄青霉素、安比西林）　注射用氨苄西林钠按每千克体重10～20毫克一次肌内或静脉注射，1天2～3次，连用2～3天。氨苄西林钠胶囊按每千克体重20～40毫克一次内服，1天2～3次。55%氨苄西林钠可溶性粉按每升饮水600毫克混饮。

（2）链霉素　注射用硫酸链霉素每千克体重20～30毫克一次肌内注射，1天2～3次，连用2～3天。硫酸链霉素片按每千克体重50毫克内服，或按每升饮水30～120毫克混饮。

（3）卡那霉素　25%硫酸卡那霉素注射液按每千克体重10～30毫克一次肌内注射，1天2次，连用2～3天。或按每升水30～120毫克混饮2～3天。

（4）庆大霉素（正泰霉素）　4%硫酸庆大霉素注射液按每千克体重5～7.5毫克一次肌内注射。1天2次，连用2～3天。硫酸庆大霉素片按每千克体重50毫克内服。或按每升饮水20～40毫克混饮3天。

（5）新霉素（弗氏霉素、新霉素B）　硫酸新霉素片按每千克饲料70～140毫克混饲3～5天。3.25%、6.5%硫酸新霉素可溶性粉按每升水35～70毫克混饮3～5天。蛋鸡禁用。肉鸡休药期5天。

（6）土霉素（氧四环素）　注射用盐酸土霉素按每千克体重25毫克一次肌内注射。土霉素片按每千克体重25～50毫克一次内服，1天2～3次，连用3～5天。或按每千克饲料200～800毫克混饲。盐酸土霉素水溶性粉按每升饮水150～250毫克混饮。

（7）甲砜霉素　甲砜霉素片按每千克体重20～30毫克一次内服，1天2次，连用2～3天。5%甲砜霉素散，按每千克饲料50～100毫克混饲。以上均以甲砜霉素计。

此外，其他抗鸡白痢药物还有氟苯尼考（氟甲砜霉素）、安普霉素（阿普拉霉素、阿布拉霉素）、诺氟沙星（氟哌酸）、环丙沙星（环丙氟哌酸）、恩诺沙星（乙基环丙沙星、百病消）、多西环素（强力霉素、脱氧土霉素）、氧氟沙星（氟嗪酸）、磺胺甲噁唑（磺胺甲基异噁唑、新诺明、新明磺、SMZ）、阿莫西林（羟氨苄青霉素）等。

二、禽伤寒

1. 概念

【定义】禽伤寒（Fowl typhoid）是由鸡伤寒沙门氏菌引起的一种急性或慢性败血性传染病。临床上以黄绿色腹泻、肝脏肿大呈青铜色（尤其是生长期和产蛋期的母鸡）为特征。

【病原】为鸡伤寒沙门氏菌，属于肠道杆菌科沙门氏菌属D血清群中的一个成员。

2. 流行病学

【易感动物】鸡和火鸡对本病最易感。雉、珍珠鸡、鹌鹑、孔雀、松鸡、麻雀、斑鸠亦有自然感染的报道。鸽子、鸭、鹅则有抵抗力。本病主要发生于成年鸡（尤其是产蛋期的母鸡）和3周龄以上的青年鸡，3周龄以下的鸡偶尔可发病。

【传染源】病鸡和带菌鸡。

【传播途径】经蛋垂直传播，也可通过被粪便污染的饲料、饮水、土壤、用具、车辆和环境等水平传播。病菌入侵途径主要是消化道，其他还包括眼结膜等。有报道认为老鼠可机械性传播本病，是一个重要的媒介者。

【流行季节】无明显的季节性。

视频5-5

（扫码观看：鸡沙门氏菌病-
脑炎型-扭颈等神经症状）

3.临床症状

本病的潜伏期一般为4～5天，病程约为5天。雏鸡和雏火鸡发病时的临床症状与鸡白痢较为相似，但与白痢不同的是伤寒病雏，除急性死亡一部分外，其余则呈现零星死亡，一直延续到成年期。某些血清型的伤害沙门氏菌可突破血脑屏障进入脑内引起脑炎，病鸡多有神经症状，如扭颈或斜颈（见图5-61和视频5-5），采食减少或不食。青年或成年鸡和火鸡发病后常表现为突然停食，精神委顿，两翅下垂，冠和肉髯苍白，体温升高1～3℃，由于肠炎和肠中胆汁增多，病鸡排出黄绿色稀粪。死亡多发生在感染后5～10天，死亡率较低。一般呈散发或地方流行性，致死率5%～15%。康复禽往往成为带菌者。

图5-61　病鸡脑炎时呈现扭颈（左）和斜颈（右）等神经症状（乔士阳　供图）

4.病理剖检变化

病/死雏鸡的剖检可见肝脏上有大量坏死点，有的病雏的肝脏呈铜绿色（见图5-62）；伴有神经症状的病鸡剖检可见大脑组织有坏死灶（见图5-63）。病/死青年鸡和成年鸡剖检可见肝脏充血、肿大并染有胆汁呈青铜色或绿色（见图5-64），质脆，表面时常有散在性灰白色粟米状坏死小点（见图5-65），胆囊充斥胆汁而膨大；脾与肾脏呈显著的充血肿大，表面有细小的坏死灶；心包发炎、积水，有的病例心脏伴有肉芽肿（见图5-66）；有些病例的肺和腺胃可见灰白色小坏死灶（见图5-67）；肠道一般可见到卡他性肠炎，尤其以小肠明显，盲肠有土黄色干酪样栓塞物，大肠黏膜有出血斑，肠管间发生粘连。成年鸡的卵泡及腹腔病变与成年鸡鸡白痢相似，有些成年蛋鸡因感染本病后产蛋下降导致机体过肥，往往伴发肝脏破裂（见图5-68）。

5.诊断

请参考"鸡白痢"相关部分的内容叙述。

6.类似病症鉴别

请参考"鸡白痢"相关部分的内容叙述。

7.防治方法

请参考"鸡白痢"相关部分的内容叙述。

图5-62　病雏肝脏呈铜绿色，有大量坏死点（乔士阳　供图）

图5-63　病雏脑炎剖检时见大脑组织有坏死灶

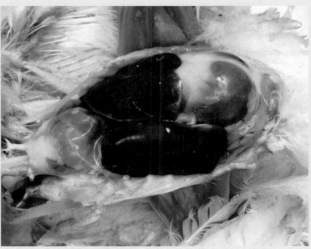

图5-64　病鸡的肝脏呈青铜色或绿色（"铜绿肝"）（孙卫东　供图）

图5-65 病鸡的肝脏呈青铜色或绿色，伴有大量坏死灶（孙卫东 供图）　　图5-66 病鸡铜绿肝，伴心尖肉芽肿（李银 供图）　　图5-67 病鸡的腺胃可见灰白色坏死灶，下面的肝脏呈铜绿色（孙卫东 供图）

 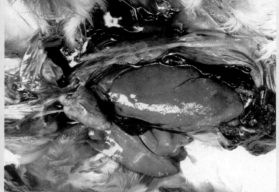

图5-68 成年蛋鸡铜绿肝，伴发肝脏破裂

三、禽副伤寒感染

1. 概念

【定义】禽副伤寒感染（Avian paratyphoid infection）是由多种能运动的泛嗜性沙门氏菌等引起的一种败血性传染病。该病广泛存在于各类鸡场，给养鸡业造成严重的经济损失。

【病原】引起本病的沙门氏菌约有60多种150多个血清型，其中引起鸡副伤寒的致病菌主要是鼠伤寒沙门氏菌和肠炎沙门氏菌。

2. 流行病学

【易感动物】经蛋传播或早期孵化器感染时，在出雏后的几天发生急性感染，6～10天时达到死亡高峰，死亡率在20%～100%之间。通过病雏的排泄物引起其他雏鸡的感染，多于10～12日龄发病，死亡高峰在10～21日龄，1月龄以上的鸡一般呈慢性或隐性感染，很少发生死亡。

【传染源】病鸡和带菌鸡。

【传播途径】主要经消化道传播，也可经蛋垂直传播。

【流行季节】无明显的季节性。

3.临床症状与病理剖检变化

病雏主要表现为精神沉郁、呆立，垂头闭眼，羽毛松乱，恶寒怕冷，食欲减退，饮水增加，水样腹泻。有些病雏鸡可见结膜炎和失明。成年鸡一般不表现症状。最急性感染的病死雏鸡可能看不到病理变化，病程稍长时可见消瘦、脱水、卵黄凝固（见图5-69），肝脾充血、出血或有点状坏死，肾脏充血，心包炎等。肌肉感染处可见肌肉变性、坏死。有些病鸡关节上有多个大小不等的肿胀物。成年鸡急性感染表现为肝脾肿大、出血，心包炎，腹膜炎，出血性或坏死性肠炎。

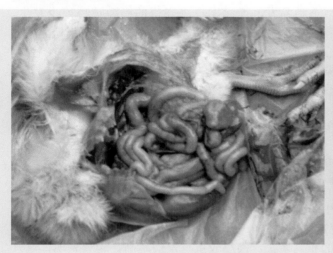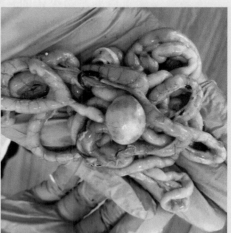

图5-69 病鸡的卵黄凝固（孙卫东 供图）

4.诊断

请参考"鸡白痢"相关部分的内容叙述。

5.类似病症鉴别

请参考"鸡白痢"相关部分的内容叙述。

6.防治方法

请参考"鸡白痢"相关部分的内容叙述。

【注意事项】要重视鸡副伤寒在人类公共卫生上的意义，并给以预防，以消除人类的食物中毒。

第三节 葡萄球菌病

一、概念

【定义】葡萄球菌病（Staphylococcosiss）是由金黄色葡萄球菌引起的一种人畜共患传染病。其发病特征是幼鸡呈急性败血症，育成鸡和成年鸡呈慢性型，表现为脐炎、关节炎、皮肤湿性坏疽。该病的流行往往可造成较高的淘汰率和病死率，给养鸡生产带来较大的经济损失。

【病原】葡萄球菌属于微球菌科，葡萄球菌属。该菌易被碱性染料着色，革兰氏染色阳性。衰老、死亡或被中性粒细胞吞噬的菌体为革兰氏染色阴性。无鞭毛、无荚膜、不产生芽孢。固体培养物涂片，呈典型的葡萄球状，在液体培养基或病料中菌体成对或呈短链状排列。葡萄球菌属约有20个种，其中金黄色葡萄球菌是对家禽有致病力的一个重要的种。

二、流行病学

【易感动物】白羽产白壳蛋的轻型鸡种易发，而褐羽产褐壳蛋的中型鸡种很少发生。4～12周龄多发，地面平养和网上平养较笼养鸡发生多。其发病率与饲养管理水平、环境卫生状况以及饲养密度等因素有直接的关系，死亡率一般2%～50%不等。

【传染源】病鸡或带菌鸡是主要传染源。

【传播途径】该细菌主要经皮肤创伤（鸡群拥挤互相啄斗，鸡笼破旧致使铁丝刺伤皮肤，患皮肤型鸡痘或其他因素造成）、毛孔、消化道、呼吸道、雏鸡的脐带入侵。

【流行季节】本病一年四季均可发生，以多雨、潮湿的夏秋季节多发。

三、临床症状与病理剖检变化

（1）脑脊髓炎型　多见于10日龄内的雏鸡，表现为扭颈、头后仰、两翅下垂、腿轻度麻痹等神经症状，有的病鸡以喙着地支持身体平衡，一般发病后3～5天死亡。

（2）急性败血型　以30日龄左右的雏鸡多见，肉鸡较蛋鸡发病率高。病鸡表现体温升高，精神沉郁，食欲下降，羽毛蓬乱，缩颈闭目，呆立一隅，腹泻；同时在翼下、下腹部等处有局部炎症，呈散发流行，病死率较高。剖检有时可见到肝、脾有小化脓灶。

（3）浮肿皮炎型　以30～70日龄的鸡多发，病鸡的精神极度沉郁，羽毛蓬松（见图5-70），翅膀、胸部、臀部和下腹部的皮下有浆液性的渗出液（见图5-71），呈现紫黑色的浮肿，用手触摸有明显的波动感，轻抹羽毛即掉下，有时皮肤破溃，流出紫红色有臭味的液体。本病的发展过程较缓慢，但出现上述症状后2～3天内死亡，尸体极易腐败。这种类型的平均死亡率为5%～10%，严重时高达100%。有的大冠品种的鸡可引起鸡冠的感染和结痂（见图5-72）。有的病鸡可引起胸部脓肿（见图5-73）。

图5-70　病鸡的精神极度沉郁，羽毛蓬松、逆立（孙卫东　供图）　　　图5-71　病鸡的背部、臀部皮肤呈现浮肿，羽毛易脱落（孙卫东　供图）

图5-72　病鸡的鸡冠感染与结痂
（孙卫东　供图）

图5-73　病鸡出现胸部脓肿
（孙卫东　供图）

（4）脚垫肿和关节炎型　多发生于成年鸡和肉种鸡的育成阶段，感染发病的关节主要是胫、跗关节、趾关节和翅关节。发病时关节肿胀（见图5-74），呈紫红色（见图5-75），破溃后形成黑色的痂皮（见图5-76）；有的脚垫受损，流脓（见图5-77）。病鸡精神较差，食欲减退，跛行、不愿走动。严重者不能站立。剖检见受害关节的皮肤受损（见图5-78），关节周围有胶冻样渗出（见图5-79）；邻近的腱鞘肿胀、变形，关节周围结缔组织增生，关节腔内有血性（见图5-80）、脓样或干酪样渗出物（见图5-81）。有的病例可见股关节内有干酪样渗出物（见图5-82）。

图5-74　病鸡的跗关节肿胀（王金勇　供图）

图5-75　病鸡的感染脚趾关节呈紫红色
（王金勇　供图）

图5-76　感染关节破溃后形成黑色痂皮
（孙卫东　供图）

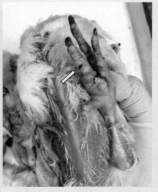

图5-77 病鸡脚垫（左）和趾关节（右箭头方向）损伤流脓（孙卫东 供图）

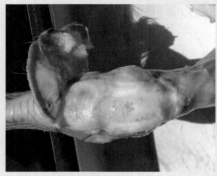

图5-78 受害关节的皮肤受损（孙卫东 供图）

图5-79 受损关节的周围有胶冻样渗出（孙卫东 供图）

图5-80 感染跗关节内有血样渗出物（张永庆 供图）

图5-81 感染跗关节内的脓样（左）或干酪样（右）渗出物（孙卫东 供图）

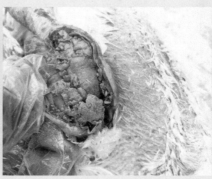

图5-82 感染股关节内的干酪样渗出物（孙卫东 供图）

（5）肺炎型 多见于中雏，表现为呼吸困难。剖检特征为肺淤血、水肿和肺实质变化等。

（6）卵巢囊肿型 剖检可见卵巢表面密布着粟粒大或黄豆大的橘黄色囊泡，囊腔内充满红黄色积液。输卵管肿胀、湿润，黏膜面有弥漫性针尖大的出血，泄殖腔黏膜弥漫性出血。少数病鸡的输卵管内滞留未完全封闭的连柄畸形卵，卵表面沾满暗紫色的淤血。

（7）眼型　病鸡表现为头部肿大，眼睑肿胀，闭眼，有脓性分泌物，病程长者眼球下陷，失明。

四、诊断

根据本病的流行病学、临床症状、剖检病变等可做出初步诊断。确诊需要进行细菌的分离培养和鉴定。此外，也可利用PCR技术、核酸探针、ELISA等检测葡萄球菌毒素基因和抗原物质的方法进行诊断。

五、类似病症鉴别

（1）与滑液囊支原体病的鉴别

【相似点】本病出现的关节肿胀（见图5-83）、运动障碍与鸡滑液囊支原体病的病变相似。

【不同点】易感鸡群感染鸡滑液囊支原体后，呼吸道症状一般较轻微。剖检见病鸡往往出现腱鞘炎（见图5-84）和关节炎（见图5-85），其渗出物呈黏稠状，而不是本病出现的脓样。但两者的确诊需要进行实验室病原的分离和鉴定。

图5-83　感染鸡毒支原体病鸡出现关节肿胀（孙卫东　供图）

图5-84　感染鸡毒支原体病鸡出现腱鞘炎（孙卫东　供图）

图5-85　感染鸡毒支原体病鸡关节破溃后有黏稠状分泌物（孙卫东　供图）

（2）本病与病毒性关节炎、滑膜霉形体滑膜炎、大肠杆菌病、鸡霍乱等引起的运动障碍有相似之处，其鉴别诊断见本书第三章"鸡运动障碍的诊断思路及鉴别诊断要点"。

六、防治方法

【预防措施】

（1）免疫接种　可用葡萄球菌多价氢氧化铝灭活菌苗与油佐剂灭活菌给20～30日龄的鸡皮下注射1毫升。

（2）防止发生外伤　在鸡饲养过程中，要定期检查笼具、网具是否光滑平整，有无外露的铁丝尖头或其他尖锐物，网眼是否过大。平养的地面应平整，垫料宜松软，防硬物刺伤脚垫。防止鸡群互斗和啄伤等。

（3）做好皮肤外伤的消毒处理 在断喙、带翅号（或脚号）、剪趾及免疫刺种时，要做好消毒工作。

（4）加强饲养管理 注意舍内通风换气，防止密集饲养，喂给必需的营养物质，特别要供给足够的维生素。做好孵化过程和鸡舍卫生及消毒工作。

【治疗方法】

（1）隔离病鸡，加强消毒 一旦发病，应及时隔离病鸡，对可疑被污染的鸡舍、鸡笼和环境，可进行带鸡消毒。常用的消毒药如2%～3%石炭酸、0.3%过氧乙酸等。

（2）药物治疗 投药前最好进行药物敏感试验，选择最有效的敏感药物进行全群投药。

① 青霉素：注射用青霉素钠或钾按每千克体重5万单位一次肌内注射，1天2～3次，连用2～3天。

② 维吉尼亚霉素（弗吉尼亚霉素）：50%维吉尼亚霉素预混剂按每千克饲料5～20毫克混饲（以维吉尼亚霉素计）。产蛋期及超过16周龄母鸡禁用。休药期1天。

③ 阿莫西林（羟氨苄青霉素）：阿莫西林片按每千克体重10～15毫克一次内服，1天2次

④ 头孢氨苄（先锋霉素Ⅳ）：头孢氨苄片或胶囊按每千克体重35～50毫克一次内服，雏鸡2～3小时一次，成年鸡可6小时一次。

⑤ 林可霉素（洁霉素、林肯霉素）：30%盐酸林可霉素注射液按每千克体重30毫克一次肌内注射，一天1次，连用3天。盐酸林可霉素片按每千克体重20～30毫克一次内服，每日2次。11%盐酸林可霉素预混剂按每千克饲料22～44毫克混饲1～3周。40%盐酸林可霉素可溶性粉按每升饮水200～300毫克混饮3～5天。以上均以林可霉素计。产蛋期禁用。此外，其他抗鸡葡萄球菌病的药物还有庆大霉素（正泰霉素）、新霉素（弗氏霉素、新霉素B）、土霉素（氧四环素）（用药剂量请参考鸡白痢治疗部分）、头孢噻呋（赛得福、速解灵、速可生）、氟苯尼考（氟甲砜霉素）（用药剂量请参考鸡大肠杆菌病治疗部分）、磺胺甲噁唑（磺胺甲基异噁唑、新诺明、新明磺、SMZ）（用药剂量请参考禽霍乱治疗部分）、泰妙菌素、替米考星（用药剂量请参考鸡慢性呼吸道病治疗部分）。

（3）外科治疗 对于脚垫肿、关节炎的病例，可用外科手术排出脓汁，用碘酊消毒创口，配合抗生素治疗即可。

（4）中草药治疗

① 黄芩、黄连叶、焦大黄、黄柏、板蓝根、茜草、大蓟、车前子、神曲、甘草各等份加水煎汤，取汁拌料，按每只每天2克生药计算，每天一剂，连用3天。

② 鱼腥草、麦芽各90克，连翘、白及、地榆、茜草各45克，大黄、当归各40克，黄柏50克，知母30克，菊花80克，粉碎混匀，按每只鸡每天3.5克拌料，4天为一疗程。

【注意事项】

该菌在自然界广泛存在，因此都有一定的耐药性，治疗时要先做药敏试验，方可事半功倍。在治疗的同时，应从源头上排除因垫料（网）、笼具、运动场上能引起鸡只损伤的因素。

第四节　禽霍乱

一、概念

【定义】禽霍乱（Fowl cholera）又称禽出血性败血症，是由多杀性巴氏杆菌引起的一种

急性、热性、接触性传染病。临床上以传播快、心冠脂肪出血和肝脏有针尖大小的坏死点等为特征。

【病原】为多杀性巴氏杆菌，根据细菌的荚膜将其分为A、B、C、D四个型，禽巴氏杆菌多属A型，少数为D型。革兰氏阴性，多呈单个或成对存在。在组织、血液和新分离培养物中的菌体用瑞氏或美蓝染色时呈明显的两极着色。

二、流行病学

【易感动物】各种日龄和各品种的鸡均易感染本病，3～4月龄的鸡和成年鸡较容易感染。

【传染源】病鸡/带菌鸡的排泄物、分泌物及带菌动物均是本病主要的传染源。

【传播途径】主要通过消化道和呼吸道，也可通过吸血昆虫和损伤的皮肤黏膜而感染。

【流行季节】本病一年四季均可发生，但以夏、秋季节多发。但气候剧变、闷热、潮湿、多雨时期发生较多。长途运输或频繁迁移，过度疲劳，饲料突变，营养缺乏，寄生虫等可诱发此病。

三、临床症状

禽霍乱的自然感染潜伏期2～9天。多杀性巴氏杆菌的强毒力菌株感染后多呈败血性经过，急性发病，病死率高，可达30%～40%，较弱毒力的菌株感染后病程较慢，死亡率亦不高，常呈散发性。病鸡表现的症状主要有以下三种：

（1）最急性型　常发生在暴发的初期，特别是产蛋鸡，没有任何症状，突然倒地，双翅扑腾几下即死亡。

（2）急性型　最为常见，表现发热，少食或不食，精神不振，呼吸急促，鼻和口腔中流出混有泡沫的黏液，排黄色、灰白色或淡绿色稀粪。鸡冠、肉髯呈青紫色（见图5-86），发热，最后出现痉挛、昏迷而死亡。

（3）慢性型　多见于流行后期或常发地区，病变常局限于身体的某一部位，某些病鸡一侧或两侧肉髯明显肿大（见图5-87），某些病鸡出现呼吸道症状，鼻腔流黏液，脸部、鼻窦肿大，喉头分泌物增多，病程在1个月以上，某些病鸡关节肿胀或化脓，出现跛行。蛋鸡产蛋减少。

图5-86　病鸡的鸡冠、肉髯发绀呈青紫色
（孙卫东　供图）

图5-87　慢性禽霍乱病鸡的肉髯肿胀
（孙卫东　供图）

四、病理剖检变化

最急性型死亡的病鸡无特殊病变，有时只能看见心外膜有少许出血点。急性病例病变较为特征，病鸡的腹膜、皮下组织及腹部脂肪常见小点出血；心包变厚，心包内积有多量淡黄色液体（见图5-88），有的含纤维素絮状液体，心外膜、心冠脂肪出血尤为明显（见图5-89），有的病鸡的心冠脂肪在炎性渗出物下有大量出血（图5-90）；肺有充血或出血点；肝脏稍肿，质变脆，呈棕色或黄棕色，肝表面散布有许多灰白色、针头大的坏死点（见图5-91）；有的病例腺胃乳头出血（图5-92），肌胃角质层下出血显著；肠道尤其是十二指肠呈卡他性和出血性肠炎（见图5-93），肠内容物含有血液（见图5-94）。胰腺有炎症、边缘出血（见图5-95），产蛋鸡卵泡出血（见图5-96）、很少破裂，输卵管内有即将产出的蛋（见图5-97）。

 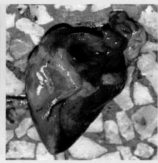

图5-88 病鸡的心包积有多量淡黄色液体（孙卫东 供图）

图5-89 病鸡的心冠脂肪上有出血点（左）或刷状缘出血（右）（孙卫东 供图）

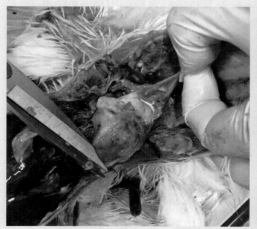 

图5-90 病鸡的心冠脂肪和心肌在炎性渗出物下有出血点（孙卫东 供图）

图5-91　病鸡的肝脏肿大，表面有大小不等的点状灰白色坏死点（孙卫东　供图）

图5-92　急性禽霍乱病鸡的腺胃乳头出血
（孙卫东　供图）

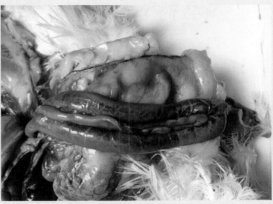

图5-93　急性禽霍乱病鸡十二指肠呈
出血性肠炎（孙卫东　供图）

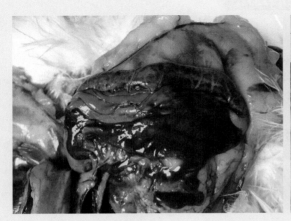

图5-94　急性禽霍乱病鸡十二指肠严重出血，
肠内容物黑色（孙卫东　供图）

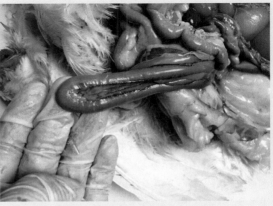

图5-95　急性禽霍乱病鸡胰腺有炎症、
边缘出血（孙卫东　供图）

图5-96　有的产蛋鸡卵泡出血
（孙卫东　供图）

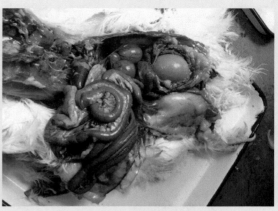

图5-97　输卵管内有即将产出的蛋
（孙卫东　供图）

五、诊断

　　根据本病的流行病学、临床症状、剖检病变等可做出初步诊断。肝脏触片瑞氏或美蓝染色后镜检检出两极着色的细菌有助于该病的诊断。确诊需要进行细菌的分离培养、鉴定以及动物接种试验。

六、类似病症鉴别

　　本病的腺胃乳头出血与鸡新城疫、禽流感、喹乙醇出现的病变相似，其鉴别诊断见鸡新城疫部分的叙述。

七、防治方法

　　【预防措施】

　　（1）免疫接种　弱毒菌苗有禽霍乱 $G_{190}E_{40}$ 弱毒菌苗等，灭活菌苗有禽霍乱氢氧化铝菌苗、禽霍乱油乳剂灭活菌苗、禽霍乱乳胶灭活菌苗等，其他还有禽霍乱荚膜亚单位疫苗。建议免疫程序如下：肉鸡于20～30日龄免疫一次即可，蛋/种鸡于20～30日龄首免，开产前半个月二免，开产后每半年免疫一次。

　　（2）被动免疫　患病鸡群可用猪源抗禽霍乱高免血清，在鸡群发病前作短期预防接种，每只鸡皮下或肌内注射2～5毫升，免疫期为两周左右。

　　（3）加强饲养管理　平时应坚持自繁自养原则，由外地引进种鸡时，应从无本病的鸡场选购，并隔离观察1个月，无问题再与原有的鸡合群。采取全进全出的饲养制度，搞好清洁卫生和消毒工作。

　　【治疗方法】

　　（1）特异疗法　用牛或马等异种动物及禽制备的禽霍乱抗血清，用于本病的紧急治疗，有较好的效果。

（2）药物疗法

① 磺胺甲噁唑（磺胺甲基异噁唑、新诺明、新明磺）：40%磺胺甲噁唑注射液按每千克体重20～30毫克一次肌内注射，连用3天。磺胺甲噁唑片按0.1%～0.2%混饲。

② 磺胺对甲氧嘧啶（消炎磺、磺胺-5-甲氧嘧啶、SMD）：磺胺对甲氧嘧啶片按每千克体重50～150毫克一次内服，1天1～2次，连用3～5天。按0.05%～0.1%混饲3～5天，或按0.025%～0.05%混饮3～5天。

③ 磺胺氯达嗪钠：30%磺胺氯达嗪钠可溶性粉，肉禽按每升饮水300毫克混饮3～5天。休药期1天。禽产蛋期禁用。

④ 沙拉沙星：5%盐酸沙拉沙星注射液，1日龄雏禽按每只0.1毫升一次皮下注射。1%盐酸沙拉沙星可溶性粉按每升饮水20～40毫克混饮，连用5天。产蛋禽禁用。此外，其他抗鸡霍乱的药物还有链霉素、土霉素（氧四环素）、金霉素（氯四环素）、环丙沙星（环丙氟哌酸）、甲磺酸达氟沙星（单诺沙星）等。

（3）中草药治疗

① 穿心莲、板蓝根各6份，蒲公英、旱莲草各5份，苍术3份，粉碎成细粉，过筛，混匀，加适量淀粉，压制成片，每片含生药为0.45克，鸡每次3～4片，每天3次，连用3天。

② 雄黄、白矾、甘草各30克，双花、连翘各15克，茵陈50克，粉碎成末拌入饲料投喂，每次0.5克，每天2次，连用5～7天。

③ 茵陈、半枝莲、大青叶各100克，白花蛇舌草200克，藿香、当归、车前子、赤芍、甘草各50克，生地150克，水煎取汁，为100羽鸡只3天用量，分3～6次饮服或拌入饲料，病重不食者灌少量药汁，适用于治疗急性禽霍乱。

④ 茵陈、大黄、茯苓、白术、泽泻、车前子各60克，白花蛇舌草、半枝莲各80克，生地、生姜、半夏、桂枝、白芥子各50克，水煎取汁供100羽鸡1天用，饮服或拌入饲料，连用3天，用于治疗慢性禽霍乱。

【注意事项】

生产上减少或避免病原菌产生耐药性，可在实际生产中采取轮换用药、控制剂量和疗程、进行药敏试验选取敏感药物等措施。尽管药敏试验对于临床选择用药起到了很大的作用，但药敏试验本身也存在一定的局限性，主要是只能反映体外抗菌作用，不能反映体内的抗菌活性，不同鸡场由于日常使用的抗菌药物不同，耐药性情况也不同。因此，药敏试验结果不具普遍意义。但是对某一养鸡场或相邻区域，药敏试验结果对于选择用药具有重要参考作用。

第五节　传染性鼻炎

一、概念

【定义】传染性鼻炎（Infectious coryza）是由副鸡嗜血杆菌引起的一种急性呼吸道传染病。临床上以鼻黏膜发炎，在鼻孔周围沾有污物，鼻腔和鼻窦发炎，流鼻涕，打喷嚏，颜面肿胀，结膜炎，幼鸡生长停滞，母鸡产蛋下降等为特征。

【病原】副鸡嗜血杆菌是革兰氏阴性的多形性小杆菌，不形成芽孢，无荚膜、鞭毛，不能运动。该菌至少有三种毒力相关抗原：第一种是脂多糖，它能引起动物发生中毒症状；第二种是多糖，它能引起心包积水；第三种是含透明质酸的荚膜，它与鼻炎症状有关。值得注意的是上述三种毒力抗原均不能诱导保护性免疫。因本菌生长中需要 V 因子，故分离培养时应与金黄色葡萄球菌交叉接种在血液琼脂平板上，如在金黄色葡萄球菌菌落周围形成细小透明的菌落可以认为该菌生长。

二、流行病学

【易感动物】本病主要传染鸡，各日龄鸡都易感染，多发生于育成鸡和成年鸡，雏鸡很少发生。产蛋期发病最严重、最典型。

【传染源】病鸡和带菌鸡是本病的主要传染源。

【传播途径】该菌可通过呼吸道传染，也可通过饮水散布，经污染的饲料、笼具、空气传播。

【流行季节】一年四季都可发生，但寒冷季节多发。

三、临床症状

该病潜伏期为 1～3 天，传播速度快，3～5 天波及全群。有的病鸡会出现呼吸困难，张口呼吸（见图 5-98），有的病鸡从鼻孔流出浆液性或黏液性分泌物（见图 5-99）。一侧或两侧颜面部高度肿胀（见图 5-100），病死鸡的鸡冠和肉髯发绀（见图 5-101）。产蛋鸡产蛋明显下降，产蛋率下降 10%～40%。育成鸡开产延迟，幼龄鸡生长发育受阻。

图5-98 病鸡出现呼吸困难，张口呼吸（孙卫东　供图）

图5-99 病鸡从鼻孔流出黏液性分泌物（孙卫东　供图）

图5-100 病鸡的颜面部高度肿胀（秦卓明 供图）

图5-101 病死鸡的鸡冠和肉髯发绀（孙卫东 供图）

四、病理剖检变化

病/死鸡剖检可见头部皮下胶样水肿，面部及肉髯皮下水肿，病眼结膜充血、肿胀、分泌物增多，滞留在结膜囊内，拨开眼睑后有豆腐渣样、干酪样分泌物（见图5-102）；鼻腔和鼻窦黏膜呈急性卡他性炎症，黏膜充血肿胀、表面覆有大量黏液（见图5-103），窦内有渗出物凝块，呈干酪样；卵泡变性、坏死和萎缩。

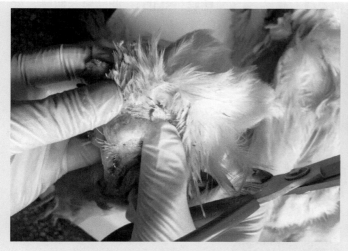

图5-102 拨开病鸡眼睑后有豆腐渣样分泌物流出（鲁宁 供图）

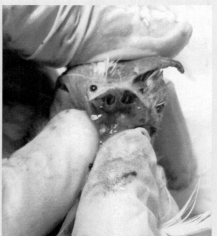

图5-103 病鸡的鼻腔和鼻窦内有大量黏液（孙卫东 供图）

五、诊断

根据本病的流行病学、临床症状、剖检病变等可做出初步诊断。确诊需要进行细菌的分离、培养与鉴定。此外，还可用直接补体结合试验、琼脂扩散试验、血凝抑制试验、荧光抗体技术、ELISA等方法进行实验室和现场诊断。

六、防治方法

【预防措施】

（1）免疫接种 最好注射两次，首次不宜早于5周龄，在6～7周龄较为适宜，如果太早，鸡的应答较弱；健康鸡群用A型油乳剂灭活苗或A-C型二价油乳剂灭活苗进行首免，每只鸡注射0.3毫升，于110～120日龄二免，每只注射0.5毫升。

（2）杜绝引入病鸡/带菌鸡 加强种鸡群监测，淘汰阳性鸡；鸡群实施全进全出，避免带进病原，发现病鸡及早淘汰。治疗后的康复鸡不能留做种用。

【治疗方法】磺胺类药物是治疗本病的首选药物，一般用复方新诺明或磺胺增效剂与其他磺胺类药物合用，或用2～3种磺胺类药物组成的联磺制剂。但投药时要注意时间不宜过长，一般不超过5天。且考虑鸡群的采食情况，当食欲变化不明显时，可选用口服易吸收的磺胺类药物，采食明显减少时，口服给药治疗效果差可考虑注射给药。磺胺二甲嘧啶（磺胺二甲基嘧啶、SM）：磺胺二甲嘧啶片按0.2%混饲3天，或按0.1%～0.2%混饮3天。土霉素：20～80克拌入100千克饲料自由采食，连喂5～7天。其他抗鸡传染性鼻炎的药物还有氟苯尼考（氟甲砜霉素）、环丙沙星（环丙氟哌酸）、恩诺沙星（乙基环丙沙星、百病消）、链霉素、庆大霉素（正泰霉素）、土霉素（氧四环素）、磺胺甲噁唑（磺胺甲基异噁唑、新诺明、新明磺、SMZ），磺胺对甲氧嘧啶（消炎磺、磺胺-5-甲氧嘧啶、SMD），磺胺氯达嗪钠、红霉素、金霉素（氯四环素）、氧氟沙星（氟嗪酸）。另外，配伍中药制剂鼻通、鼻炎净等疗效更好。

【注意事项】

由于该病经常以混合感染的形式存在，治疗时还应考虑其他细菌、病毒并发感染的可能性，及时治疗原发病。该病易复发，在药物治疗时应综合考虑用药的敏感性、用药方法、剂量和疗程。此外，近年来该病常与弯曲杆菌一起发病，治疗时应引起注意。

第六节 鸡坏死性肠炎

一、概念

【定义】鸡坏死性肠炎（Necrotic enteritis）是由魏氏梭菌毒素引起的一种急性非接触性传染病。临床上以发病急、死亡快、小肠黏膜坏死为特征。

【病原】为A型或C型魏氏梭菌（又称产气荚膜梭状芽孢杆菌），革兰氏阳性、两端钝圆的粗短杆菌，单独或成对排列，在自然界中形成芽孢较慢，芽孢呈卵圆形，位于菌体中央或近端，在机体内形成荚膜是本病的重要特点，但没有鞭毛，不能运动，人工培养基上常不形成芽孢。该病原的直接致病因素则是A型和C型毒株产生的α毒素以及C型毒株产生的β毒素，这两种毒素均可在感染鸡的粪便中发现。

二、流行病学

【易感动物】以2～6周龄的鸡多发，发病率为13%～40%，死亡率为5%～30%。

【传染源】病鸡/带菌鸡的排泄物及带菌动物均是本病主要的传染源。

【传播途径】该细菌主要通过消化道传播。

【流行季节】无明显的季节性，但夏季多发。突然更换饲料或饲料品质差，饲喂变质的鱼粉、骨粉等，鸡舍的环境卫生差，长时间饲料中添加土霉素等抗生素，这些因素可促使本病的发生。有报道说患过球虫病和蛔虫病的鸡常易暴发本病。

三、临床症状

鸡群突然发病，精神不振，羽毛蓬乱，食欲下降或不食，不愿走动，粪便稀软，呈暗黑色，有时混有血液。有的病例会突然死亡，病程1～2天。

四、病理剖检变化

病/死鸡剖检时可见嗉囊中仅有少量的食物，有较多的液体，打开腹腔时即闻到一种特殊的腐臭味。小肠表面污黑绿色，肠道扩张，充满气体（见图5-104），肠壁增厚，肠内容物呈液体，有泡沫（见图5-105），有时为栓子（见图5-106）或絮状。肠道黏膜有时有出血和坏死点（见图5-107），肠管脆，易碎，严重时黏膜呈弥漫性土黄色，干燥无光，黏膜呈严重的纤维素性坏死，并形成伪膜（见图5-108）。有的病鸡出现局部的肠管较大的灰白色坏死灶（见图5-109），剖开肠管可见纤维素性坏死（见图5-110）。

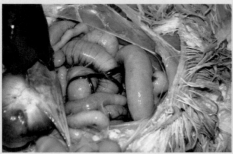

图5-104　病鸡小肠表面发黑（左），肠道扩张、臌气（右）（陈甫　供图）

图5-105　剖开肠道见肠内容物呈液体，有泡沫（陈甫　供图）

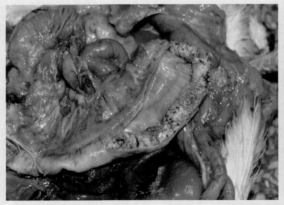

图5-106　剖开肠道见凝固样的栓子
（孙卫东　供图）

图5-107　肠道黏膜有时有出血和坏死点
（樊彦红　供图）

图5-108　肠道黏膜有严重的纤维素性坏死，
并形成伪膜（樊彦红　供图）

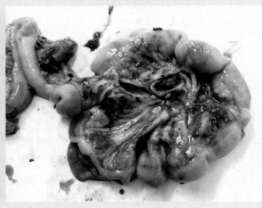

图5-109　病鸡的肠管出现多个大小不一
的灰白色坏死灶（孙卫东　供图）

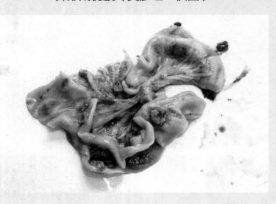

图5-110　剖开病鸡的肠管见纤维素性坏死
（孙卫东　供图）

五、诊断

本病可根据典型的眼观病变、肠内容物图片镜检见大量粗短的杆菌以及病原的分离鉴定做出诊断。

六、防治方法

【预防措施】

改善鸡舍卫生状况，保证饮水洁净，搞好球虫病的预防等都是预防鸡坏死性肠炎的重要措施。

【治疗方法】

用阿莫西林可溶性粉，每升水加60毫克，连用3～5天；庆大霉素，每升水添加40毫克，连用3天；甲硝唑，每升水添加500毫克，连用5～7天。此外，饮水效果较好的药物有林可霉素、青霉素（用药剂量请参考鸡葡萄球菌病治疗部分）、土霉素（用药剂量请参考鸡白痢病治疗部分）、氟苯尼考（氟甲砜霉素）（用药剂量请参考鸡大肠杆菌病治疗部分）、泰乐菌素（泰乐霉素、泰农）（用药剂量请参考鸡慢性呼吸道病治疗部分）。应注意在治疗的同时应给病鸡适当补充口服补液盐或电解质平衡剂；药物治疗后应在饲料中添加微生态制剂，连喂10天。

【注意事项】

该病的发生与早期球虫等的感染有关，故治疗该病时应同时进行其他原发病的治疗。

第七节 鸡弯曲杆菌病

一、概念

【定义】鸡弯曲杆菌病（Campylobacteriasis）又称鸡弧菌性肝炎，主要是由空肠弯曲杆菌引起鸡的一种传染病。临床上以肝脏出血并伴有脂肪浸润、坏死性肝炎等为特征。以前报道较多侵害雏鸡，近年来主要侵害开产蛋鸡，因该菌在鸡肠道中的无症状带菌率较高，常成为其他疾病的并/继发症。

【病原】弯杆菌属的嗜热弯曲杆菌有3个种：空肠弯曲杆菌、结肠弯曲杆菌和鸥弯曲杆菌。其中空肠弯曲杆菌是从禽类分离出来的，是常见的致病菌。该菌形态呈逗号状、香蕉状、螺旋状、S形等，所有的种都有单极鞭毛，有运动性，有时可见到两极鞭毛的细菌。所有的弯杆菌革兰氏染色均为阴性。

二、流行病学

【易感动物】禽是嗜热弯曲杆菌最重要的贮存宿主，有90%的肉鸡可被感染，100%的火鸡和88%的鸭带菌。鸽、鹧鸪、雉鸡和鹌鹑对本菌易感。

【传染源】病鸡和带菌鸡。一般认为禽类是人类弯杆菌感染的潜在传染源。

【传播途径】病菌通过排泄物污染饲料、饮水及用具等，通过水平传播在鸡群中蔓延。孵化器中只要有一只是感染空肠弯杆菌的雏鸡，24小时后可从70%与病雏接触的雏鸡中分离到病菌。家蝇可通过接触污染的垫料等带有空肠弯杆菌，并使易感的健康家禽感染本病。

【流行季节】春季和初夏发病最高，而到冬季反而有所下降。

图5-111　发生肝脏破裂的病鸡表现为鸡冠苍白（孙卫东　供图）

三、临床症状

（1）急性型　病初，雏鸡精神倦怠、沉郁，严重者呆立缩颈、闭眼，对周围环境敏感性降低，羽毛杂乱无光，泄殖腔周围污染粪便，多数鸡呈黄褐色腹泻，然后呈浆糊样，继而呈水样，部分病鸡因肝脏破裂出血急性死亡，此时表现出鸡冠苍白（见图5-111）。

（2）亚急性型　呈现脱水，消瘦，陷入恶病质状态，最后心力衰竭而死亡。

（3）慢性型　精神委顿，鸡冠苍白、干缩、萎缩，可见鳞片状皮屑，逐渐消瘦，饲料报酬降低。

四、病理剖检变化

急性死亡病例可见肝脏肿大、质脆，肝脏表面有大小不等不规则的出血点或腹腔积聚大量血液（见图5-112），或肝脏被膜下有大小不等的血凝块（见图5-113）。慢性型病例可见肝脏质地变硬，在肝脏表面有灰白或灰黄色星状坏死灶（见图5-114），或在肝脏的背面和腹侧面布满菜花样坏死区（见图5-115），其切面可见深入肝脏实质的坏死灶（见图5-116），胆囊内充满黏性分泌物；心冠脂肪消耗殆尽，心肌松软（见图5-117）；脾脏肿大，偶见黄色梗死区；卵巢可见卵泡萎缩退化，仅呈豌豆大小（见图5-118）。

图5-112　病鸡腹腔积聚大量血液（孙卫东　供图）

图5-113　病鸡肝脏被膜下有大小不等的血凝块（孙卫东　供图）

图5-114　肝脏表面和实质内散布有多量星状坏死灶（右侧为放大的照片）（孙卫东　供图）

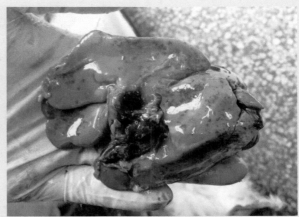

图5-115　肝脏布满菜花样坏死区（孙卫东　供图）

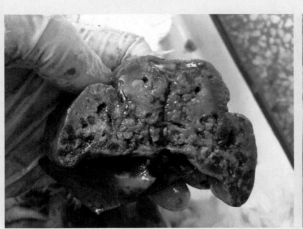

图5-116　切面上深入肝脏实质的坏死灶（孙卫东　供图）

图5-117　病鸡心冠脂肪消耗殆尽，
心肌松软（孙卫东　供图）

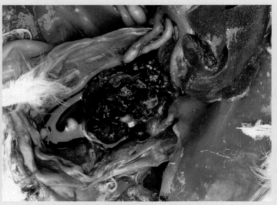

图5-118　病鸡卵巢可见卵泡萎缩退化，
发黑（孙卫东　供图）

五、诊断

该病发病率高，死亡率低，生前不易诊断，往往突然死亡，此时结合特征性病理变化可做出初步诊断，必要时可取胆汁进行病原的分离鉴定。

六、类似病症鉴别

本病出现的肝脏破裂、鸡冠苍白等症状与鸡住白细胞虫病、脂肪肝综合征的病变相似，其鉴别诊断见鸡脂肪肝综合征部分的叙述。

七、防治方法

【预防措施】

本病是一种条件性疾病，常与不良的环境因素或其他疾病感染有关。因此，应选择清洁干净的饲料和饮水，及时清理料槽中的剩料，清刷水槽或冲洗水线；做好通风换气，保持鸡舍干燥；日常按消毒计划进行鸡舍的喷雾消毒和带鸡消毒。此外，在饲料中添加药物进行预防，按饲料中加入土霉素或四环素2克/千克，连用3～5天；饮水中加入维生素C可溶性粉或5%阿莫西林可溶性粉；或饮水中添加黄芪多糖+恩诺沙星预混剂，供鸡饮用。此外，防止患病鸡与其他动物及野生禽类接触，对病/死鸡、排泄物及被污染物作无害化处理；加强饲养管理，提高鸡群抵抗力。

【治疗方法】

① 隔离病鸡，加强消毒　病鸡严格隔离饲养，鸡舍由原来1周消毒1次，改为1天带鸡消毒1次；药物用3%次氯酸和2%癸甲溴氨交替消毒。水槽、食槽每天用消毒液清洗1次；环境用3%热苛性钠水溶液1～2天消毒1次。

② 西药治疗　饲料中添加20%氟苯尼考500克/吨，连喂10天；在饲料中添加盐酸多西环素1克/千克、环丙沙星0.5克/千克，连用3～5天。对于重症病鸡，可采用链霉素或庆大霉素进行肌内注射，2次/天，连用3～5天。

③ 中药治疗 用龙胆泻肝汤合郁金散加减：郁金300克，栀子150克，黄芩240克，黄柏240克，白芍240克，金银花200克，连翘150克，菊花200克，木通150克，龙胆草300克，柴胡150克，大黄200克，车前子150克，泽泻200克。按每只成年鸡2克/天，水煎饮用，1天1次，连用5天。

【注意事项】

应从病原、宿主和传播途径3个方面入手研究鸡弯曲杆菌最新控制措施，对人弯曲杆菌感染的控制和食品安全将具有重要意义。

第八节 鸡支原体病

鸡支原体病（Mycoplasmosis in chickens）包括鸡毒支原体感染滑液囊支原体感染。

一、鸡毒支原体感染

1.概念

【定义】鸡毒支原体感染（Mycoplasma gallisepticum infection）又称鸡慢性呼吸道病。是由鸡毒支原体引起的一种接触性、慢性呼吸道传染病。临床上以呼吸道发生啰音、咳嗽、流鼻液和窦部肿胀为特征。

【病原】支原体是没有细胞壁的原核微生物，由于缺乏细胞壁，菌体一定的可塑性，呈多形性。由于寄宿细胞或体外培养条件不同，繁殖期不同，菌体大小和形态也各异。在体外适宜培养条件下，菌体通常呈丝状、螺旋丝状或球菌状等。菌体大小、形态也与支原体的种类和生长状况等密切相关。

2.流行病学

【易感动物】自然感染主要发生于鸡和火鸡，各种日龄鸡均可感染，以30～60日龄鸡最易感。

【传染源】病鸡或带菌鸡。

【传播途径】可通过直接接触传播或经卵垂直传播，尤其垂直传播可造成循环传染。

【流行季节】冬末春初多发。

3.临床症状

潜伏期4～21天。幼龄鸡感染后发病症状明显，若无并发症，病初鼻腔及其邻近的黏膜发炎，病鸡出现浆液、浆液-黏液性鼻漏（见图5-119），打喷嚏，窦炎，结膜炎，眼角流出泡沫样浆液或黏液（见图5-120）。中期炎症由鼻腔蔓延到支气管，病鸡出现咳嗽，有明显的呼吸道啰音等（见视频5-6）。到了后期，炎症进一步发展到眶下窦等处时，由于该处渗出物蓄积引起眼睑肿胀乃至整个颜面部肿胀（见图5-121）。部分病鸡一侧或两侧眼睑肿胀、粘连，有时分泌物覆盖整个眼睛（见图5-122），造成失明。

视频5-6

（扫码观看：鸡毒支原体病-呼吸困难伴啰音-眼睛内有泡沫样的眼泪）

青年鸡症状与雏鸡基本相似，但较缓和，症状不明显，表现为食欲减退、进行性消瘦、生长缓慢、体重不达标。产蛋鸡主要表现为产蛋率下降，一般下降10%～40%，种蛋的孵化率降低10%～20%，会出现死胚（见图5-123），弱雏率上升10%，死亡率一般为10%～30%，严重感染或混合感染大肠杆菌、禽流感时死亡率可达40%～50%。本病传播较慢，病程长达1～4个月或更长，但在新发病的鸡群中传播较快。鸡群一旦感染很难净化。

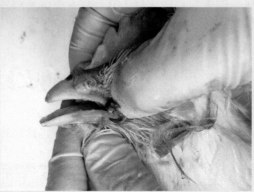

图5-119　病鸡流浆液性（左）或泡沫样（右）鼻液（鲁宁　供图）

图5-120　病鸡结膜炎，眼内有泡沫样的液体（孙卫东　供图）

图5-121　病鸡颜面部肿胀，眼角有泡沫样的液体（鲁宁　供图）

图5-122 病鸡一侧眼睑肿胀、粘连
（孙卫东 供图）

图5-123 垂直感染的种蛋孵化后出现死胚
（陈甫 供图）

4.病理剖检变化

　　垂直感染的鸡胚剖检时见气囊有黄色渗出物（见图5-124），刚刚孵出的雏鸡剖检可见肌胃的内金糜烂、出血（见图5-125）。病/死雏鸡剖检可见腹腔有大量泡沫样液体（见图5-126），气囊混浊、壁增厚，上有黄色泡沫状液体（见图5-127），有的病雏鸡的腺胃有炎症及溃疡（见图5-128）。病程久者可见特征性病变——纤维素性气囊炎，胸（见图5-129）、腹气囊（见图5-130）囊壁上/内有黄色干酪样渗出物，有的病例还可见纤维素性心包炎和纤维素性肝周炎（见图5-131）。肺脏表面有炎性渗出物（见图5-132）。鼻道、眶下窦黏膜水肿、充血、肥厚或出血。窦腔内充满黏液（见图5-133）或干酪样渗出物（见图5-134）。

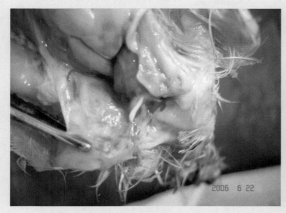

图5-124 垂直感染的鸡胚剖检时见气囊
有黄色渗出物（孙卫东 供图）

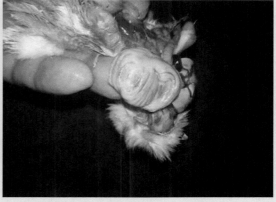

图5-125 刚孵出的雏鸡见肌胃的内金糜烂、
出血、发黑（孙卫东 供图）

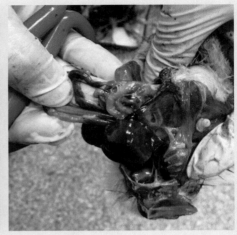

图5-126 病鸡腹腔有大量泡沫样液体（孙卫东 供图）

图5-127 病鸡胸腹气囊内有泡沫样
渗出物（孙卫东 供图）

图5-128 病雏鸡的腺胃有炎症及溃疡
（孙卫东 供图）

图5-129 病鸡胸气囊浑浊（孙卫东 供图）

图5-130　病鸡腹气囊浑浊，内有干酪样渗出物（孙卫东　供图）

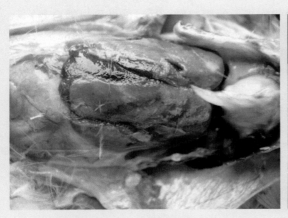

图5-131　病鸡的纤维素性心包炎和
肝周炎（孙卫东　供图）

图5-132　病鸡肺脏表面有炎性渗出物
（陈甫　供图）

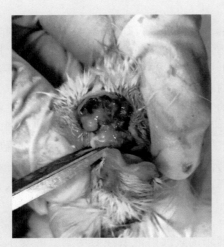

图5-133　病鸡鼻窦内有大量黏脓样
分泌物（孙卫东　供图）

图5-134　病鸡眶下窦积有干酪样分泌物
（孙卫东　供图）

5. 诊断

根据病程较长、病鸡呼吸困难、气管啰音、眼睑或鼻窦肿胀、眼结膜发炎、眼角内有泡沫样液体或流出灰白色黏液、鼻腔和鼻窦内有脓性渗出物或干酪样物、腹腔有泡沫样浆液、气囊壁浑浊增厚、囊腔内有干酪样渗出物等可做出初步诊断。确诊依赖于病原的分离鉴定。

6. 类似病症鉴别

本病出现的心包炎、肝周炎和气囊炎（"三炎"）或"包心包肝"病变与大肠杆菌病、鸡痛风剖检病变相似，其鉴别诊断见鸡大肠杆菌病部分的相关叙述。

7. 防治方法

【预防措施】

（1）定期检疫　一般在鸡2、4、6月龄时各进行一次血清学检验，淘汰阳性鸡，或鸡群中发现一只阳性鸡即全群淘汰，留下全部无病群隔离饲养作为种用，并对其后代继续进行观察，以确定其是否真正健康。

（2）隔离观察引进种鸡　防止引进种鸡时将病带入健康鸡群，尽可能做到自繁自养。从健康鸡场引进种蛋自行孵化；新引进的种鸡必须隔离观察2个月，在此期间进行血清学检查，并在半年中复检2次。如果发现阳性鸡，应坚决予以淘汰。

（3）免疫接种　灭活疫苗（如德国"特力威104鸡败血支原体灭能疫苗"）的接种，在6～8周龄注射一次，最好16周龄再注射一次，都是每只鸡注射0.5毫升。弱毒活苗（如F株疫苗、MG 6/85冻干苗、MG ts-11等）给1、3和20日龄雏鸡点眼免疫，免疫期7个月。灭活疫苗一般是对1～2月龄母鸡注射，在开产前（15～16周龄）再注射1次。

（4）药物预防　在雏鸡出壳后3天饮服抗支原体药物，清除体内支原体，抗支原体药物可用枝原净，多西环素+氧氟沙星混饮等。

（5）加强饲养管理　鸡支原体既然在很大程度上是"条件性发病"，预防措施主要就是改善饲养条件、减少诱发因素。饲养密度一定不可太大，鸡舍内要通风良好，空气清新，温度适宜，使鸡群感到舒适。最好每周带鸡喷雾消毒（0.25%的过氧乙酸、百毒杀等）一次，使细小雾滴在整个鸡舍内弥漫片刻，达到浮尘下落，空气净化。饲料中多维素要充足。

【治疗方法】

（1）已感染鸡毒支原体种蛋的处理

① 抗生素处理法：在处理前，先从大环内酯类、四环素类、氟喹诺酮类中，挑选对本种蛋中MG敏感的药物。分为抗生素注射法，即用敏感药物配比成适当的浓度，于气室上用消毒后的12号针头打一小孔，再往卵内注射敏感药物，进行卵内接种。温差给药法，即将孵化前的种蛋升温到37℃，然后立即放入5℃左右温度的敏感药液中，等待15～20分钟，取出种蛋。压力差给药法，即把常温种蛋放入一个能密闭的容器中，然后往该容器中注入对MG敏感的药液，直至浸没种蛋，密闭容器，抽出部分空气，而后在徐徐放入空气，使药液进入卵内。

② 物理处理法：加压升温法，即对一个可加压的孵化器进行升压并加温，使内部温度达到46.1℃，保持12～14小时，而后转入正常温度孵化，对消灭卵内MG有比较满意的效果，但孵化率下降8%～12%。常压升温法，即恒温45℃的温箱处理种蛋14小时，然后转入正常孵化。收到比较满意的消灭卵内MG的效果。

（2）药物治疗

① 泰乐菌素（泰乐霉素、泰农）：5%或10%泰乐菌素注射液或注射用酒石酸泰乐菌素按每千克体重5～13毫克一次肌内或皮下注射，1天2次，连用5天。8.8%磷酸泰乐菌素预混剂按每千克饲料300～600毫克混饲。酒石酸泰乐菌素可溶性粉按每升饮水500毫克混饮

3～5天。蛋鸡禁用，休药期1天。

②泰妙菌素（硫姆林、泰妙灵、枝原净）：45%延胡索酸泰妙菌素可溶性粉按每升饮水125～250毫克混饮3～5天，以上均以泰妙菌素计。休药期2天。

③红霉素：注射用乳糖酸红霉素或10%硫氰酸红霉素注射液，育成鸡按每千克体重10～40毫克一次肌内注射，1天2次。5%硫氰酸红霉素可溶性粉按每升饮水125毫克混饮3～5天。产蛋鸡禁用。

④吉他霉素（北里霉素、柱晶白霉素）：吉他霉素片，按每千克体重20～50毫克一次内服，1天2次，连用3～5天。50%酒石酸吉他霉素可溶性粉，按每升饮水250～500毫克混饮3～5天。产蛋鸡禁用，休药期7天。

⑤阿米卡星（丁胺卡那霉素）：注射用硫酸阿米卡星或10%硫酸阿米卡星注射液按每千克体重15毫克一次皮下、肌内注射。1天2～3次，连用2～3天。

⑥替米考星：替米考星可溶性粉按每升饮水100～200毫克混饮5天。休药期14天。

⑦大观霉素（壮观霉素、奇霉素）：注射用盐酸大观霉素按每只雏鸡2.5～5.0毫克肌内注射，成年鸡按每千克体重30毫克，1天1次，连用3天。50%盐酸大观霉素可溶性粉按每升饮水500～1000毫克混饮3～5天。产蛋期禁用，休药期5天。

⑧大观霉素-林可霉素（利高霉素）：按每千克体重50～150毫克一次内服，1天1次，连用3～7天。盐酸大观霉素-林可霉素可溶性粉按每升水0.5～0.8克混饮3～7天。

⑨金霉素（氯四环素）：盐酸金霉素片或胶囊，内服剂量同土霉素。10%金霉素预混剂按每千克饲料200～600毫克混饲，不超过5天。盐酸金霉素粉剂按每升饮水150～250毫克混饮，以上均以金霉素计。休药期7天。

⑩多西环素（强力霉素、脱氧土霉素）：盐酸多西环素片按每千克体重15～25毫克一次内服，1天1次，连用3～5天。按每千克饲料100～200毫克混饲。盐酸多西环素可溶性粉按每升饮水50～100毫克混饮。

⑪二氟沙星（帝氟沙星）：二氟沙星片按每千克体重5～10毫克一次内服，1天2次。2.5%、5%二氟沙星水溶性粉按每升饮水25～50毫克混饮5天。产蛋鸡禁用，休药期1天。

⑫氧氟沙星（氟嗪酸）：1%氧氟沙星注射液按每千克体重3～5毫克一次肌内注射，1天2次，连用3～5天。氧氟沙星片按每千克体重10毫克一次内服，1天2次。4%氧氟沙星水溶性粉或溶液按每升饮水50～100毫克混饮。此外，其他抗鸡慢性呼吸道病的药物还有卡那霉素、庆大霉素（正泰霉素）、土霉素（氧四环素）（用药剂量请参考鸡白痢治疗部分），氟苯尼考（氟甲砜霉素）、安普霉素（阿普拉霉素、阿布拉霉素）、诺氟沙星（氟哌酸）、环丙沙星（环丙氟哌酸）、恩诺沙星（乙基环丙沙星、百病消）（用药剂量请参考鸡大肠杆菌病治疗部分），磺胺甲噁唑（磺胺甲基异噁唑、新诺明、新明磺、SMZ），磺胺对甲氧嘧啶（消炎磺、磺胺-5-甲氧嘧啶、SMD）（用药剂量请参考禽霍乱治疗部分）。

（3）中草药治疗

①石决明、草决明、苍术、桔梗各50克，大黄、黄芩、陈皮、苦参、甘草各40克，栀子、郁金各35克，鱼腥草100克，苏叶60克，紫菀80克，黄药子、白药子各45克，三仙、鱼腥草各30克，将诸药粉碎，过筛备用。用全日饲料量的1/3与药粉充分拌匀，并均匀撒在食槽内，待吃尽后，再添加未加药粉的饲料。剂量按每只鸡每天2.5～3.5克，连用3天。

②麻黄、杏仁、石膏、橘梗、黄芩、连翘、金银花、金荞麦根、牛蒡子、穿心莲、甘草，共研细末，混匀。治疗按每只鸡每次0.5～1.0克，拌料饲喂，连续5天。

【注意事项】

该病常与大肠杆菌病、传染性支气管炎等混合感染，应及时治疗原发病。在治疗时还应及时去除诱发本病环境不良因素，加强鸡舍通风，降低饲养密度，改善污浊空气的质量，提供全价平衡饲料。尽量选择SPF鸡胚生产的活疫苗，避免活疫苗中支原体的污染。

二、滑液囊支原体感染

1.概念

【定义】滑液囊支原体感染（Mycoplasma synoviae infection）是由滑液囊支原体引起的，以关节肿大、滑液囊炎和腱鞘炎，进而引起运动障碍的疾病。

【病原】同鸡毒支原体感染。

2.流行病学

【易感动物】自然感染主要发生于鸡和火鸡，多发于4～16周龄的鸡，以9～12周龄的青年鸡最易感。在一次流行之后，很少再次流行。经蛋传递感染的雏鸡可能在6日龄发病，在雏鸡群中会造成很高的感染率。

【传染源】病鸡或带菌鸡。

【传播途径】可通过直接接触传播或经卵垂直传播，尤其垂直传播可造成循环传染。

【流行季节】无明显的季节性。

3.临床症状和病理剖检变化

潜伏期为11～21天。病鸡表现为不愿运动，蹲伏（见图5-135）或借助翅膀向前运动（见图5-136）、翅关节（见图5-137）、跗关节（见图5-138）、脚趾关节肿大（见图5-139），脚垫皮肤受损、结痂（见图5-140），且有热感和波动感，久病不能走动，病鸡消瘦，排浅绿色粪便且含有大量的尿酸。剖检见跗关节（见图5-141）、翅关节（见图5-142）腱鞘处有黄白色囊状物，内有黄白色黏液，关节滑液囊（见图5-143）或脚垫内有黏液性呈灰白色的乳酪样渗出物（见图5-144），有时关节软骨出现糜烂，严重病例在颅骨和颈部背侧有干酪样渗出物。肝、脾肿大，肾苍白呈花斑状。偶见气囊炎的病变。有的病鸡会因运动障碍而出现胸部囊肿（见图5-145），剖检见龙骨处囊肿内有干酪样渗出物（见图5-146），鸡屠宰后的酮体品质明显下降（见图5-147）。感染蛋鸡可能出现砂壳蛋（见图5-148）。

图5-135　病鸡表现为不愿运动、蹲伏
（孙卫东　供图）

图5-136　病鸡借助翅膀向前运动
（孙卫东　供图）

图5-137　病鸡翅关节红肿（孙卫东　供图）

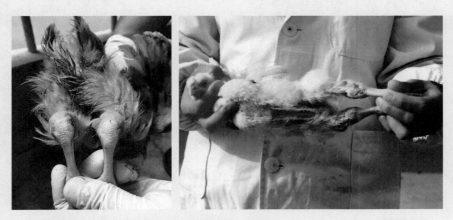

图5-138　病鸡跗关节（左）及跗关节滑液囊（右）肿胀（孙卫东　供图）

图5-139　病鸡脚趾关节发红、肿胀（孙卫东　供图）

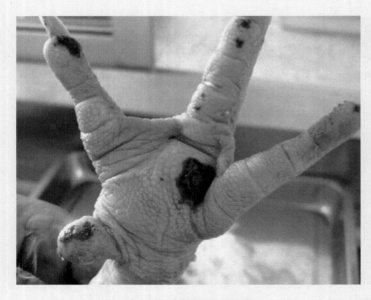

图5-140 病鸡脚垫皮肤受损、结痂（陈甫 供图）

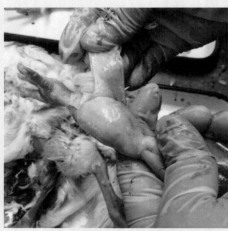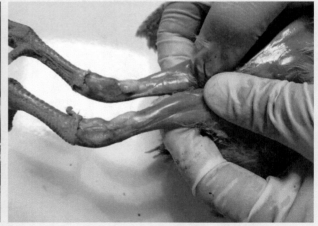

图5-141 病鸡跗关节及腱鞘处肿胀，有黄白色物质渗出（孙卫东 供图）

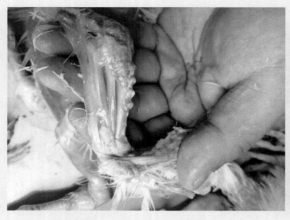

图5-142 病鸡翅关节腱鞘处有黄白色（左）和干酪样（右）渗出（孙卫东 供图）

图5-143 病鸡剖检见跗关节内有黏稠渗出物（孙卫东 供图）

图5-144 病鸡剖检见脚垫内有黏液性呈灰白色的乳酪样渗出物（孙卫东 供图）

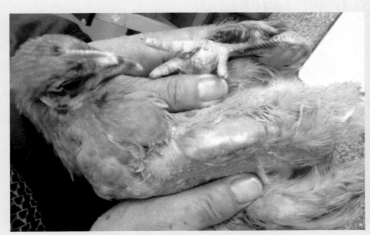

图5-145 病鸡会因运动障碍而出现胸部囊肿（孙卫东 供图）

图5-146 病鸡龙骨处囊肿内的干酪样渗出物（孙卫东 供图）

图5-147 病鸡屠宰后的酮体品质明显下降（孙卫东 供图）

图5-148 感染蛋鸡可能出现砂壳蛋（陈甫 供图）

4.诊断

请参考"鸡毒支原体病"相关部分的内容叙述。

5.类似病症鉴别

请参考"鸡毒支原体病"相关部分的内容叙述。

6.防治方法

请参考"鸡毒支原体病"相关部分的内容叙述。

【注意事项】

由于该病常侵害关节及关节内部，因关节存在关节屏障，一般药物的治疗效果较差，故重症病例建议作淘汰处理。此外，应加强垫料、笼具和运动场的管理，避免因尖锐物或异物损伤关节；同时加强鸡舍通风，降低饲养密度，降低鸡舍中病原的含量。

第九节　鸡结核病

一、概念

【定义】鸡结核病是由禽分枝杆菌引起的慢性接触性传染病。临床上以慢性经过，渐进性消瘦、贫血、产蛋量减少或不产蛋，剖检见肝脏、脾脏、肠道等形成结核结节为特征。

【病原】禽结核分枝杆菌。

二、流行病学

【易感动物】肉鸡等很快就屠宰，较少发现；种鸡饲养时间虽然长，但污染面不大，发病率较低。

【传染源】病禽。

【传播途径】主要经消化道感染，也可由吸入带菌的尘埃经呼吸道感染；病禽与健康家禽同群混养，将疾病散播；人、饲养管理用具、车辆等也可促进传播。

【流行季节】无明显的季节性。

三、临床症状

病鸡精神沉郁，食欲正常，但体重减轻。消瘦，胸肌萎缩，胸骨变形，体形变小，鸡冠、肉垂和耳垂褪色萎缩。病鸡常下痢，有的瘫痪。

四、病理剖检变化

病/死鸡剖检见肝、脾肿大，心、肺、肝浆膜、腹膜、盲肠上有密集结节（见图5-149），大如豌豆，小至粟粒，呈灰白色或淡黄色，切开后有干酪样坏死或钙化灶。肾脏上有密集的坏死结节（见图5-150）。

图5-149　病鸡肠管壁和肠系膜上的
密集结节（李银　供图）

图5-150　病鸡肾脏上的坏死结节
（孙卫东　供图）

五、诊断

根据症状、病变可作出初步诊断，但确诊必须与鸡的大肠杆菌肉芽肿、马立克氏病和淋巴细胞性白血病进行鉴别诊断，如作细菌染色镜检及结核菌素试验等。

六、防治方法

【预防措施】

预防和控制本病必须采取科学合理的综合性防制措施，才能建立和保护无结核病的鸡群。

（1）加强饲养管理　应对鸡群饲喂全价饲料，增加维生素，使有足够的营养以增强抵抗力；定期做好鸡舍、环境和用具等的卫生消毒工作及防止老鼠和鸟类进入鸡舍，以免传入病原。

（2）动物分开隔离饲养　要求饲养户不可将猪、鸡、兔等动物饲养在一个小院内。鸡必须设法单独饲养，饲养过患有结核病的畜禽的舍房不能再用来养鸡。无结核病的鸡应在新的环境中建立新鸡群。

（3）淘汰病禽　经常检查鸡群，淘汰严重消瘦及产蛋下降的鸡；经过剖检证明为结核病的或结核菌素试验阳性反应的鸡立即扑杀烧毁，不得食用。同时对饲养在一起的猪、兔、羊等动物进行结核菌素试验，凡阳性反应的所有动物均须淘汰，并用5%石炭酸溶液、10%漂白粉对畜禽舍和环境进行多次消毒。

【治疗方法】

本病被视为不治之症，发现病鸡应全群淘汰，且病鸡的蛋不能留作种用。

第六章　鸡真菌性疾病的鉴别诊断

第一节　曲霉菌病

一、概念

【定义】曲霉菌病（Aspergillosis）又称霉菌性肺炎，是由曲霉菌引起的一种真菌病。临床上以急性暴发，死亡率高，呼吸困难，肺及气囊发生炎症及形成霉菌性小结节或霉斑为特征。

【病原】烟曲霉菌是本病最为常见的病原霉菌，其次是黄曲霉。此外，黑曲霉、构巢曲霉、土曲霉、青曲霉、白曲霉等也有不同程度的致病性，可见于混合感染的病例中。这些曲霉菌均具有如下共同的形态结构：菌丝、分生孢子梗、顶囊、小梗和分生孢子。

二、流行病学

【易感动物】雏鸡在4～14日龄的易感性最高，常呈急性暴发，出壳后的幼雏在进入被烟曲霉菌污染的育雏室后，48小时即开始发病死亡，病死率可达50%左右，至30日龄时基本上停止死亡。

【传染源】被霉菌污染的垫料、饲料、水帘、吊顶、环境或其他用具等，病鸡及带菌鸡。

【传播途径】主要经呼吸道和消化道传播，若种蛋表面被污染、孢子可侵入蛋内，感染胚胎。

【流行季节】在我国南方5～6月间的梅雨季节或阴暗潮湿的鸡舍最易发生。

三、临床症状

自然感染的潜伏期2～7天，发病率不等。雏鸡感染后呈急性经过，表现为食欲减退，头颈前伸，张口呼吸（见图6-1），打喷嚏，鼻孔中流出浆性液体，羽毛蓬乱，闭目嗜睡；病的后期发生腹泻，有的雏鸡出现歪头、麻痹、跛行等神经症状。病程长短取决于霉菌感染的数量和中毒的程度。成年鸡多为散发，感染后多呈慢性经过，病死率较低。部分病例由于霉菌侵入眼眶（见图6-2）、眼内角（见图6-3）、下颌（见图6-4）等部，形成霉菌肿胀物。

图6-1　病鸡头颈前伸，张口呼吸（孙卫东　供图）

图6-2　病鸡眼眶上部的霉菌结节（吴建东　供图）

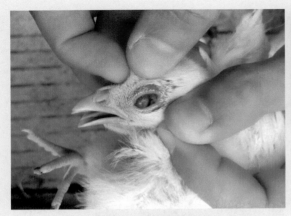

图6-3　病鸡眼内角的霉菌结节
（孙卫东　供图）

图6-4　病鸡下颌部的霉菌结节
（孙卫东　供图）

四、病理剖检变化

　　病/死鸡可在肺表面及肺组织中可发现粟粒大至黄豆大的黑色、紫色或灰白色质地坚硬的结节（见图6-5），有时大结节可累及整个肺脏（见图6-6），切面坏死（见图6-7）；气囊混浊，有灰白色或黄色圆形病灶或结节或干酪样团块物（见图6-8）；有时在下颌皮下（见图6-9）、气管、胸腔（见图6-10）、腹腔（见图6-11和图6-12）、肝和肾脏等处也可见到类似的结节。有的病例可在气囊（见图6-13）、肺脏表面（见图6-14）见到霉斑，肺脏充血、水肿（见图6-15）。有的病例在肠道上会出现霉菌坏死斑（见图6-16）。有的病例若伴有曲霉菌毒素中毒时，还可见到肝脏肿大，呈弥漫性充血、出血，胆囊扩张，皮下和肌肉出血。偶尔可在鸡蛋的气室发现霉斑（见图6-17）。剪开个别有头部肿胀物病例，发现粟粒大至黄豆大的灰白色质地坚硬的结节（见图6-18）。

图6-5　病鸡（左）和火鸡（右）肺表面及肺组织中的霉菌结节（孙卫东　供图）

图6-6　病鸡大的霉菌结节累及整个肺脏（张文明　供图）

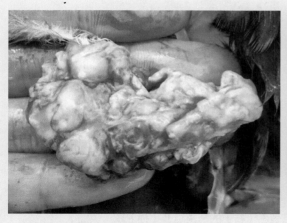

图6-7　病鸡肺脏大的霉菌结节切面坏死
（张文明　供图）

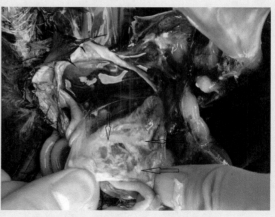

图6-8　病鸡气囊上的霉菌结节
（姚大伟　供图）

图6-9　病鸡下颌皮下的霉菌结节
（张文明　供图）

图6-10　病鸡胸骨内测的霉菌结节
（孙卫东　供图）

图6-11　病鸡气囊及腹腔脏器表面
的霉菌结节（程龙飞　供图）

图6-12 病鸡肠系膜（左）及肠管浆膜表面（右）的霉菌结节（孙卫东 供图）

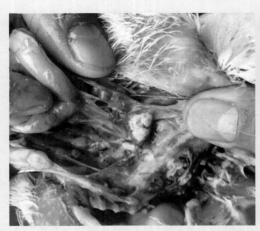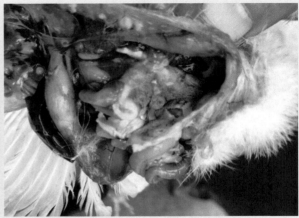

图6-13 病鸡的胸气囊（左）和腹气囊（右）出现霉斑（郁飞 供图）

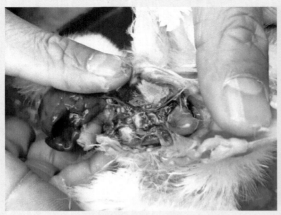

图6-14 病鸡的肺脏表面出现霉斑
（郁飞供图）

图6-15 病鸡的肺脏表面出现霉斑（左下）和
肺脏充血、水肿（右上）（郁飞供图）

图6-16 病鸡肠道上的霉菌坏死斑
（张文明 供图）

图6-17 鸡蛋气室内的霉斑
（孙卫东 供图）

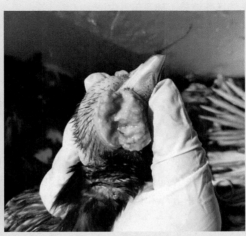
图6-18 病鸡头部肿胀物中发现粟粒大至黄豆大的灰白色质地坚硬的结节（吴建东 供图）

五、诊断

本病可根据流行病学、临床症状和典型的霉菌性结节做出初步诊断，确诊必须进行微生物检查和病原的分离鉴定。检查病原时，取结节病灶压片直接检查，见有分隔的菌丝，而分生孢子和顶囊则有时找不到；取霉斑表面覆盖物涂片镜检，可见到球状的分生孢子，孢子柄短，顶囊呈烧瓶状，连接在纵横交错的分隔菌丝上。

六、类似病症鉴别

与鸡白痢的鉴别：

【相似点】病鸡肺脏上的白痢结节与该病的霉菌结节相似（见图6-19）。

【不同点】鸡白痢病鸡往往会出现"糊肛"（见图6-20），肝脏上的点状坏死灶以及盲肠的干酪样渗出物，而鸡曲霉菌病很少出现上述变化。

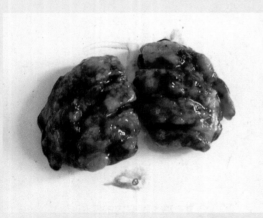

图6-19 鸡白痢病鸡肺脏上的白色米粒大小的坏死结节（孙卫东 供图）

图6-20 鸡白痢病鸡出现"糊肛"（孙卫东 供图）

七、防治方法

【预防措施】

（1）加强饲养管理 保持鸡舍环境卫生清洁、干燥，加强通风换气，及时清洗和消毒水槽，清出料槽中剩余的饲料。尤其在阴雨连绵的季节，更应防止霉菌生长繁殖，污染环境而引起该病的传播。种蛋库和孵化室经常消毒，保持卫生清洁、干燥。加强水帘管理，防止水帘霉变。

（2）严格消毒被曲霉菌污染的鸡舍 对污染的育雏室要彻底清除霉变的垫料，然后福尔马林熏蒸消毒后，经过通风、更换清洁干燥垫料后方可进鸡。污染种蛋严禁入孵。

（3）防止饲料和垫料发生霉变 在饲料的加工、配制、运输、存贮过程中，应消除发生霉变的可能因素，在饲料中添加一些防霉添加剂（如露保细、安亦妥、胱氢醋酸钠、霉敌等），以防真菌生长。购买新鲜垫料，并经常翻晒，妥善保存，用前严格消毒。

【治疗方法】

（1）制霉菌素 病鸡按每只5000单位内服，1天2～4次，连用2～3天；或按1千克饲料中加制霉菌素50万～100万单位，连用7～10天，同时在每升饮水中加硫酸铜0.5克，效果更好。

（2）克霉唑（三甲苯咪唑、抗真菌1号） 雏鸡按每100羽1克拌料饲喂。

（3）两性菌素B 使用时用喷雾方式给药，用量为25毫克/立方米，吸入30～40分钟，该药与利福平合用疗效增强。

【注意事项】

因为药物只能对机体内的霉菌有效，因此，为了取得好的疗效和防止疾病复发，必须从源头上去除霉变的饲料、彻底更换霉变垫料，保持鸡舍干燥，通风良好，降低鸡舍内霉菌的含量，同时应及早淘汰病鸡，避免霉菌在病鸡的呼吸道长出大量菌丝、肺部及气囊长出大量结节造成二次污染。

第二节　念珠菌病

一、概念

【定义】念珠菌病（Candidiasis）又称鹅口疮，俗称"大嗉子病"。是由白色念珠菌引起的鸡的一种霉菌病。临床上以上部消化道黏膜形成白色假膜和溃疡、嗉囊增大等为特征。

【病原】为白色念珠菌，是一种类酵母样的真菌。在培养基上菌落呈白色金属光泽。菌体小而椭圆，能够长芽，伸长而形成假菌丝。革兰氏染色阳性，但着色不均匀。病鸡的粪便中含有大量病菌，在病鸡的嗉囊、腺胃、肌胃、胆囊以及肠内，都能分离出病菌。

二、流行病学

【易感动物】从育雏期到50日龄的肉鸡均可感染。

【传染源】病鸡/带菌鸡的分泌物及带菌动物均是本病主要的传染源。

【传播途径】白色念珠菌在自然界广泛存在，可在健康畜禽及人的口腔、上呼吸道和肠内等处寄居，由发霉变质的饲料、垫料或污染的饮水等在鸡群中传播。

【流行季节】主要发生在夏秋炎热多雨季节。

三、临床症状

从育雏转到中鸡期间，发现部分小鸡嗉囊稍胀大，但精神、采食及饮水都正常。急性暴发时常无任何症状即死亡。触诊嗉囊柔软，压迫病鸡鸣叫、挣扎，有的病鸡从口腔内流出嗉囊中的黏液样内容物（见图6-21），有的病鸡将嗉囊中的液体吐到料槽中（见图6-22）。随后胀大的嗉囊愈来愈明显（见图6-23），但鸡的精神、饮水、采食仍基本正常，很少死亡，但生长速度明显减慢，肉鸡多在40～50日龄逐渐消瘦而死或被淘汰，而蛋鸡在采取适当的治疗后可痊愈。有的病鸡在眼睑、口角部位出现痂皮，病鸡绝食和断水24小时后，嗉囊增大症状可消失，但再次采食和饮水时又可增大。病程一般为5～15天。6周龄以前的幼禽发生本病时，死亡率可高达75%。

图6-21　碰触病鸡的嗉囊，鸡从口腔排出黏液样嗉囊内容物（唐芬兰　供图）

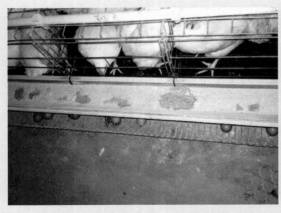

图6-22　病鸡将嗉囊中的液体吐到料槽中
（鲁宁　供图）

图6-23　病鸡的嗉囊高度胀大并下垂
（箭头方向）（唐芬兰　供图）

四、病理剖检变化

　　病/死鸡剖检可见：病鸡消瘦，嗉囊增大（见图6-24），嗉囊内充满黄/白色絮状物（见图6-25）；口腔、咽、食道黏膜形成溃疡斑块，有乳白色干酪样假膜；嗉囊有严重病变，黏膜粗糙增厚，表面有隆起的芝麻粒乃至绿豆大小的白色圆形坏死灶，重症鸡黏膜表面形成白色干酪样假膜，假膜易剥离似豆腐渣样（见图6-26），刮下假膜留下红色凹陷基底。少数病

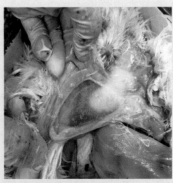

图6-24　病鸡消瘦、嗉囊增大
（孙卫东　供图）

图6-25　病鸡的嗉囊内充满黄/白色絮状物
（左）或泡沫状物（右）（孙卫东　供图）

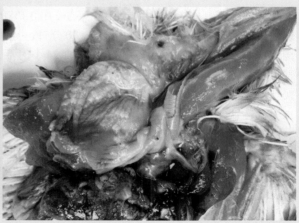

图6-26 病鸡（左）和火鸡（右）嗉囊黏膜粗糙增厚，表面形成白色干酪样假膜（徐岚　供图）

鸡可引起胃黏膜肿胀、出血和溃疡，颈部皮下形成肉芽肿。个别死鸡肾肿色白，输尿管变粗，内积乳白色尿酸盐；其他脏器无特异性变化。

五、诊断

根据季节、饲料（垫料）霉变、长期使用抗生素，结合临床症状和病理剖检变化，可做出初步诊断。确诊依赖于病原的分离和鉴定。

六、类似病症鉴别

与鸡新城疫引起的嗉囊积液的鉴别

【相似点】有些感染鸡新城疫的病鸡出现嗉囊积液、膨大（见图6-27），倒提鸡时从口腔流出黏液与本病相似。

【不同点】感染鸡新城疫的病鸡剖检时嗉囊黏膜光滑、无粗糙增厚，全身脏器的出血以及扭颈等神经症状。

七、防治方法

【预防措施】禁喂发霉变质饲料、禁用发霉的垫料，保持鸡舍清洁、干燥、通风可有效防止发病。潮湿雨季，在鸡的饮水中加入0.02%结晶紫，每星期喂2次可有效预防本病。本病菌抵抗力不强，用3%～5%的来苏儿溶液对鸡舍、垫料进行消毒，可有效杀死该菌。

图6-27 感染鸡新城疫的病鸡出现嗉囊积液、膨大（孙卫东　供图）

【治疗方法】立即停用抗生素，鸡舍用0.1%的硫酸铜喷洒消毒，每天1次，饮水器具用碘消毒剂每天浸泡一次，每次15～20分钟，连用3天。鸡群用制霉菌素拌料喂饲，每千克饲料拌100万单位。同时，让病鸡禁食24小时后，喂干粉料并在饲料中按说明书剂量加入酵母片、维生素A丸或乳化鱼肝油，每天2次。昼夜交替饮用硫酸铜溶液（3克硫酸铜加水10千克）和口服补液盐溶液（227克加水10千克），连用5天。混合感染毛滴虫时可用0.05%二甲硝唑饮水，连用7天。

【注意事项】

①应注意长期使用抗生素或饮用消毒药水可导致肠道菌群失调，继发二重感染进而引发本病，因此，治疗本病时应停止或少用广谱抗生素。②加强护理，减少本病的诱发因素（高密度饲养、霉变饲料、霉变垫料、气候潮湿、维生素缺乏等）。③其他注意事项请参考曲霉菌病相关部分内容的叙述。

第三节　鸡冠癣

一、概念

【定义】鸡冠癣（Lophophytosis），又称头癣或黄癣，是由头癣真菌引起的一种慢性皮肤传染病。在临床上以在患病鸡的头部无毛处，尤其是在鸡冠上形成黄白色、鳞片状的癣痂为特征，是造成鸡皮肤感染和损伤、骚动不安、产品外观质量下降的较为严重的疾病之一。

【病原】鸡头癣菌（鸡毛癣菌）。此真菌在葡萄糖琼脂上培养时生长良好。

二、流行病学

【易感动物】各种年龄、各种品种（尤其是重型品种）的鸡均易感染，偶见于岩鸡和其他禽类。通常情况下，6月龄以内的鸡很少发病。

【传染源】病禽和带毒禽是本病主要传染源，库蠓是本病的主要传播媒介。

【传播途径】一般通过皮肤伤口传染或互相接触传染。病鸡脱落的鳞屑和污染的器具物品可引起广泛传播。

【流行季节】本病多发于多雨潮湿的夏、秋季，在鸡群拥挤、通风不良以及卫生条件较差等情况下均可加剧本病的发生与传播。

三、临床症状

冠部最先受到损害，其病变为一种白色或灰黄色的圆斑或小丘疹（见图6-28）。鸡冠皮肤表面有一层麦麸状的鳞屑（见图6-29），逐渐由冠部蔓延到肉髯、眼睑和耳（见图6-30）。重症病例可蔓延到颈部和躯体，羽毛逐渐脱落（见图6-31）。随着病情的发展，鳞屑增多，形成原痂，使病鸡痒痛不安，体温升高，精神萎靡，羽毛松乱，排黄白色或黄绿色稀粪，逐渐瘦弱，贫血，黄疸，母鸡产蛋量下降甚至停产。

图6-28　病鸡鸡冠部白色或灰黄色的圆斑或小丘疹（孙卫东　供图）

图6-29　病鸡鸡冠部皮肤表面有一层麦麸状的鳞屑（孙卫东　供图）

图6-30　病鸡鸡冠部皮肤表面麦麸状的鳞屑冠部蔓延到肉髯、眼睑和耳（孙卫东　供图）

图6-31 重症病鸡病变可蔓延到颈部，羽毛逐渐脱落（孙卫东 供图）

四、病理剖检变化

重症病鸡剖检时可见上呼吸道和消化道黏膜有点状坏死，形成一种坏死结节和淡黄色的干酪样沉着物，肺脏及支气管偶见炎症变化。

五、诊断

一般情况下，根据病鸡患部的病变即可作出诊断。实验室检验时可取表皮鳞片用10%氢氧化钠溶液处理1～2小时后进行观察，若发现短而弯曲的线状菌丝体及孢子群即可确诊。

六、类似病症鉴别

（1）与鸡葡萄球菌病的鉴别

【相似点】病鸡的鸡冠、肉髯、眼睑、耳垂等部位会发生感染。

【不同点】鸡葡萄球菌病主要见于大冠品种的鸡，其感染往往是由外伤引起，其感染部位早期多形成结痂（见图6-32），严重继发感染时才有少量的皮屑，真菌药物治疗无效。

（2）与鸡痘的鉴别

【相似点】皮肤型鸡痘的病鸡的鸡冠、肉髯、眼睑、耳垂等部位会出现痘斑损害（见图6-33）。

【不同点】皮肤型鸡痘的病鸡除在上述部位出现病变外，还可在下颌、腿、爪、泄殖腔等处出现痘斑，典型的发痘顺序是红斑—痘疹（呈黄色）—糜烂（暗红色）—痂皮（巧克力色）—脱落—痊愈。严重病例可造成继发细菌感染，真菌药物治疗无效。

图6-32 葡萄球菌感染病鸡鸡冠、肉髯、眼睑、耳垂等处的感染与结痂（孙卫东 供图）

图6-33　鸡痘病鸡鸡冠、肉髯、眼睑等处的疱疹（左）、溃疡和结痂（右）（郎应仁　供图）

（3）与某些喹诺酮类药物中毒的鉴别

【相似点】某些品种的鸡在较长时间（大于5天）使用喹诺酮类药物后病鸡的鸡冠、肉髯、眼睑、耳垂等部位会出现糠麸样损害（见图6-34）。

【不同点】该病变在停药后，只需要加强管理，不需要治疗，病变会自愈。

图6-34　病鸡鸡冠上出现的糠麸样损害（孙卫东　供图）

七、防治方法

【预防措施】主要是扑灭传播媒介库蠓，在流行季节对鸡舍内外每周喷洒杀虫药（可用0.01%的敌百虫或0.03%的蝇毒磷溶液），同时在鸡饲料中添加泰灭净等药物进行预防。搞好环境卫生，饲养密度适当，并保证良好的通风换气。此外，应注意检疫，严防本病传入。

【治疗方法】发现病鸡及时隔离，重症病鸡必须淘汰，以防疫情扩散，轻症病鸡可治疗。病鸡治疗时，先用肥皂水清洗患部皮肤表面的结痂和污垢，然后选用下列药物：

（1）酮康唑软膏（或3%～5%克霉唑软膏）　涂抹患部，每天2次，连用3～5天，疗效显著（见图6-35）。

图6-35　用酮康唑软膏涂抹前（左上），涂抹2天时（右上）、3天时（左下）、
5天时（右下）病鸡冠癣逐渐消失至愈（孙卫东　供图）

（2）用福尔马林软膏（福尔马林1份，凡士林20份，凡士林熔化后加入福尔马林，在玻璃瓶中摇匀）（或用碘甘油）涂抹患部，每天2次，连用2～3天。

（3）泰灭净　拌料（2.5千克饲料中加入1克原粉），连用5～7天，或用增效磺胺嘧啶，每千克体重用25毫克拌料喂服，首次用量可以加倍，连用3～4天。

（4）中药治疗　取苦参1000克、白矾750克、蛇床子250克、地肤子250克、黄连150克、黄柏500克、五倍子100克，将其混合后加8倍水浸泡2小时，然后大火煎煮，水开后，再用文火继续煎煮2小时，滤出药液；药渣中再加6倍量水继续煎煮，水开后维持1.5小时，滤出药液；将两次药液混合，加入食醋500毫升，然后用文火浓缩至每毫升含1克生药备用。在西药治疗约1小时后，将备用中药药液装入小型喷雾器，操作人员对准鸡冠两侧喷雾，使全部鸡冠湿润即可，每天3次，连续7天。

【注意事项】

该病治愈后易复发，故应加强饲养管理。鸡群出栏后，应对鸡舍用福尔马林或氢氧化钠彻底消毒。

第七章　鸡寄生虫性疾病的类症鉴别

第一节　球虫病

一、概念

【定义】鸡球虫病（Coccidiosis）是由艾美耳科艾美耳属的一种或多种球虫引起的急性流行性寄生虫病。临床上以贫血、消瘦和血痢等为特征，是鸡场常见且危害十分严重的疾病之一，我国将其列为二类动物疫病。

【病原】世界各国已经记载的鸡球虫种类共有13种之多，我国已发现9个种，它们是堆型艾美耳球虫、布氏艾美耳球虫、哈氏艾美耳球虫、巨型艾美耳球虫、变位艾美耳球虫、和缓艾美耳球虫、毒害艾美耳球虫、早熟艾美耳球虫和柔嫩艾美耳球虫。不同种的球虫，在鸡肠道内寄生部位不一样，其致病力也不相同。

二、流行病学

【易感动物】鸡是鸡球虫唯一的天然宿主。所有日龄和品种的鸡对球虫都易感染，一般暴发于3～6周龄的小鸡，很少见于2周龄以内的鸡群。堆型、柔嫩和巨型艾美耳球虫的感染常发生在3～7周龄的鸡，而毒害艾美耳球虫常见于8～18周龄的鸡。

【传染源】病鸡、带虫鸡排出的粪便。耐过的鸡，可持续从粪便中排出球虫卵囊达7.5个月。

【传播途径】苍蝇、甲虫、蟑螂、鼠类、野鸟，甚至人都可成为该寄生虫的机械性传播媒介，凡被病鸡、带虫鸡的粪便或其他动物污染过的饲料、饮水、土壤或用具等，都可能有卵囊存在，易感鸡吃了大量被污染的卵囊，经消化道传播。

【流行季节】该病一年四季均可发生，4～9月为流行季节，特别是7～8月潮湿多雨、气温较高的梅雨季节易暴发。

三、临床症状

其临床表现可分为急性型和慢性型。根据侵害部位可分为盲肠球虫病和小肠球虫病。

1.盲肠球虫病

多为急性型，由柔嫩艾美耳球虫引起。多见于3～6周龄的鸡。在鸡感染球虫且未出现临床症状之前，一般会出现饮水量明显增加，继而出现精神不振，食欲减退，羽毛松乱，缩颈闭目呆立（见图7-1）；排带血的粪便，重者甚至排出鲜血（见图7-2），尾部羽毛被血液或暗红色粪便污染（见图7-3）。当出现血便1～2天后出现死亡，死亡率可达50%，严重时可达80%。

图7-1　病鸡食欲减退，羽毛松乱，缩颈闭目（右），左为健康对照

图7-2　病鸡排出鲜血样粪便
（孙卫东　供图）

图7-3　病鸡的尾部羽毛被血液或暗
红色粪便污染（孙卫东　供图）

2.小肠球虫病

多为慢性型，是由柔嫩艾美耳球虫以外的几种球虫引起的。多见于2～4月龄的鸡，主要表现为食欲减退，逐渐消瘦，贫血，重症病鸡皮肤、鸡冠和肉髯颜色苍白（见图7-4），间歇性腹泻，血便不明显，排出暗红色/褐色（见图7-5）或番茄样（见图7-6）粪便（毒害艾美耳球虫）、橘红色（见图7-7）或黏糊状（见图7-8）粪便（非毒害艾美耳球虫）。蛋鸡产蛋量下降，死亡率较低，但继发细菌感染而致肠毒血症时

图7-4　病鸡的鸡冠和肉髯苍白（孙卫东　供图）

第七章　鸡寄生虫性疾病的类症鉴别

则死亡严重。病程数周或数月，饲料报酬低，生产性能降低。

图7-5　病鸡排出暗红色/褐色粪便
（孙卫东　供图）

图7-6　病鸡排出番茄样粪便
（孙卫东　供图）

图7-7　病鸡排出橘红色粪便（吴志强　供图）

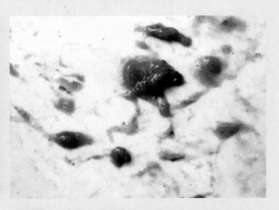

图7-8　病鸡排出黏糊状粪便（吴志强　供图）

四、病理剖检变化

不同种类的艾美耳球虫感染后，因其毒力和寄生部位不一样，其病理变化也不同。

（1）柔嫩艾美耳球虫　寄生于盲肠，致病力最强。常见盲肠肿大2～3倍，呈暗红色，浆膜外有出血点、出血斑（见图7-9）；剪开盲肠，内有大量血液、血凝块（见图7-10），盲肠黏膜出血（见图7-11）、水肿和坏死，盲肠壁增厚；有的病例见肠黏膜坏死脱落与血液混合形成暗红色干酪样肠芯（见图7-12）。

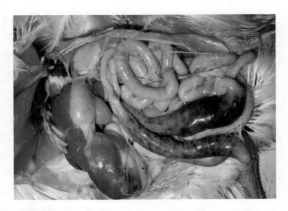

图7-9　病鸡的盲肠肿大，呈暗红色，浆膜外有出血点、出血斑（孙卫东　供图）

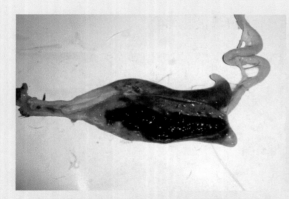

图7-10　病鸡盲肠内有大量血液、血凝块
（孙卫东　供图）

图7-11　病鸡盲肠黏膜出血
（孙卫东　供图）

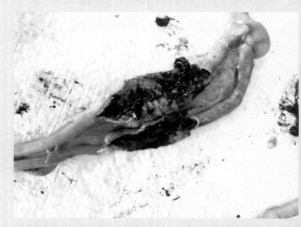

图7-12　病鸡盲肠黏膜坏死脱落与血液混合形成暗红色干酪样物（左）或肠芯（右）（孙卫东　供图）

　　（2）毒害艾美耳球虫　寄生于小肠中三分之一段，致病力强。打开腹腔可见肠管变粗，浆膜面上有许多小出血点（见图7-13）或严重出血（见图7-14），剪开肠道，见肠壁外翻、变薄，肠腔内有血水（见图7-15）、血水和血凝块（见图7-16）或番茄样（见图7-17）黏性内容物；重症者见肠壁外翻、增厚（见图7-18），肠黏膜出现糜烂、溃疡（见图7-19）或坏死（见图7-20）。剖检过程见视频7-1。

视频7-1

（扫码观看：鸡小肠球虫外观-剖检见
肠道黏膜增厚-出血等）

　　（3）堆型艾美耳球虫　寄生于十二指肠及小肠前段，有一定的致病作用，严重感染时引起肠壁增厚，肠道浆膜（见图7-21）和黏膜有灰白色坏死点（见图7-22）和肠道出血等病变。

　　（4）巨型艾美耳球虫　寄生于小肠，以中段为主，有一定的致病作用，严重感染时引起肠壁增厚和肠道少量出血等（见图7-23）。

　　（5）和缓艾美耳球虫、哈氏艾美耳球虫　寄生在小肠前段，致病力较低，可能引起肠黏膜的卡他性炎症（见图7-24）。

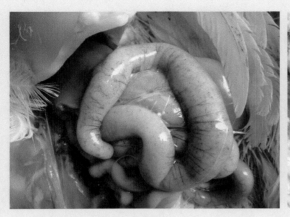

图7-13　病鸡的小肠管径变粗，浆膜面上
有许多小出血点（吴志强　供图）

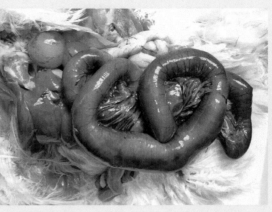

图7-14　病鸡的小肠肠管变粗，浆膜严重
出血（孙卫东　供图）

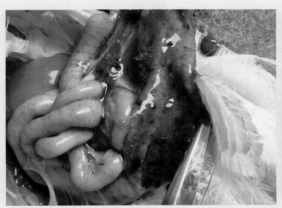

图7-15　病鸡小肠肠壁外翻、变薄，
肠腔内充满血水（吴志强　供图）

图7-16　病鸡小肠肠腔内充满血水和
血凝块（吴志强　供图）

图7-17　病鸡小肠内的番茄样内容物
（孙卫东　供图）

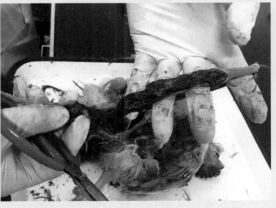

图7-18　病鸡的小肠黏膜增厚、外翻
（孙卫东　供图）

图7-19 病鸡的小肠黏膜糜烂、溃疡
（孙卫东 供图）

图7-20 病鸡的小肠黏膜坏死
（孙卫东 供图）

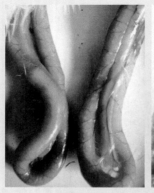

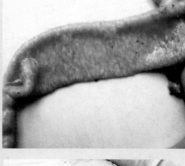

图7-21 病鸡肠道浆膜面有灰白色坏死点（孙卫东 供图）

图7-22 病鸡肠道黏膜有灰白色坏死点（孙卫东 供图）

图7-23 病鸡肠壁增厚和肠道少量出血（孙卫东 供图）

图7-24 病鸡肠道黏膜卡他性炎症（孙卫东 供图）

（6）早熟艾美耳球虫 寄生在小肠前三分之一段，致病力低，一般无肉眼可见的病变。

（7）布氏艾美耳球虫 寄生于小肠后段、盲肠根部，有一定的致病力，能引起肠道点状出血和卡他性炎症。

（8）变位艾美耳球虫 寄生于小肠、直肠和盲肠，有一定的致病力，轻度感染时肠道的浆膜和黏膜上出现单个、包含卵囊的斑块，严重感染时可出现散在或集中的斑点（见图7-25）。病鸡的心脏等脏器往往有结节状的裂殖体（见图7-26和图7-27）。

图7-25　病鸡直肠黏膜的丘疹样
变化（孙卫东　供图）

图7-26　病鸡心脏上
由裂殖体引起的结节外
观（孙卫东　供图）

图7-27　病鸡心内膜
上由裂殖体引起的结节
外观（孙卫东　供图）

五、诊断

　　本病多发生于温暖潮湿的季节，以3月龄以内，尤其是21～45日龄的幼龄鸡最易感染，发病率和死亡率高。病鸡精神沉郁，羽毛松乱，黏膜及鸡冠苍白，泄殖腔周围羽毛为稀粪所沾污，甚至出现运动失调、翅膀轻瘫和血性下痢。剖检可见盲肠或小肠有病变。根据上述情况可做出初步诊断，再用显微镜镜检粪便或肠黏膜刮取物，发现球虫卵囊、裂殖体或裂殖子，即可确诊。

六、类似病症鉴别

　　（1）掌握好鸡球虫病的病变记分图（见图7-28和图7-29），以便及时了解患病鸡群的病程。

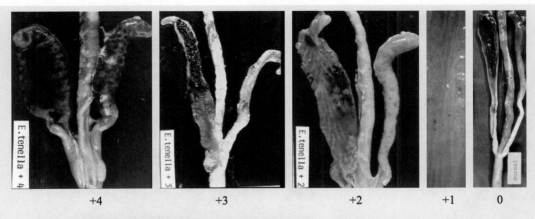

　　　　+4　　　　　　　+3　　　　　　　+2　　　　　　+1　　　　0

图7-28　柔嫩艾美尔球虫病变记分参照图（Johnson and Reid，1970）

0—没有眼观病变；+1—轻微病变；+2—中度病变；

+3—严重病变；+4—非常严重病变，鸡可能死亡

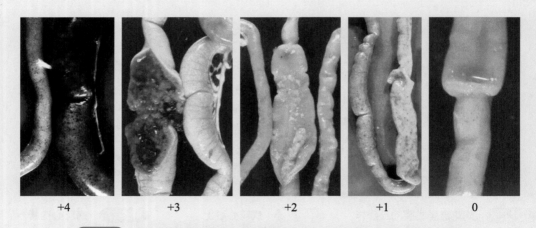

+4　　　　　+3　　　　　+2　　　　　+1　　　　　0

图7-29　毒害艾美尔球虫病变记分参照图（Johnson and Reid，1970）

0—没有眼观病变；+1—轻微病变；+2—中度病变；+3—严重病变；+4—非常严重病变，鸡可能死亡

图7-30　病鸡十二指肠及其后面小肠的浆膜面上有芝麻粒大小的出血斑点（孙卫东　供图）

（2）与鸡副伤寒的鉴别

【相似点】在肠道黏膜有出血点。

【不同点】鸡患副伤寒时，在十二指肠及其后面小肠的浆膜面上往往有芝麻粒大小的出血斑点（见图7-30），而非针尖样的出血点；剖开肠管时见肠壁外翻，肠道黏膜有芝麻粒大小的出血斑点，肠内容物不含血凝块或血水（见图7-31）。

（3）与鸡肠毒综合征的鉴别

【相似点】病鸡排出橘红色或番茄样粪便。

【不同点】鸡患肠毒综合征时，可排出橘红色或番茄样粪便，但其在十二指肠及其后面小肠的浆膜面很少出现针尖样的出血/坏死点；

剖开肠管时见肠壁韧性下降，用手轻拉易断，肠道黏膜脱落，肠内容物呈黏脓样（见图7-32）。

图7-31　病鸡十二指肠及其后面小肠黏膜上有芝麻粒大小的出血斑点（孙卫东　供图）

图7-32　病鸡肠道黏膜脱落，肠内容物呈黏脓样（孙卫东　供图）

七、防治方法

【预防措施】

（1）免疫接种　疫苗分为强毒卵囊苗和弱毒卵囊苗两类，疫苗均为多价苗，包含柔嫩、堆型、巨型、毒害、布氏、早熟等主要虫种。疫苗大多采用喷料或饮水，将球虫苗（1～2头份）喷料接种可于1日龄进行，饮水接种须推迟到5～10日龄进行。鸡群在地面垫料上饲养的，接种一次卵囊；笼养与网架饲养的，首免之后间隔7～15天要进行二免。疫苗免疫前后应避免在饲料中使用抗球虫药物，以免影响免疫效果。

（2）药物预防

① 蛋鸡的药物预防：可从10～12日龄开始，至70日龄前后结束，在此期间持续用药不停；也可选用两种药品，间隔3～4周轮换使用（即穿梭用药）。

② 肉鸡的药物预防：可从1～10日龄开始，至屠宰前休药期为止，在此期间持续用药不停。

③ 平时的饲养管理：鸡群要全进全出，鸡舍要彻底清扫、消毒（有条件时应使用火焰消毒），保持环境清洁、干燥和通风，在饲料中保持有足够的维生素A和维生素K等。同一鸡场，应将雏鸡和成年鸡要分开饲养，避免耐过鸡排出的病原传给雏鸡。

【治疗方法】

（1）用2.5%妥曲珠利（百球清、甲基三嗪酮）溶液　混饮（25毫克/升）2天。说明：也可用0.2%、0.5%地克珠利（球佳杀、球灵、球必清）预混剂混饲（1克/千克饲料），连用3天。注意：0.5%地克珠利溶液，使用时现用现配，否则影响疗效。

（2）用30%磺胺氯吡嗪钠（三字球虫粉）可溶粉　混饮（0.3克/升）3天，或混饲（0.6克/千克饲料）3天，休药期5天。说明：也可用10%磺胺喹沙啉（磺胺喹噁啉钠）可溶性粉，治疗时常采用0.1%的高浓度，连用3天，停药2天后再用3天，预防时混饲（125毫克/千克饲料）。磺胺二甲基嘧啶按0.1%混饮2天，或按0.05%混饮4天，休药期10天。

（3）20%盐酸氨丙啉（安保乐、安普罗胺）可溶性粉　混饮（60～240毫克/升）5～7天，或混饲（125～250毫克/千克饲料）3～5天。说明：也可用鸡宝-20（每千克含氨丙嘧吡啶200克、盐酸呋吗吡啶200克），治疗量混饮（60克/100升水）5～7天。预防量减半，连用1～2周。

（4）用20%尼卡巴嗪（力更生）预混剂　肉禽混饲（125毫克/千克饲料），连用3～5天。

（5）用1%马杜霉素铵预混剂　混饲（肉鸡5毫克/千克饲料），连用3～5天。

（6）用25%氯羟吡啶（克球粉、可爱丹、氯吡醇）预混剂　混饲（125毫克/千克饲料），连用3～5天。

（7）用5%盐霉素钠（优素精、沙里诺霉素）预混剂　混饲（60毫克/千克饲料），连用3～5天。说明：也可用10%甲基盐霉素（那拉菌素）预混剂（禽安），混饲（60～80毫克/千克饲料），连用3～5天。

（8）用15%或45%拉沙洛西钠（拉沙菌素、拉沙洛西）预混剂（球安）　混饲（75～125毫克/千克饲料），连用3～5天。

（9）用5%赛杜霉素钠（禽旺）预混剂　混饲（肉禽25克/千克饲料），连用3～5天。

（10）用0.6%氢溴酸常山酮（速丹、安替科）预混剂　混饲（3毫克/千克饲料），连用5天。

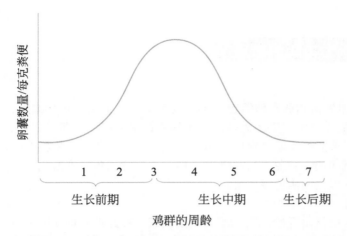

图7-33 鸡群中球虫卵囊数量的增长规律（孙卫东 供图）

【注意事项】

（1）预防

① 把握鸡群中球虫卵囊数量的增长规律（见图7-33）。

② 疫苗免疫应控制好鸡舍的温度、湿度等条件，避免免疫后2周暴发球虫病。

③ 药物预防是防控本病的关键，一旦发病再治疗为时已晚，此时治疗需要适当使用一些抗菌药物，防止因球虫导致肠道上皮损伤引起的细菌继发感染。

（2）药物治疗 用药后应及时清除鸡群排出的粪便，将粪便堆积发酵，同时将粪便污染的场地进行彻底消毒，避免二次感染。为防止球虫在接触药物后产生耐药性，应采用穿梭用药、轮换用药或联合用药方案；抗球虫药物在治疗球虫病时易破坏肠内的微生物区系，故在喂药之后饲喂1～2天微生态制剂（益生素）；抗球虫药会影响机体维生素的吸收，在治疗过程中应在饲料或饮水中补充适量的维生素/电解多维。

（3）毒性反应 使用（甲基）盐霉素等聚醚类抗球虫药物时应注意与治疗支原体病药物（如泰乐/泰妙菌素、枝原净）等的药物配伍中毒反应。具体表现（见视频7-2）为病鸡食欲、饮欲下降，病鸡鸡冠发绀（见图7-34），站立不稳、蹲伏（见图7-35）或瘫痪（见图7-36）；剖检见腿肌轻度出血（见图7-37），心肌变性（见图7-38），胆囊肿大（见图7-39），公鸡睾丸出血（见图7-40），法氏囊轻度肿大、内有黏性分泌物（见图7-41），脑盖骨及小脑出血（见图7-42）等。治疗时应立即停止饲喂含（甲基）盐霉素等聚醚类抗球虫药物的饲料或治疗支原体所用的泰乐菌素/泰妙菌素、枝原净等的药物，立即让病鸡饮用5%葡糖糖溶液、1%维生素C溶液有一定的作用。

视频7-2

（扫码观看：鸡球虫药盐霉素与泰妙菌素配伍毒性反应-鸡运动障碍-瘫痪等）

图7-34 病鸡鸡冠发绀（孙卫东 供图）

图7-35 病鸡站立不稳、蹲伏（孙卫东 供图）

图7-36　病鸡瘫痪（孙卫东　供图）

图7-37　病鸡腿肌轻度出血（孙卫东　供图）

图7-38　病鸡心肌变性（孙卫东　供图）

图7-39　病鸡胆囊肿大（孙卫东　供图）

图7-40　病鸡睾丸出血（孙卫东　供图）

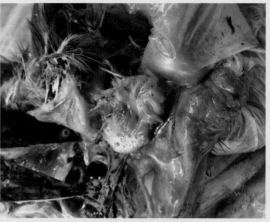

图7-41　病鸡法氏囊轻度肿胀、出血，内有黏性分泌物（孙卫东　供图）

图7-42　病鸡小脑出血（孙卫东　供图）

第二节　鸡住白细胞虫病

一、概念

【定义】鸡住白细胞虫病（Leucocytozoonosis）又称鸡白冠病，是由卡氏或沙氏住白细胞虫寄生于鸡的白细胞和红细胞引起的一种急性血孢子原虫病。临床上以鸡冠苍白，内脏器官、肌肉组织广泛出血以及形成灰白色的裂殖体结节等为特征。该病在我国南方常呈地方性流行，近年来在我国北方地区也陆续发生。本病对雏鸡危害严重，发病率高，症状明显，常引起大批死亡。

【病原】目前已经知道的住白细胞原虫有28种，其中危害较大的有卡氏、沙氏和安氏住白细胞虫3种。我国已发现的有卡氏和沙氏两种住白细胞虫。该病原可在肌肉和内脏器官组织中形成裂殖体，在血细胞中形成配子体。裂殖体呈圆形，大小不等，内含点状裂殖子。

二、流行病学

【易感动物】不同品种、性别、年龄的鸡均能感染，日龄较小的鸡和轻型蛋鸡易感性最强，死亡率可高达50%～80%；成年鸡感染多呈亚急性或慢性经过，死亡率一般为2%～10%。

【传染源】病鸡、病愈鸡或耐过鸡、带虫鸡等。本虫的发育需要有昆虫媒介，卡氏住白细胞虫的发育在库蠓体内完成，沙氏住白细胞虫的发育在蚋体内完成。

【传播途径】虫媒传播，当蠓、蚋等吸血昆虫吸血时随其唾液将住白细胞虫的子孢子注入鸡体内。

【流行季节】与蠓、蚋等吸血昆虫活动的季节相一致。广州地区多在4～10月份发生，严重发病见于4～6月份，发育的高峰季节在5月份。河南郑州、开封地区多发生于6～8月份。沙氏住白细胞虫的流行在福建地区的5～7月份及9月下旬至10月份多发。

三、临床症状

自然感染的潜伏期为6～10天，当年的青年鸡感染时症状明显。3～6周龄的鸡感染多呈急性型，病鸡表现为体温42℃以上，病鸡因红细胞被破坏及广泛性出血，使鸡冠苍白（见图7-43），翅下垂，食欲减退，渴欲增强，呼吸急促，粪便稀薄，呈黄绿色；双腿无力行走，轻瘫；翅、腿、背部大面积出血；部分鸡临死前口鼻流血（见图7-44），常见水槽和料槽边沿有病鸡咳出的红色鲜血。病程1～3天。青年鸡感染多呈亚急性型，鸡冠苍白，贫血，消瘦，发育受阻；少数鸡的鸡冠变黑，萎缩；精神不振，羽毛松乱，行走困难，粪便稀薄且呈黄绿色，病程1周以上，最后衰竭死亡。1年以上的种鸡，虽感染率高，但发病率不高，血液里的虫体也较少，大多数为带虫者。土种鸡对住白细胞虫病的抵抗力较强。产蛋鸡可见产蛋下降，甚至停止产蛋，病程1个月左右。

图7-43　病鸡的鸡冠苍白，上有小的出血点（李鹏飞　供图）

图7-44　病鸡临死前口腔、鼻腔流血（孙卫东　供图）

四、病理剖检变化

病/死鸡剖检时见血液稀薄、骨髓变黄等贫血和全身性出血。在肌肉，特别是胸肌和腿肌（见图7-45）常有出血点，有些出血点中心有灰白色小点（巨型裂殖体）；腹腔积血（见图7-46）；在脂肪，尤其是腹部脂肪（见图7-47）、腺胃外脂肪（见图7-48）、心冠脂肪（见图7-49）和肠系膜脂肪（见图7-50）有出血点；内脏器官广泛性出血，以肾（见图7-51）、胰腺（见图7-52）、肺、肝出血最为常见；在颈部皮下（见图7-53）和咽喉（见图7-54）、嗉囊及消化道见有出血和血凝块。脑实质点状出血。本病的另一个特征是在胸肌、腿肌、心肌、肝、脾、肾、肺等多种组织器官有白色小结节，结节针头至粟粒大小，类圆形，有的向表面突起，有的在组织中，结节与周围组织分界明显，其外围有出血环。

图7-45　病鸡胸肌上的出血点
（盛廷航　供图）

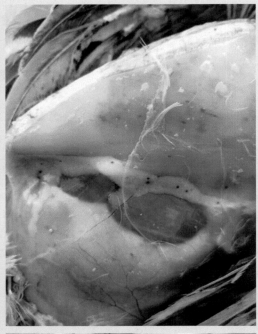

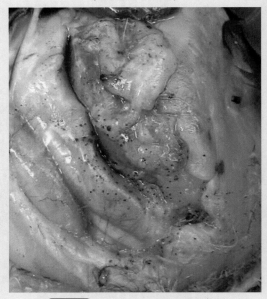

图7-47　病鸡的腹部脂肪有大量
出血点出血（李鹏飞　供图）

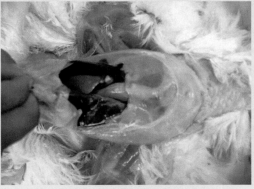

图7-46　病鸡的腹腔积血
（孙卫东　供图）

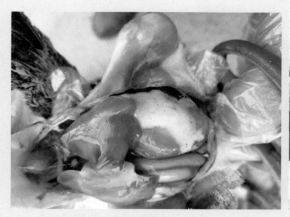

图7-48　病鸡的腺胃外脂肪有出血点
（盛廷航　供图）

图7-49　病鸡的心冠脂肪有出血点
（吴志强　供图）

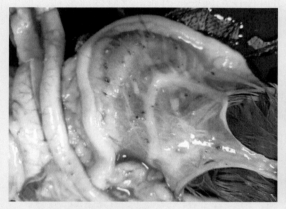

图7-50　病鸡的肠系膜脂肪有出血点
（贡奇胜　供图）

图7-51　病鸡的肾脏严重出血
（孙卫东　供图）

图7-52　病鸡的胰腺上有出血点
（贡奇胜　供图）

图7-53　病鸡的颈部皮下有
出血点（李鹏飞　供图）

图7-54　病鸡
咽喉处的血凝块
（孙卫东　供图）

五、诊断

根据临床症状、剖检病变及发病季节可做出初步诊断。病原检查［即取病鸡的血液或脏器（肝、脾、肺、肾等）做成涂片，经姬姆萨染色后，油镜下观察，发现血细胞中的配子体；或者挑取肌肉中红色小结节，做成压片标本，在显微镜下观察，发现圆形裂殖体］有助于确诊。

六、类似病症鉴别

（1）与鸡传染性法氏囊病的鉴别

【相似点】胸肌与腿肌的出血。

【不同点】鸡感染传染性法氏囊病毒后的出血往往是斑块状出血，肾脏因尿酸盐沉积呈"花斑肾"、无出血（见图7-55），法氏囊肿大／出血，腺胃与肌胃交界处有出血带，其发病与吸血昆虫无关等。

（2）与磺胺类药物中毒的鉴别

【相似点】胸肌与腿肌的出血。

【不同点】鸡磺胺类药物中毒时的出血往往是条状／斑块状出血（见图7-56），肾脏因磺胺类药物沉积而损伤、无出血，鸡有接触磺胺类药物的病史，病鸡发病时常伴有神经症状等。

图7-55　病鸡感染传染性法氏囊病毒后腿肌呈斑块状出血、花斑肾（吴志强　供图）　　图7-56　病鸡磺胺类药物中毒后腿肌细条状／斑块状出血（孙卫东　供图）

七、防治方法

【预防措施】

（1）消灭中间宿主，切断传播途径　防止库蠓或蚋进入鸡舍侵袭鸡，可采取以下措施：鸡舍周围至少200米以内，不要堆积畜禽粪便与堆肥，并清除杂草，填平水洼。如无此条件，在流行季节可每隔6～7天应用马拉硫磷或敌敌畏乳剂等农药喷洒一次，杀灭幼虫与成虫。鸡舍内于每日黎明与黄昏点燃蚊香，阻止螨、蚋进入。鸡舍用窗纱（由于螨、蚋比蚊虫小，须用细纱）作窗帘与门帘，黎明与黄昏时放下，阻止螨、蚋进入，其余时间掀起，以利通风降温。

（2）药物预防　一般是根据当地本病的流行特点，在流行前期于饲料中添加药物进行预防和控制。预防药物主要有乙胺嘧啶，剂量为5毫克/千克；克球粉，剂量为125毫克/千克。

（3）避免将病愈鸡或耐过鸡留作种用　耐过的病鸡或病愈鸡体内可以长期带虫，当有库螨、蚋出现时，就可能在鸡群中传播本病。因此，在流行地区选留鸡群时应全部淘汰曾患过本病的鸡。同时应避免引入病鸡。

【治疗方法】

（1）磺胺间甲氧嘧啶（制菌磺、磺胺-6-甲氧嘧啶、泰灭净、SMM）　磺胺间甲氧嘧啶片按每千克体重首次量50～100毫克一次内服，维持量25～50毫克，1天2次，连用3～5天。或按0.05%～0.2%混饲3～5天，或按0.025%～0.05%混饮3～5天。休药期7天。

（2）磺胺嘧啶（SD）　10%、20%磺胺嘧啶钠注射液按每千克体重10毫克一次肌内注射，1天2次。磺胺嘧啶片按每只育成鸡0.2～0.3克一次内服，1天2次，连用3～5天。按0.2%混饲3天，或按0.1%～0.2%混饮3天。蛋鸡禁用。

（3）盐酸二奎宁　每支1毫升注射4只鸡，每天1次，连注6天，疗效较好。

（4）克球粉　25%氯羟吡啶预混剂，按每千克饲料250毫克混饲。

（5）用0.6%氢溴酸常山酮（速丹、安替科）预混剂　混饲（3毫克/千克饲料），连用5天。

注意：磺胺类药物是治疗和预防本病的有效药物，但其易产生耐药性，应交替使用，同时遵循首次用药剂量加倍，疗程要足够；磺胺药物有一定的毒性，使用时应配合小苏打或离子平衡类肾脏解毒药，以减少其对肾脏的损伤。

第三节　鸡组织滴虫病

一、概念

【定义】鸡组织滴虫病（Histomoniasis in chicken）又称盲肠肝炎或黑头病，是由火鸡组织滴虫寄生于鸡盲肠和肝脏引起的一种急性寄生虫病。临床上以肝脏表面扣状坏死和盲肠发炎溃疡、渗出物凝固等为特征。

【病原】为火鸡组织滴虫，根据其寄生部位分为肠型虫体（主要见于盲肠中）和组织型虫体（主要见于肝脏）。

二、流行病学

【易感动物】2周龄到4月龄的鸡均可感染，但2～6周龄的鸡易感性最强，成年鸡也可以发生，但呈隐性感染，并成为带虫者。

【传染源】病鸡、带虫鸡排出的粪便。

【传播途径】主要通过消化道感染，此外蚯蚓、蚱蜢、蝇类、蟋蟀等由于吞食了土壤中的异刺线虫的虫卵和幼虫，而使它们成为机械的带虫者，当幼鸡吞食了这些昆虫后，单孢虫即逸出，并使幼鸡发生感染。

【流行季节】多发生于夏季。

三、临床症状

潜伏期7～12天或更长。病鸡表现为不爱活动，嗜睡，食欲减少或废绝，衰弱，消瘦，身体蜷缩，腹泻，粪便呈淡黄色或淡绿色，严重者带有血液，随着病程的发展，病鸡头部皮肤、冠及肉髯严重发绀，呈紫黑色，故有"黑头病"之称。病程1～3周，死亡率一般不超过3%，但也有高达30%的报道。

四、病理剖检变化

病/死鸡剖检见肝肿大，表面形成圆形或不规则、中央凹陷、黄色或黄褐色的溃疡灶

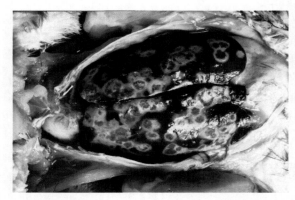

（见图7-57），溃疡灶数量不等，有时融合成大片的溃疡区（见图7-58）。盲肠高度肿大，肠壁肥厚、紧实像香肠一样（见图7-59），肠内容物干燥坚实、成干酪样的凝固栓子（见图7-60），横切栓子，切面呈同心层状，中心有黑色的凝固血块，外周为灰白色或淡黄色的渗出物和坏死物。急性病鸡见一侧或两侧盲肠肿胀，呈出血性炎症，肠腔内含有血液（见图7-61）。严重病鸡盲肠黏膜发炎出血（见图7-62），形成溃疡（见图7-63），会发生盲肠壁穿孔，引起腹膜炎而死。有些病例还可在盲肠黏膜（见图7-64）及盲肠内容物（见图7-65）中发现异刺线虫。

图7-57　肝脏上的不规则、黄色或黄褐色的溃疡灶（李银　供图）

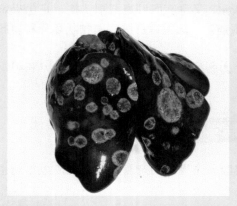

图7-58　肝脏上有大小不一溃疡灶，有时融合成大片的溃疡区（李银　供图）

图7-59　盲肠高度肿大，像香肠一样（秦卓明　供图）

图7-60　盲肠内容物为干酪样的凝固栓子
（李银　供图）

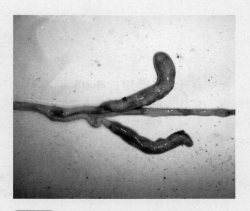

图7-61　急性病鸡见一侧盲肠肿胀，一侧
肠腔内有血液（秦卓明　供图）

图7-62　重病鸡盲肠黏膜发炎出血
（程龙飞　供图）

图7-63　重病鸡盲肠黏膜形成溃疡
（李银　供图）

图7-64　病鸡盲肠黏膜上的异刺线虫
（孙卫东　供图）

图7-65　病鸡盲肠内容物中的异刺线虫
（孙卫东　供图）

五、诊断

剖检病死鸡时看到其典型的肝脏及盲肠病理变化，一般可做出初步诊断，确诊应进行病原检查。具体方法是：用40.0℃的生理盐水稀释盲肠黏膜刮取物，制成悬滴标本，置显微镜下观察，发现呈钟摆样运动的肠型虫体；或取肝脏组织触片，经姬姆萨染色后镜检，发现组织型虫体后，即可确诊。

六、类似病症鉴别

（1）与沙门氏菌病的鉴别

【相似点】感染沙门氏菌的雏鸡出现盲肠肿胀，内有干酪样的渗出物（见图7-66）；青年鸡或成年鸡盲肠肿胀呈香肠样（见图7-67）。

图7-66　雏鸡感染沙门氏菌后盲肠肿胀，内有干酪样的渗出物（孙卫东　供图）

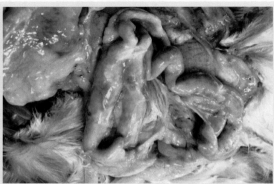
图7-67　青年鸡感染沙门氏菌后盲肠肿胀呈香肠样（孙卫东　供图）

【不同点】感染沙门氏菌鸡的肝脏表面不形成圆形或不规则、中央凹陷、黄色或黄褐色的溃疡灶，在雏鸡的肝脏往往出现大小不等的灰白色坏死点，胆囊肿大（见图7-68）；青年鸡或成年鸡的肝脏往往呈铜绿色，肿胀，有时可见心脏肉芽肿等病变（见图7-69）。

图7-68　雏鸡感染沙门氏菌后肝脏表面有大小不等的灰白色坏死点，胆囊肿大（李银　供图）

图7-69　青年鸡感染沙门氏菌后肝脏肿胀呈铜绿色，心脏有肉芽肿结节（孙卫东　供图）

（2）与饲养管理造成的头部青紫的鉴别

【相似点】鸡头部皮肤青紫与本病的"黑头病"相似。

【不同点】病鸡头部的皮肤发绀，但鸡冠及肉髯颜色正常，并未发绀（见视频7-3），应考虑是鸡笼间隔太窄引起的鸡头部两侧最宽处因挤压而出现的青紫（见图7-70）相区别。

视频7-3

（扫码观看：鸡组织滴虫病-病鸡头部的
皮肤发绀，但鸡冠及肉髯颜色正常）

图7-70　鸡笼间隙较小所致鸡的颜面部
颜色变深（孙卫东　供图）

七、防治方法

【预防措施】

（1）驱除异刺线虫　左旋咪唑，鸡每千克体重25毫克（1片），一次内服。也可使用针剂，用量、效果与片剂相同。另外，应对成年鸡进行定期驱虫。

（2）严格做好鸡群的卫生和管理工作　及时清除粪便，定期更换垫料，防止带虫体的粪便污染饮水或饲料。此外，鸡与火鸡一定要分开进行饲养管理。

【治疗方法】

（1）甲硝唑（甲硝咪唑、灭滴灵）　鸡按每升水500毫克混饮7天，停药3天，再用7天。蛋鸡禁用。

（2）地美硝唑（二甲硝唑、二甲硝咪唑、达美素）　20%地美硝唑预混剂，治疗时按每千克饲料500毫克混饲。预防时按每千克饲料100～200毫克混饲。产蛋鸡禁用，休药期3天。

（3）丙硫苯咪唑　按每千克体重40毫克，一次内服。

（4）2-氨基-5-硝基噻唑　在饲料中添加0.05%～0.1%，连续饲喂14天。

说明：在治疗的同时应配合维生素K_3粉以减少盲肠出血，并用广谱抗菌药物如替米考星、氟苯尼考等控制并发或继发感染；治疗后应及时收集粪便，将其堆积做无害化处理。

第四节　蛔虫病

一、概念

【定义】鸡蛔虫病（Ascaridiasis）是由鸡蛔虫引起的一种线虫病。临床上以鸡消瘦、生长缓慢，甚至因肠道阻塞而死亡为特征。该病分布很广，对散养鸡有较大的危害。

【病原】为禽蛔科禽蛔属的鸡蛔虫。

二、流行病学

【易感动物】4周龄内的鸡感染后一般不出现症状，5～12周龄的鸡（尤其是散养鸡/地面平养鸡）感染后发病率较高，且病情较重，超过12周龄的鸡抵抗力较强，1年以上的鸡不发病，但可带虫。

【传染源】病鸡、带虫鸡。

【传播途径】主要通过消化道传播，是鸡吞食了感染性虫卵或啄食了携带感染性虫卵的蚯蚓等。

【流行季节】本病多发于多雨潮湿季节，在鸡群拥挤、通风不良以及卫生条件较差等情况下均可加剧该病的发生与传播。

三、临床症状

病鸡表现食欲减退，精神委顿，不爱活动，羽毛松乱，发育不良。早期耳垂颜色变淡发白（见图7-71），后期鸡冠颜色变淡/苍白，倒伏（见图7-72）。有的病鸡腹泻，排细条状黄白色或淡红色结节状粪便（见图7-73），渐渐消瘦，甚至死亡。有些病鸡可出现躯干羽毛掉落（见图7-74）。

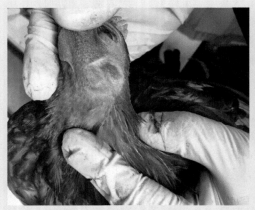

图7-71　病鸡耳垂颜色变淡发白（孙卫东　供图）

图7-72　病鸡耳垂苍白，鸡冠颜色变淡、倒伏（孙卫东　供图）

图7-73　病鸡排细条状黄白色（左）或淡红色（右）结节状粪便（孙卫东　供图）

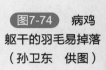

图7-74　病鸡躯干的羽毛易掉落（孙卫东　供图）

四、病理剖检变化

病/死鸡剖检时可见消瘦（见图7-75），在小肠可见到肠内蛔虫（见图7-76和图7-77），有的甚至充满整个肠管（见图7-78），肠内容物呈橘黄色（见图7-79）；偶见于食道、嗉囊、肌胃（见图7-80）、输卵管和体腔。蛔虫的虫体呈黄白色（见图7-81和视频7-4），表面有横纹（见图7-82）。雄虫长27～70毫米，宽0.09～0.12毫米，尾端有交合刺（见图7-83）；雌虫长60～116毫米，宽0.9毫米。

视频7-4

（扫码观看：鸡蛔虫病-从感染鸡的小肠中取出的蛔虫外观）

图7-75　病鸡肠管内的蛔虫虫体外观（孙卫东　供图）

图7-76　病鸡肠管内的蛔虫虫体外观（孙卫东　供图）

图7-77　病鸡十二指肠后肠管内的蛔虫虫体、肠管外翻（孙卫东　供图）

图7-78　病鸡小肠内充满蛔虫虫体（孙卫东　供图）

图7-79　病鸡肠内容物呈橘黄色（孙卫东　供图）

图7-80　病鸡肌胃内的蛔虫虫体（孙卫东　供图）

图7-81　从肠道取出的蛔虫虫体呈黄白色（孙卫东　供图）

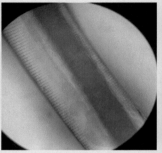

图7-82　蛔虫虫体的表面有横纹（孙卫东　供图）

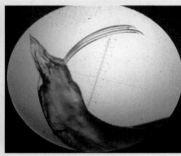

图7-83　蛔虫雄虫虫体的尾端有交合刺（孙卫东　供图）

五、诊断

　　由于本病缺乏特异性的临床症状，故需进行粪便检查和尸体剖检。粪便检查发现大量虫卵或剖检发现大量蛔虫虫体即可确诊。

六、防治方法

【预防措施】

　　（1）加强饲养管理　改善环境卫生，每天清除鸡舍内外的积粪，粪便应堆集发酵。雏鸡与成年鸡应分群饲养，不共用运动场。

　　（2）预防性驱虫　对有蛔虫病流行的鸡场，每年应进行2～3次定期驱虫。雏鸡在2月龄左右进行第1次驱虫，第2次在冬季进行；成年鸡的驱虫第1次在10～11月份，第2次在春季产蛋季节前1个月进行。

【治疗方法】

　　（1）驱蛔灵（枸橼酸哌哔嗪）　按1千克体重250毫克，空腹时拌于少量饲料中一次性投喂，或配成1%的水溶液任其饮服，但药物必须在8～12小时内用完，且应在用药前禁食

（饮）一夜。

（2）驱虫净（四咪唑）　按1千克体重40～60毫克，空腹时逐个鸡灌服，或按1千克体重60毫克，混于少量饲料中喂给。也可用左旋咪唑（左旋咪唑、左咪唑），内服（25毫克/千克体重），或拌于少量饲料中内服，或用5%的注射液肌注（0.5毫升/千克体重）；丙硫咪唑一次口服（25毫克/千克体重）；阿苯达唑，一次口服（10～20毫克/千克体重）；丙氧咪唑一次口服（40毫克/千克体重）。以上药物一次口服往往不易彻底驱除，间隔2周后再重复用药1次。

（3）潮霉素B（效高素）　1.76%潮霉素B预混剂按1千克饲料8～12克混饲，休药期3天。

（4）越霉素A（得利肥素）　20%越霉素A预混剂按1千克饲料5～10毫克混饲。产蛋鸡禁用，休药期3天。

（5）伊维菌素（害获灭、杀虫丁、伊福丁、伊力佳）或阿维菌素（阿福丁、虫克星、阿力佳）　1%伊维菌素注射液按1千克体重0.2～0.3毫克一次皮下注射或内服量。

第五节　绦虫病

一、概念

【定义】赖利绦虫病（Cestodiasis）是由戴文科赖利属的多种绦虫等寄生于鸡的肠道引起的一类寄生虫病。该病在我国的分布较广，特别是农村的散养鸡和鸡舍条件简陋的鸡场危害较严重。

【病原】常见种是棘沟赖利绦虫、四角赖利绦虫和有轮赖利绦虫。

二、流行病学

【易感动物】各种年龄的鸡都能感染，以17～40日龄的鸡最易感。

【传染源】病鸡、带虫鸡。

【传播途径】主要通过消化道传播，是鸡吞食了感染性虫卵或啄食了含囊尾蚴的中间宿主蚂蚁、蜗牛和甲虫等。

【流行季节】本病多发于多雨潮湿季节，在鸡群拥挤、通风不良以及饲养管理条件低劣的鸡场或经常以水草作为青绿饲料饲喂的鸡群可加剧本病的发生与传播。

三、临床症状

由于绦虫的品种不同，感染鸡的症状也有差异。病鸡早期耳垂颜色变淡发白（见图7-84），后期鸡冠颜色变淡/苍白或黄染，精神沉郁，羽毛蓬乱，缩颈垂翅，采食减少，饮水增多，肠炎，腹泻，有时带血。病鸡消瘦、大小不一（见图7-85）。有的绦虫产物能使鸡中毒，引起腿脚麻痹、头颈扭曲、进行性瘫痪（甚至劈叉）等症状（见图7-86）；有些病鸡因瘦弱、衰竭而死亡。感染病鸡一般在下午2～5时排出绦虫节片。一般在感染初期（感染后50天左右）节片排出最多（见图7-87），以后逐渐减少。

图7-84 病鸡早期耳垂颜色变淡发白（孙卫东 供图）

图7-85 病鸡消瘦、大小不一（孙卫东 供图）

图7-86 有的病鸡瘫痪呈"劈叉"姿势（孙卫东 供图）

图7-87 病鸡粪便上的白色绦虫节片（肖宁 供图）

四、病理剖检变化

剖检病/死鸡可见机体消瘦，在小肠内发现大型绦虫的虫体（见图7-88），但有的病鸡的虫体较小（见图7-89），严重时可阻塞肠道，其他器官除了脂肪沉积减少外，无明显的眼观变化（见图7-90），绦虫节片似面条，乳白色，不透明，扁平，虫体可分为头节、颈与链体三部分。小型绦虫则要用放大镜仔细寻找，也可将剪开的肠管平铺于玻璃皿中，滴少量清水，看有无虫体浮起。

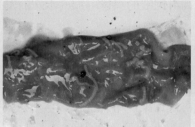

图7-88 病鸡小肠内发现大型绦虫虫体（孙卫东 供图）

图7-89 病鸡小肠内发现小的绦虫虫体（孙卫东 供图）

图7-90 病鸡的内脏器官无明显的眼观变化（孙卫东 供图）

五、诊断

检查粪便，发现赖利绦虫的节片或虫卵，即可确诊。值得注意的是，有轮赖利绦虫的孕节周期性排出，开始排出大量节片，以后有极少或无节片排出。本病难以确诊时，可进行剖检或诊断性驱虫，若发现虫体，则有助于确诊。

六、类似病症鉴别

与鸡马立克氏病的鉴别

【相似点】病鸡消瘦、腿脚麻痹，进行性瘫痪呈"劈叉"姿势。

【不同点】马立克氏病病鸡的腿脚麻痹是由于坐骨神经的脱髓鞘引起的，其向后的一肢往往无支撑作用（见图7-91），且会出现坐骨神经的肿大（见图7-92）。此外，其内脏多个器官常常有可见的肿瘤结节。

图7-91　马立克氏病鸡呈"劈叉"姿势
（孙卫东　供图）

图7-92　马立克氏病鸡坐骨神经肿胀
（李银　供图）

七、防治方法

【预防措施】

请参考鸡蛔虫病预防措施部分的叙述。

【治疗方法】

（1）吡喹酮　按1千克体重10～20毫克一次内服，对绦虫成虫及未成熟虫体有效。

（2）灭绦灵（氯硝柳胺）　按1千克体重50～100毫克，一次内服。

（3）丙硫苯咪唑　按1千克体重15～25毫克，一次内服。

（4）硫双二氯酚（别丁）　按1千克体重100～200毫克，一次内服，小鸡用量酌减。

（5）氢溴酸槟榔碱　按1千克体重3毫克一次内服，或配成0.1%水溶液饮服。

第六节　鸡前殖吸虫病

一、概念

【定义】鸡前殖吸虫病（Prosthogonimus），又称蛋蛭病，是由于前殖吸虫寄生于鸡的输卵管、直肠、泄殖腔、法氏囊而引起的寄生虫病。临床上以输卵管炎、产蛋机能紊乱为特征，是影响产蛋数量和质量较严重的疾病之一。

【病原】为透明前殖吸虫、卵圆前殖吸虫、楔形前殖吸虫等，其中常见的透明前殖吸虫的成虫呈椭圆形，虫体前半部体表有小棘突。

二、流行病学

【易感动物】家鸡、鸭、鹅及其他鸟类。

【传染源】本病在野生禽之间的流行常构成自然疫源，带虫鸡是本病的主要污染源。

【传播途径】鸡捕食蜻蜓时最易感染。此外，在江河湖泊地区、低洼潮湿沼泽地区、淡水螺滋生地区，当鸡在水旁或下水捕食时，会将含有虫卵的粪便排入水中，造成水面的污染，造成该病自然流行。

【流行季节】与蜻蜓出现的季节相一致，5～6月份蜻蜓的幼虫在水旁聚集，爬到水草上变为成虫，在夏秋季节或阴雨过后，鸡捕食蜻蜓后感染。此外，在适宜于各种淡水螺的滋生和蜻蜓繁殖的江湖河流交错的地区，有利于本病的流行。

三、临床症状

在鸡体内，前殖吸虫幼虫沿肠管下行到泄殖腔，进入法氏囊或输卵管，在其中继续发育为成虫。病鸡表现为食欲减退、饮欲增强、体况略差、精神不振、羽毛松乱、泄殖腔及腹部羽毛脱落、不愿活动，有的病鸡腹部膨大，腹部触之有痛感，有的病鸡从泄殖腔排出白灰色粪便，泄殖腔潮红突出（见图7-93），病重者可死亡。蛋鸡产薄壳蛋、软壳蛋（见图7-94），易破碎，或出现畸形蛋，产蛋率开始下降；有的鸡群始终没开产或产过无黄蛋、软蛋。

图7-93　病鸡泄殖腔潮红突出（孙卫东　供图）

图7-94　病鸡产薄壳蛋、软壳蛋（左）和笼架下的破碎蛋（右）（孙卫东　供图）

四、病理剖检变化

在有些病/死鸡剖检时可见子宫（见图7-95）、输卵管（见图7-96）壁上可找到虫体，形状扁平似小片树叶，呈棕红/白色，长3～9毫米，宽1～5毫米，头部有2个吸盘，虫体靠其吸附固着生活。输卵管黏膜增厚、充血，输卵管内有炎性渗出物（见图7-97）或有破碎的蛋壳、蛋白等。有些病例继发卵泡变性、变色（见图7-98），腹膜炎（见图7-99）和泄殖腔炎（见图7-100）。

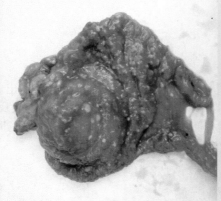

图7-95　病/死鸡子宫壁上的虫体（孙卫东　供图）

图7-96　病/死鸡输卵管壁上的虫体（孙卫东　供图）

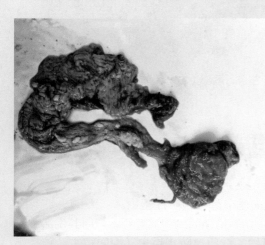

图7-97　病鸡输卵管黏膜增厚、充血，输卵管内有炎性渗出物（孙卫东　供图）

图7-98　有些病鸡继发卵泡变性、变色（孙卫东　供图）

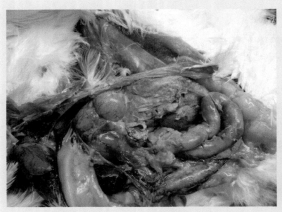
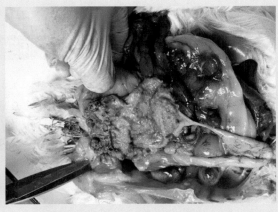

图7-99　有些病鸡继发腹膜炎
（孙卫东　供图）

图7-100　有些病鸡伴有泄殖腔充血、
炎症（孙卫东　供图）

五、诊断

　　根据流行病学、临诊症状、病理变化、发现虫体即可作出初步诊断。结合虫体（见图7-101）、虫卵显微镜检查即可确诊。检查方法是：将病鸡粪便反复洗涤沉淀，镜检见较小虫卵，椭圆形，棕褐色，前端有卵盖，后端有一个小突起，内含卵细胞。

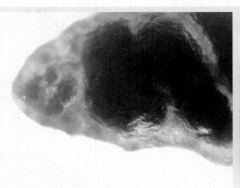
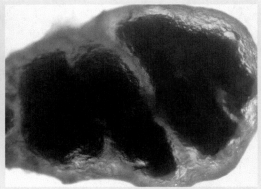

图7-101　虫体在显微镜镜下的结构：头部（左），尾部（右）（孙卫东　供图）

六、防治方法

【预防措施】

　　（1）预防性驱虫　有计划地检查鸡群，根据发病季节进行预防性驱虫。

　　（2）消灭中间宿主淡水螺　水塘中加入硫酸铜，切断前殖吸虫的发育环，切断其生活史。

　　（3）加强饲养管理　夏秋季节，在鸡舍装上窗纱、纱门，防止昆虫（中间宿主、传播媒介等）飞入鸡舍散布病原体。在蜻蜓出现季节，避免在清晨或傍晚及阴雨天后到池塘、水田处饲放鸡群，防止鸡捕食蜻蜓及幼虫而感染。

（4）加强粪便管理　坚持每天清除粪便，新鲜粪便不堆在河边、池塘边，而且定点堆放且做好无害化处理。

【治疗方法】

发现病鸡立即隔离、治疗。

（1）四氯化碳　早期可用2～3毫升，胃管投入或嗉囊注射。

（2）丙硫苯咪唑　按每千克体重120毫克，拌料或一次口服。或丙硫咪唑，按每千克体重25～30毫克，拌料或一次口服。

（3）吡喹酮　按每千克体重60毫克，拌料或一次口服。

（4）氯硝柳胺　按每千克体重100～200毫克，拌料或一次口服。

（5）硫双二氯酚　按每千克体重100～200毫克，拌料或一次口服。

（6）六氯乙烷　按每只鸡0.2～0.5克拌料，1天1次，连喂3天。

第七节　鸡螨病

一、概念

【定义】鸡螨病是由多种对鸡具有侵袭、寄生性质的螨类引发的，临床上以鸡群贫血、骚动不安、食欲不振、消瘦等为特征的鸡体内外寄生螨病的总称。目前人们对鸡螨病的危害尚未有足够的重视。

【病原】主要有鸡皮刺螨、林禽刺螨、鸡新棒螨、突变膝螨、鸡膝螨、寡毛鸡螨、住囊鸡雏螨、各类羽螨等。

二、流行病学

【易感动物】鸡和其他家禽。

【传染源】病鸡、带虫鸡、野鸟、老鼠等。

【传播途径】主要的传播方式是通过宿主间的直接接触传播，也可以通过公共用具间接传播。

【流行季节】一年四季均可发病，但是在炎热的夏季以及秋季是鸡螨的高发期。

三、临床症状

由于螨的特殊生物习性，传播快，一旦感染螨病，引起鸡只不安，影响采食，继而消瘦体弱，生长缓慢，生产性能下降，容易并发其他传染病，甚至死亡，从而给养鸡场带来巨大经济损失。由于鸡螨的不同，其临床表现有一定的差异：如突变膝螨寄生于脚和脚趾皮肤鳞片下面（俗称"石灰脚"），可引发病鸡的食羽癖，在我国分布广泛；鸡膝螨通常侵入羽毛的根部，以致诱发炎症（见视频7-5），羽毛变脆、脱落（见图7-102），体表形成了赤裸裸

视频7-5

（扫码观看：鸡螨病-膝螨引起的皮炎及损害）

的斑点，皮肤发红，上覆鳞片，抚摸时觉有脓疱，因其寄生部剧痒，病鸡啄拨羽毛，使羽毛脱落，故通常称脱羽痒症，病灶常见于背部、翅膀、腹部、尾部（见图7-103）等处，在我国分布广泛。各类羽螨主要寄生在鸡羽毛上（见图7-104），能损坏部分或全部羽毛等。

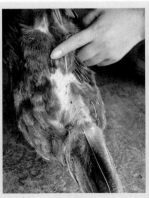

图7-102　鸡的膝螨诱发尾根部皮炎（孙卫东　供图）　　图7-103　鸡膝螨引起的脱羽部位见于背部、尾部等（孙卫东　供图）

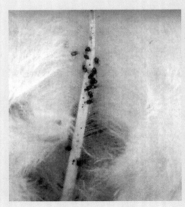
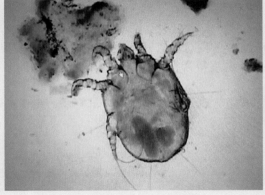

图7-104　鸡羽毛上的羽螨（右下角为显微镜的羽螨）（孙卫东　供图）

四、诊断

　　根据临床症状，翻开羽毛能发现小的羽螨可做出初步诊断。刮取病变处的组织碎片、羽毛、羽管等，收集食槽附近的饲料残渣、羽毛等，加少许甘油或盐水于载玻片上，在显微镜下观察，发现有螨即可确诊。

五、防治方法

【预防措施】

　　防止野鸟和老鼠进入鸡舍。严格执行卫生防疫制度，进出鸡场的人员应洗澡更衣，进出鸡场的运输车辆和工具应用热水、酸、碱彻底消毒。定期检查，每月检查3次，每次可抽检10只，检查其泄殖腔周围的皮肤和羽毛上有无虫体。同时加强饲养管理，降低饲养密度，保持鸡舍清洁和干燥，良好的饲养管理可以提高鸡群抵抗力，螨病的发病率可控制在最低限度。

【治疗方法】

（1）喷洒药物 用0.5%的乐果与0.1%的溴氰菊酯（或氯氰菊酯、速灭菊酯）混合悬液，喷药时要让鸡羽毛湿透，间隔7天再喷洒1次，要求用药前让鸡群饮水充足。有条件的鸡场应对笼具用洗涤液彻底清洗，晾干后再用火焰烤1次，同时对鸡舍墙壁也烘烤一下。

（2）0.1%伊维菌素注射液 按每千克体重0.2毫升皮下注射，1个月后再注射1次；或用阿维菌素拌料，间隔1个月再用1次。

第八节　鸡虱病

一、概念

【定义】是由鸡虱寄生于鸡的体表的一种外寄生虫病。临床上以皮肤发痒、鸡因啄痒而咬断自体羽毛、病鸡逐渐消瘦、雏鸡生长发育受阻、母鸡产蛋率下降等为特征。

【病原】鸡虱的种类较多，常见的鸡虱有鸡羽虱、鸡体虱、大姬圆虱等。

二、流行病学

【易感动物】鸡虱只寄生于鸡。

【传染源】病鸡、带虫鸡。

【传播途径】主要的传播方式是通过宿主间的直接接触传播，也可以通过公共用具间接传播。

【流行季节】一年四季均可发病，但是炎热的夏季和秋季是鸡虱的高发期，这主要是由于天气炎热、温度较高，并且湿度较大，适合鸡虱的繁殖。另外，冬季由于鸡的羽毛较为浓密，适合鸡虱生长，因此冬季鸡虱的发病率也较高。

三、临床症状

用手逆翻头颈部、翅下及尾部的羽毛，可见到淡黄色或灰白色的针尖大小的羽虱在羽毛、绒毛或皮肤上爬动（见图7-105）。皮肤出现炎症，并有大量皮屑（见图7-106）。羽虱往往藏在鸡笼的水线等的接头处（见图7-107和视频7-6）。因鸡虱会啮食宿主的羽毛和皮屑，从而导致鸡受到虱的刺激而皮肤发痒，表现为用喙啄痒，而使羽毛和皮肤受伤，严重时会导致羽毛脱落，皮肤发生损伤，患有皮炎或者出现皮肤出血（见图7-108）；有的病鸡的鸡冠被啄，鸡冠损伤，鲜血直流（见图7-109）。病鸡因皮肤痒得不到良好的休息，食欲不佳，逐渐消瘦，病情严重时会导致幼鸡死亡，生长发育阶段的鸡生长发育受阻，甚至会停止发育，蛋鸡的产蛋量下降。虽然单纯患该病的致死率较低，但是会导致病鸡对疾病的抑抗力下降，而易继发感染其他疾病而使死亡率升高。

视频7-6

（扫码观看：鸡虱病-羽虱平时主要潜藏在水线的接头处）

图7-105 鸡羽毛上的羽虱（右下角为显微镜的羽虱）（孙卫东 供图）

图7-106 鸡的羽虱，出现皮炎，伴有大量皮屑（李鹏飞 供图）

图7-107 羽虱常集结在水线的接头处（左上角是放大的虱子）（张青 供图）

图7-108 重症病鸡尾部羽毛被啄，皮肤损伤（张青 供图）

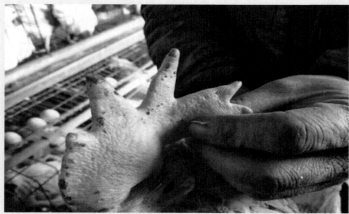

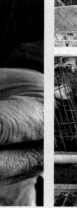

图7-109 鸡冠被啄，鲜血流出（徐卫平 供图）

四、诊断

根据临床症状可以做出初步诊断，用手拨开病鸡的羽毛看见鸡虱在羽毛与皮肤间运动，或在羽毛上发现虱卵即可确诊。

五、防治方法

【预防措施】

对于该病的预防主要是通过加强鸡群的饲养管理，提高鸡体的抗病能力。进行合理的饲喂，加强养殖环境的控制工作，每天都要及时清理鸡舍的粪污，保持鸡舍的环境卫生，做好定期的消毒工作。加强鸡舍的通风换气的力度，减少舍内有害气体的浓度。调整鸡群的饲养密度，避免鸡群过于拥挤。保持鸡舍环境干燥，勤换垫料。

【治疗方法】

（1）樟脑丸治虱 将樟脑丸研成粉末后在夜晚鸡入窝休息时均匀地撒在鸡舍内，3天后检查病鸡身上，如果还存在鸡虱则可加大用量，或者使用樟脑粉擦鸡身，让其进入羽毛丛中，可起到更好的防治效果。

（2）药液喷雾 将精制敌百虫片研细后与灭毒威和水混合后喷雾，可起到良好的防治效果。用量为每1000只成年鸡使用规格为0.3克的敌百虫片250片、灭毒威粉75克，混入15千克温水中，等完全溶解后进行全方位的喷雾，1周后再喷雾1次，可彻底杀灭鸡虱。也可选用0.7%～1%的氟化钠水溶液药浴。

（3）喷雾灭虱 在鸡虱高发季节，选用无毒灭虱精或无毒多灭灵等配制成稀释液后再进行喷雾，方法是将鸡抓起后逆羽毛生长的方向喷雾。同时使用上述药剂对养殖环境，包括鸡舍、运动场、墙壁、垫草等进行喷洒，以杀灭环境中的鸡虱。也可选用5%马拉硫磷粉、10%二氯苯醚菊酯喷雾。

（4）卫生球治虱 根据鸡舍和鸡的大小将卫生球用布包起来，将其固定在鸡舍的几个角落，可消除鸡舍内的鸡虱，对于鸡身上的鸡虱，则可以将包好的卫生球绑在鸡的翅膀下，一般每只鸡用2颗，2～3天即可驱除体表的鸡虱。

（5）洗衣粉灭虱 洗衣粉水溶液可以有效脱去虫体体表的蜡质，堵塞气孔，使虫体窒息死亡。使用方法是将洗衣粉水溶液洗涤鸡体，杀灭效果较好，同时还可以起到清洗鸡体污垢，保持体表清洁卫生的作用。

（6）灭虫素治虱 灭虫素是防治鸡虱的有效药物，每毫升灭虫素中含有伊维菌素10毫克，使用时按1千克体重0.2毫克注射于病鸡翅内侧皮下，隔10天后再注射1次，一般2次即可治好。

（7）白酒治虱 将500毫升白酒，放入20～30克百部草，每天摇晃2～5次，3天后用棉球蘸药酒涂抹在病鸡的皮肤上，每天1次，连用3～4天，即可根治。

第八章　鸡营养代谢性疾病的类症鉴别

第一节　维生素A缺乏症

一、概念

【定义】维生素A缺乏症（Vitamin A deficiency）是由于日粮中维生素A供应不足或吸收障碍而引起的以鸡生长发育不良、器官黏膜损害、上皮角化不全、视觉障碍、产蛋率和孵化率下降、胚胎畸形等为特征的一种营养代谢性疾病。

【病因】日粮中缺乏维生素A或胡萝卜素（维生素A原）；饲料贮存、加工不当，导致维生素A缺乏；日粮中蛋白质和脂肪不足，导致鸡发生功能性维生素A缺乏症；需要量增加，许多学者认为鸡维生素A的实际需要量应高于NRC标准。此外，胃肠吸收障碍，发生腹泻或其他疾病，使维生素A消耗或损失过多，肝因病使其不能利用及储存维生素A，均可引起维生素A缺乏。

二、临床症状

雏鸡和初产蛋鸡易发生维生素A缺乏症。鸡一般发生在6～7周龄。若1周龄的苗鸡发病，则与种鸡缺乏维生素A有关。成年鸡通常在2～5个月内出现症状。

图8-1　病鸡流泪（左），眼睑肿胀、粘连（右）（孙卫东　供图）

雏鸡主要表现精神委顿，衰弱，运动失调，羽毛松乱，生长缓慢，消瘦。流泪，眼睑内有干酪样物质积聚，常将上下眼睑粘在一起（见图8-1），角膜混浊、不透明（见图8-2），严重的角膜软化或穿孔，失明；喙和小腿部皮肤的黄色消退，趾关节肿胀，脚垫粗糙、增厚（见图8-3）；有些病鸡受到外界刺激即可引起阵发性的神经症状，作圆圈式扭头并后退和惊叫，病鸡在发作的间隙期尚能采食。青年/成年鸡脚鳞颜色变淡趾间皮肤有损伤（见图8-4）。成年鸡发病呈慢性经过，主要表现为食欲不佳，羽毛松乱，消瘦，爪、喙色淡，冠白有皱褶，趾爪粗糙，两肢无力，步态不稳，往往用尾支地。母鸡产蛋量和孵化率降低，血斑蛋增加。公鸡性机能降低，精液品质下降。病鸡的呼吸道和消化道黏膜受损，易感染多种病原微生物，使死亡率增加。

图8-2　病鸡眼睑肿胀，角膜浑浊、不透明（孙卫东　供图）

图8-3　病雏腿部鳞片褪色，趾关节肿胀，脚垫粗糙、增厚（左上角小图）（孙卫东　供图）

图8-4　病鸡脚鳞颜色变淡，趾间皮肤有损伤（孙卫东　供图）

三、病理剖检变化

病/死鸡口腔、咽喉和食道黏膜过度角化，有时从食道上端直至嗉囊入口有散在粟粒大白色结节或脓疱（见图8-5），或覆盖一层白色的豆腐渣样的薄膜。呼吸道黏膜被一层鳞状角化上皮代替，鼻腔内充满水样分泌物，液体流入副鼻窦后，导致一侧或两侧颜面肿胀，泪管阻塞或眼球受压，视神经损伤，严重病例角膜穿孔。肾呈灰白色，肾小管和输尿管充塞着白色尿酸盐沉积物（见图8-6）。有的病鸡心包、肝和脾表面有时可见尿酸盐沉积（见图8-7）。

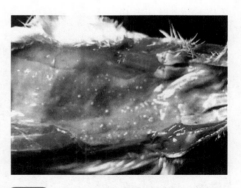

图8-5　病鸡食道黏膜有散在粟粒大白色结节或脓疱（孙卫东　供图）

图8-6　病鸡输尿管有明显的白色尿酸盐沉积（孙卫东　供图）

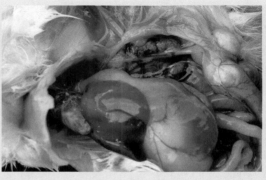

图8-7　病鸡心包等内脏表面有明显的白色尿酸盐沉积（孙卫东　供图）

四、诊断

根据症状、病理变化和饲料化验分析的结果即可建立诊断。

五、类似病症鉴别

（1）与氨气刺激的鉴别

【相似点】眼睛流泪（见图8-8）和角膜损伤。

【不同点】鸡舍内往往会出现氨气超标，人进入后有明显的氨气刺激感，病鸡剖检时内脏器官无明显的肉眼可见变化。

（2）与鸡水缺乏症的鉴别

【相似点】肾脏及内脏浆膜的尿酸盐沉积。

【不同点】鸡水缺乏时往往脚趾干枯（见图8-9），体重减轻，检查水线/水壶见有缺水（见图8-10）、水流不畅或水位不够等情况。

图8-8　病鸡眼睛流泪（孙卫东　供图）

图8-9　病雏脚趾干枯（孙卫东　供图）

图8-10　水线乳头不通或流水不畅（孙卫东　供图）

六、防治方法

【预防措施】

（1）优化饲料配方，供给全价日粮　鸡因消化道内微生物少，大多数维生素在体内不能合成，必须从饲料中摄取。因此要根据鸡的生长与产蛋不同阶段的营养要求特点，添加足量的维生素A，以保证其生理、产蛋、抗应激和抗病的需要。调节维生素、蛋白质和能量水平，以保证维生素A的吸收和利用。如硒和维生素E，可以防止维生素A遭氧化破坏，蛋白质和脂肪有利于维生素A的吸收和贮存，如果这些物质缺乏，即使日粮中有足够的维生素A，也可能发生维生素A缺乏症。

（2）饲料最好现配现喂，不宜长期保存　由于维生素A或胡萝卜素存在于油脂中而易被氧化，因此饲料放置时间过长或预先将脂式维生素A掺入到饲料中，尤其是在大量不饱和脂肪酸的环境中更易被氧化。鸡易吸收黄色及橙黄色的类胡萝卜素，所以黄色玉米和绿叶粉等富含类胡萝卜素的饲料可以增加蛋黄和皮肤的色泽，但这些色素随着饲料的贮存过长也易被破坏。此外，贮存饲料的仓库应阴凉、干燥，防止饲料发生酸败、霉变、发酵、发热等，以免维生素A被破坏。

（3）完善饲喂制度　饲喂时，应勤添少加，饲槽内不应留有剩料，以防维生素A或胡萝卜素被氧化失效。必要时，平时可以补充饲喂一些含维生素A或维生素A原丰富的饲料，如牛奶、肝粉、胡萝卜、菠菜、南瓜、黄玉米、苜蓿等。

（4）加强胃肠道疾病的防控　保证鸡的肠胃、肝脏功能正常，以利于维生素A的吸收和贮存。

（5）加强种鸡维生素A的监测　选用维生素A检测合格的种鸡所产的种蛋进行孵化，以防雏鸡发生先天性维生素A缺乏。

【治疗方法】

（1）使用维生素A制剂　可投服鱼肝油，每只鸡每天喂1～2毫升，雏鸡则酌情减少。对发病鸡所在的鸡群，在每千克饲料中拌入2000～5000单位的维生素A，或在每千克配合饲料中添加精制鱼肝油15毫升，连用10～15天。或补充含有抗氧化剂的高含量维生素A的食用油，日粮约补充维生素A 11000单位/千克。对于病重的鸡应口服鱼肝油丸（成年鸡每天可口服1粒）或滴服鱼肝油数滴，也可肌内注射维生素AD注射液，每只0.2毫升。其眼部病变可用2%～3%的硼酸溶液进行清洗，并涂以抗生素软膏。在短期内给予大剂量的维生素A，对急性病例疗效迅速而安全，但慢性病例不可能完全康复。

（2）其他疗法　用羊肝拌料，取鲜羊肝0.3～0.5千克切碎，沸水烫至变色，然后连汤加肝一起拌于10千克饲料中，连续喂鸡1周，此法主要适用于雏鸡。或取苍术末，按每次每只鸡1～2克，1天2次，连用数天。

第二节　维生素B$_1$缺乏症

一、概念

【定义】维生素B$_1$（Vitamin B$_1$ deficiency）是由一个嘧啶环和一个噻唑环结合而成的化合物，因分子中含有硫和氨基，故又称硫胺素（Thiamine）。因维生素B$_1$缺乏而引起鸡碳水化合物代谢障碍及神经系统的病变为主要临床特征的疾病，称为维生素B_1缺乏症。

【病因】大多数常用饲料中硫胺素均很丰富，特别是禾谷类籽实的加工副产品糠麸以及饲用酵母中每千克含量可达7～16毫克。植物性蛋白质饲料每千克含3～9毫克。所以家禽实际应用的日粮中都含有充足的硫胺素，无需补充。然而，鸡仍有硫胺素缺乏症发生，其主要病因是由于日粮中硫胺素遭受破坏（如饲粮被蒸煮加热、碱化处理）所致。此外，日粮中含有硫胺素拮抗物质而使硫胺素缺乏，如日粮中含有蕨类植物，球虫抑制剂氨丙啉，某些植物、真菌、细菌产生拮抗物质，均可能使硫胺素缺乏而致病。

二、临床症状

雏鸡对硫胺素缺乏十分敏感，饲喂缺乏硫胺素的饲粮后约经10天即可出现多发性神经炎症状。病鸡表现为突然发病，鸡蹲坐在其屈曲的腿上，头缩向后方呈现特征性的"观星"姿势。由于腿麻痹不能站立和行走，病鸡以跗关节和尾部着地，坐在地面或倒地侧卧，严重时会突然倒地，抽搐死亡。见图8-11。

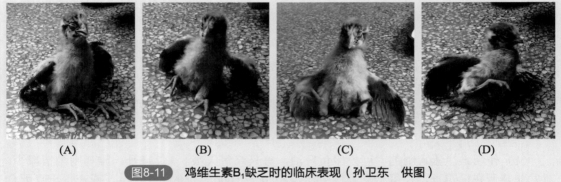

(A)   (B)   (C)   (D)

图8-11　鸡维生素B_1缺乏时的临床表现（孙卫东　供图）
（A）病鸡以跗关节和尾部着地；（B）病鸡头后仰、以翅支撑；
（C）病鸡头后仰、脚趾离地；（D）病鸡倒地、抽搐

成年鸡硫胺素缺乏约3周后才出现临床症状。病初食欲减退，生长缓慢，羽毛松乱无光泽，腿软无力和步态不稳。以后神经症状逐渐明显，开始是脚趾的屈肌麻痹，随后向上发展，其腿、翅膀和颈部的伸肌明显地出现麻痹。有些病鸡出现贫血和腹泻。体温下降至35.5℃，最终衰竭死亡。种蛋孵化率降低，死胚增加，有的因无力破壳而死亡。

三、病理剖检变化

病/死雏鸡的皮肤呈广泛水肿，其水肿的程度决定于肾上腺的肥大程度。肾上腺肥大，雌鸡比雄鸡的更为明显，肾上腺皮质部的肥大比髓质部更大一些。心脏轻度萎缩，右心可能扩大，肝脏呈淡黄色，胆囊肿大。肉眼可观察到胃和肠壁的萎缩，而十二指肠的肠腺（里贝昆氏腺）却扩张。

四、诊断

根据症状，病理变化，病鸡血、尿、组织及饲料中维生素B_1的含量即可建立诊断。

五、类似病症鉴别

与禽脑脊髓炎的鉴别

【相似点】雏鸡站立不稳，向一侧倾倒。

【不同点】雏鸡感染禽脑脊髓炎后，通常自出壳后1～7日龄和11～20日龄出现两个发病和死亡的高峰期。病雏初期眼神呆滞，走路不稳，随后头颈部震颤（见图8-12）、共济失调或完全瘫痪。剖检见脑表面有针尖大的出血点、脑水肿。

图8-12 病鸡出现走路不稳，向一侧倾倒，头颈部震颤（程龙飞 供图）

六、防治方法

【预防措施】

饲养标准规定每千克饲料中维生素B_1含量为：肉用仔鸡和0～6周龄的育成蛋鸡1.8毫克，7～20周龄鸡1.3毫克，产蛋鸡和母鸡0.8毫克。按标准饲料搭配和合理调制，就可以防止维生素B_1缺乏症。注意日粮配合，添加富含维生素B_1的糠麸、青绿饲料或添加维生素B_1。对种鸡要监测血液中丙酮酸的含量，以免影响种蛋的孵化率。某些药物（抗生素、磺胺药、球虫药等）是维生素B_1的拮抗剂，不宜长期使用，若用药应加大维生素B_1的用量。天气炎热，因需求量高，注意额外补充维生素B_1。

【治疗方法】

发病严重者，可给病鸡口服维生素B_1，在数小时后即可见到疗效。由于维生素B_1缺乏可引起极度的厌食，因此在急性缺乏尚未痊愈之前，在饲料中添加维生素B_1的治疗方法是不可靠的，所以要先口服维生素B_1，然后再在饲料中添加，雏鸡的口服量为每只每天1毫克，成年鸡每只内服量为每千克体重2.5毫克。对神经症状明显的病鸡应肌内或皮下注射维生素B_1注射液，雏鸡每次1毫克，成年鸡每次5毫克，每天1～2次，连用3～5天。此外，还可取大活络丹1粒，分4次投服，每天1次，连用14天。

第三节　维生素B_2缺乏症

一、概念

【定义】维生素B_2（Vitamin B_2 deficiency）是由核醇与二甲基异咯嗪结合构成的，由于异咯嗪是一种黄色色素，故又称之为核黄素（Riboflavin）。维生素B_2缺乏症是由于饲料中维生素B_2缺乏或被破坏引起鸡机体内黄素酶形成减少，导致物质代谢性障碍，临床上以足趾向内蜷曲、飞节着地、两腿发生瘫痪为特征的一种营养代谢病。

【病因】常用的禾谷类饲料中维生素B_2特别贫乏，每千克不足2毫克。所以，肠道比较缺乏微生物的鸡，又以禾谷类饲料为食，若不注意添加维生素B_2易发生缺乏症。核黄素易被紫外线、碱及重金属破坏；另外还要注意，饲喂高脂肪、低蛋白日粮时核黄素需要量增加；种鸡比非种用蛋鸡的需要量需提高1倍；低温时供给量应增加；患有胃肠病，影响核黄素转化和吸收。这些因素都可能引起维生素B_2缺乏。

视频8-1

（扫码观看：鸡维生素B_2缺乏-运动障碍-以跗关节着地行走）

二、临床症状

雏鸡喂饲缺乏维生素B_2日粮后，多在1~2周龄发生腹泻，食欲尚良好，但生长缓慢，逐渐变得衰弱消瘦。其特征性的症状是足趾向内蜷曲，以跗/趾关节着地行走（图8-13和视频8-1），强行驱赶则以跗关节支撑并在翅膀的帮助下走动，行走困难（图8-14），腿部肌肉萎缩和松弛，皮肤干而粗糙。缺乏症的后期，病雏不能运动，只是伸腿俯卧，多因采食不到饲料而饿死。

图8-13　病雏脚趾向内蜷曲，以跗/趾关节着地行走（孙卫东　供图）

图8-14　青年鸡脚趾向内蜷曲，行走困难（孙卫东　供图）

育成鸡病至后期，腿躺开而卧，瘫痪。母鸡的产蛋量下降，蛋白稀薄，种鸡则产蛋率、受精率、孵化率下降。种母鸡日粮中核黄素的含量低，其所产的蛋和出壳雏鸡的核黄素含量也低，而核黄素是胚胎正常发育和孵化所必需的物质，孵化种蛋内的核黄素用完，鸡胚就会死亡（入孵第2周死亡率高）。死胚呈现皮肤结节状绒毛、颈部弯曲、躯体短小、关节变形、水肿、贫血和肾脏变性等病理变化。有时也能孵出雏，但多数带有先天性麻痹症状，体小、浮肿。

三、病理剖检变化

病/死雏鸡胃肠道黏膜萎缩，肠壁薄，肠内充满泡沫状内容物（图8-15）。病/死的产蛋鸡皆有肝脏增大和脂肪量增多；有些病例有胸腺充血和成熟前期萎缩；病/死成年鸡的坐骨神经和臂神经显著肿大和变软，尤其是坐骨神经的变化更为显著，其直径比正常大4～5倍。

图8-15　病鸡肠道内充满泡沫状内容物（孙卫东　供图）

四、诊断

根据症状、病理变化和饲料化验分析的结果即可诊断。

五、防治方法

【预防措施】

饲喂的日粮必须能满足鸡生长、发育和正常代谢对维生素B_2的需要。0～7周龄的雏鸡，每千克饲料中维生素B_2含量不能低于3.6毫克；8～18周龄时，不能低于1.8毫克；种鸡不能低于3.8毫克；产蛋鸡不能低于2.2毫克。配制全价日粮，应遵循多样化原则，选择谷类、酵母、新鲜青绿饲料和苜蓿、干草粉等富含维生素B_2的原料，或在每吨饲料中添加2～3克核黄素，对预防本病的发生有较好的作用。维生素B_2在碱性环境以及暴露于可见光特别是紫外光中，容易分解变质，混合料中的碱性药物或添加剂也会破坏维生素B_2，因此，饲料贮存时间不宜过长。防止鸡群因胃肠道疾病（如腹泻等）或其他疾病影响对维生素B_2的吸收而诱发本病。

【治疗方法】

雏鸡按每只1～2毫克，成年鸡按每只5～10毫克口服维生素B₂片或肌注维生素B₂注射液，连用2～3天。或在每千克饲料中加入维生素B₂20毫克治疗1～2周，即可见效。但对趾爪蜷曲、腿部肌肉萎缩、卧地不起的重症病例疗效不佳，应将其及时淘汰。此外，可取山苦荬（别名七托莲、小苦麦菜、苦菜、黄鼠草、小苦苣、活血草、隐血丹），按10%（预防按5%）的比例在饲料中添喂，每天3次，连喂30天。

第四节　维生素B₆缺乏症

一、概念

【定义】维生素B6（Vitamin B₆ deficiency）又名吡哆素，包括吡哆醇、吡哆醛、吡哆胺等3种化合物。维生素B₆缺乏症是维生素B₆引起的以家禽食欲下降、生长不良、骨短粗病和神经症状为特征的一种疾病。

【病因】饲料在碱性或中性溶液中，以及受光线、紫外线照射均能使维生素B₆破坏，也可引起维生素B₆缺乏。曾发现饲喂肉用仔鸡每千克含吡哆醇低于3毫克的饲粮，引起大群发生中枢神经系统紊乱。

二、临床症状

雏鸡出现食欲下降，生长不良，贫血及特征性的神经症状。病鸡双脚神经性地颤动，多以强烈痉挛抽搐而死亡。有些小鸡发生惊厥时，无目的地乱跑，翅膀扑击，趴伏或仰翻在地（见图8-16），头和腿急剧摆动，这种较强烈的活动和挣扎导致病鸡衰竭而死。另有些病鸡无神经症状而发生严重的骨短粗病（见图8-17）。成年病鸡食欲减退，产蛋量和孵化率明显下降，由于体内氨基酸代谢障碍，蛋白质的沉积率降低，生长缓慢；甘氨酸和琥珀酰辅酶A缩合成卟啉基的作用受阻，对铁的吸收利用降低而发生贫血。随后病鸡体重减轻，逐渐衰竭死亡。

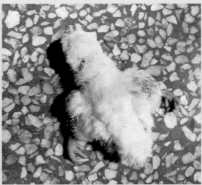

图8-16　病雏趴伏或仰翻在地（孙卫东　供图）

图8-17　病雏鸡跖骨短粗（左），右为正常对照（孙卫东　供图）

三、病理剖检变化

剖检病/死鸡见皮下水肿（见图8-18），内脏器官肿大，脊髓和外周神经变性。有些病例呈现肝脏变性。骨短粗病的组织学特征是跗跖关节的软骨骺的囊泡区排列紊乱和血管参差不齐地向骨板伸入，致使骨弯曲。

图8-18　剖检病雏见皮下水肿（孙卫东　供图）

四、诊断

根据发病经过，日粮的分析，临床上食欲下降、生长不良、贫血及特征性的神经症状以及病理变化综合分析后可作出诊断。

五、防治方法

应根据病因采取针对性防治措施。饲喂量不足需增加供给量，有些禽类品种需要量大就应加大供给量。有人发现洛岛红与芦花杂交种雏鸡的需要量比白来航雏鸡需要量高得多。有研究指出，在育成鸡饲料中将吡哆醇的含量提高至NRC推荐量的2倍，且在其所产的蛋内注射吡哆醇时，可提高受精卵的孵化率。

第五节　维生素D缺乏症

一、概念

【定义】维生素D的主要功能是诱导钙结合蛋白的合成和调控肠道对钙的吸收以及血液对钙的转运。维生素D缺乏（Vitamin D deficiency）可降低雏鸡骨钙沉积而出现佝偻病、成鸡骨钙流失而出现软骨病。临床上以骨骼、喙和蛋壳形成受阻为特征。

【病因】日粮中维生素D缺乏，在生产实践中要根据实际情况灵活掌握维生素D用量，如果日粮中有效磷少则维生素D需要量就多，钙和有效磷的比例以2∶1为宜；日光照射不足，在鸡皮肤表面及食物中含有维生素D原经紫外线照射转变为维生素D，因其具有抗佝偻病作用，故又称为抗佝偻病维生素；消化吸收功能障碍等因素影响脂溶性维生素D的吸收；患有肾、肝疾病，维生素D_3羟化作用受到影响而易发病。

二、临床症状

  雏鸡通常在 2～3 周龄时出现明显的症状，最早可在 10～11 日龄发病。病鸡生长发育受阻，羽毛生长不良，喙柔软易变形（图8-19），跗骨易弯曲成弓形（图8-20）。腿部衰弱无力，行走时步态不稳，躯体向两边摇摆，站立困难，不稳定地移行几步后即以跗关节着地伏下。

  产蛋鸡往往在缺乏维生素 D 2～3 个月后才开始出现症状，表现为产薄壳蛋和软壳蛋的数量显著增多，蛋壳强度下降、易碎（图8-21），随后产蛋量明显减少。产蛋量和蛋壳的硬度下降一个时期之后，接着会有一个相对正常时期，可能循环反复，形成几个周期。有的产蛋鸡可能出现暂时性的不能走动，常在产一个无壳蛋之后即能复原。病重母鸡表现出像"企鹅状"蹲伏的特殊姿势，以后鸡的喙、爪和龙骨渐变软，胸骨常弯曲（图8-22）。胸骨与脊椎骨接合部向内凹陷，产生肋骨沿胸廓呈内向弧形的特征。种蛋孵化率降低，胚胎多在孵化后 10～17 日龄之间死亡。

图8-19　病雏的喙易弯曲变形（王金勇　供图）

图8-20　病雏跗骨弯曲成弓形（王金勇　供图）

图8-21　产蛋母鸡产薄壳蛋，蛋壳强度下降、易碎（左），运输过程中易碎（右）（孙卫东　供图）

图8-22　产蛋母鸡胸骨弯曲成"S"状（孙卫东　供图）

三、病理剖检变化

病/死鸡其最特征的病理变化是龙骨呈"S"状弯曲（图8-23），肋骨与肋软骨、肋骨与椎骨连接处出现串珠状（图8-24）。在胫骨或股骨的骨骺部可见钙化不良。

成年产蛋/种鸡死于维生素D缺乏症时，其尸体剖检所见的特征性病变局限于骨骼和甲状旁腺。骨骼软而容易折断。腿骨组织切片呈现缺钙和骨样组织增生现象。胫骨用硝酸银染色，可显示出胫骨的骨骺有未钙化区。

图8-23　鸡龙骨呈"S"状
弯曲（孙卫东　供图）

图8-24　病雏肋骨与肋软骨、肋骨与椎骨连接处出现串珠状
结节（孙卫东　供图）

四、诊断

根据症状、病理变化和饲料化验分析的结果即可诊断。

五、类似病症鉴别

与钙磷缺乏或钙磷比例失调的鉴别。

【相似点】病鸡喜蹲伏，不愿运动，生长发育受阻，羽毛生长不良，喙、跖骨柔软易变形，龙骨呈"S"状弯曲（图8-25）。

【不同点】两者在临床症状和病理剖检变化上很难区别，只有结合饲料的钙磷分析、维生素D的测定和鸡群的消化吸收情况进行综合判断。

图8-25　鸡龙骨呈"S"状弯曲
（孙卫东　供图）

六、防治方法

【预防措施】
改善饲养管理条件，补充维生素D；将病鸡置于光线充足、通风良好的鸡舍内；合理调

配日粮，注意日粮中钙、磷比例，喂给含有充足维生素D的混合饲料。此外，还需加强饲养管理，尽可能让病鸡多晒太阳，笼养鸡还可在鸡舍内用紫外线进行照射。

【治疗方法】

首先应找出病因，针对病因采取有效措施。雏鸡佝偻病可一次性大剂量喂给维生素$D_3$1.5万～2.0万单位，或一次性肌内注射维生素$D_3$1万单位，或滴服鱼肝油数滴，每天3次，或用维丁胶性钙注射液肌内注射0.2毫升，同时配合使用钙片，连用7天左右。发病鸡群除在其日粮中增加富含维生素D的饲料（如苜蓿等）外，还应在每千克饲料中添加鱼肝油10～20毫升。

第六节　锰缺乏症

一、概念

【定义】锰是鸡生长、生殖和骨骼、蛋壳形成所必需的一种微量元素，鸡对这种元素的需要量是相当高的，对缺锰最为敏感，易发生缺锰。锰缺乏症（Manganese deficiency）又称骨短粗症或滑腱症，是以跗关节粗大和变形、蛋壳硬度及蛋孵化率下降、鸡胚畸形为特征的一种营养代谢病。

【病因】饲料中的玉米、大麦和大豆锰含量很低，若补充不足，则可引起锰缺乏；饲料中磷酸钙含量过高可影响肠道对锰的吸收；锰与铁、钴在肠道内有共同的吸收部位，饲料中铁和钴含量过高，可竞争性地抑制肠道对锰的吸收。此外，饲养密度过大可诱发本病。

二、临床症状

病雏鸡表现为生长停滞、骨短粗症。青年或成年鸡表现为胫-跗关节增大、胫骨下端和跗骨上端弯曲扭转，使腓肠肌腱从跗关节的骨槽中滑出而呈现脱腱症状，多数是一侧腿向外弯曲，甚至呈90°角（见图8-26），极少向内弯曲的。病鸡腿部变弯曲或扭曲、腿关节扁平而无法支持体重，将身体压在跗关节上。病鸡运动时多以跗关节着地行走（见视频8-2），严重病例多因不能行动、无法采食而饿死。

成年蛋鸡缺锰时产蛋量下降，种蛋孵化率显著下降，还可导致胚胎的软骨营养不良。这种鸡胚的死亡高峰发生在孵化的第20天和第21天。胚胎躯体短小，骨骼发育不良，翅短，腿短而粗，头呈圆球样，喙短弯呈特征性的"鹦鹉嘴"。还有报道指出，锰是保持最高蛋壳质量所必需的元素，当锰缺乏时，蛋壳会变得薄而脆。孵化成活的雏鸡有时表现出共济失调，且在受到刺激时尤为明显。

视频8-2

（扫码观看：鸡锰缺乏症-鸡运动时以跗关节着地-脚趾外展）

三、病理剖检变化

病/死鸡见胫骨下端和跖骨上端弯曲扭转，使腓肠肌腱从跗关节骨槽中滑出而出现滑腱症（图8-27）。严重者管状骨短粗、弯曲，骨骺肥厚，骨板变薄，剖面可见密质骨多孔，在骺端尤其明显。骨骼的硬度尚良好，相对重量未减少或有所增多。消化、呼吸等各系统内脏器官均无明显眼观病理变化。

四、诊断

根据症状、病理变化和饲料化验分析的结果即可诊断。

五、防治方法

【预防措施】由于普通配制的饲料都缺锰，特别是以玉米为主的饲料，即使加入钙磷不多，也要补锰，一般用硫酸锰作为饲料中添加锰的原料，每千克饲料中添加硫酸锰0.1～0.2克。也可多喂些新鲜青绿饲料，饲料中的钙、磷、锰和胆碱的配合要平衡。对于雏鸡，饲料中的骨粉量不宜过多，玉米的比例也要适当。

图8-26 病鸡左腿向外翻转呈90°角
（孙卫东 供图）

【治疗方法】在出现锰缺乏症病鸡时，可提高饲料中锰的加入剂量至正常加入量的2～4倍。也可用1∶3000高锰酸钾溶液作饮水，以满足鸡体对锰的需求量。对于饲料中钙、磷比例高的，应降至正常标准，并增补0.1%～0.2%的氯化胆碱，适当添加复合维生素。虽然锰是毒性最小的矿物元素之一，鸡对其的日耐受量可达2000毫克/千克，且这时并不表现出中毒症状，但高浓度的锰可降低血红蛋白和红细胞压积以及肝脏铁离子的水平，导致贫血，影响雏鸡的生长发育，且过量的锰对钙和磷的利用有不良影响。

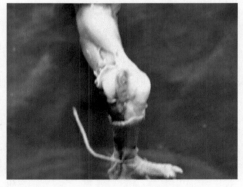

图8-27 病鸡腓肠肌腱从跗关节骨槽中滑出
（福尔马林固定标本）（孙卫东 供图）

第七节　鸡痛风

一、概念

【定义】鸡痛风（Gout in poultry）又称鸡肾功能衰竭症、尿酸盐沉积症或尿石症。是指由多种原因引起的血液中蓄积过量尿酸盐不能被迅速排出体外而引起的高尿酸血症。其病理特征为血液尿酸水平增高，尿酸盐在关节囊、关节软骨、内脏、肾小管及输尿管和其他间质组织中沉积。临床上可分为内脏型痛风和关节型痛风。主要临床表现为厌食、衰竭、腹泻、腿翅关节肿胀、运动迟缓、产蛋率下降和死亡率上升。近年来本病发生有增多趋势，已成为常见鸡病之一。

【病因】引起痛风的原因较为复杂，归纳起来可分为两类，一是体内尿酸生成过多，二是机体尿酸排泄障碍，后者可能是尿酸盐沉着症中的主要原因。

（1）引起尿酸生成过多的因素　①大量饲喂富含核蛋白和嘌呤碱的蛋白质饲料，如大豆、豌豆、鱼粉、动物内脏等。② 鸡极度饥饿又得不到能量补充或患有重度消耗性疾病（如淋巴白血病）。

（2）引起尿酸排泄障碍的因素　①传染性因素：凡具有嗜肾性，能引起肾机能损伤的病原微生物，如腺病毒、败血性霉形体、沙门氏菌、组织滴虫等可引起肾炎、肾损伤造成尿酸盐的排泄受阻。② 非传染性因素：a.营养性因素，如日粮中长期缺乏维生素A；饲料中含钙太多，含磷不足，或钙、磷比例失调引起钙异位沉着；食盐过多，饮水不足。b.中毒性因素包括嗜肾性化学毒物、药物和毒菌毒素，如饲料中某些重金属如汞、铅等蓄积在肾脏内引起肾病；草酸含量过多的饲料，因饲料中草酸盐可堵塞肾小管或损伤肾小管；磺胺类药物中毒，引起肾损害和结晶的沉淀；霉菌毒素可直接损伤肾脏，引起肾机能障碍并导致痛风。此外，饲养在潮湿和阴暗的场所、运动不足、年老、纯系育种、受凉、孵化时湿度太大等因素皆可能成为促进本病发生的诱因。

二、临床症状

图8-28　病鸡排出的石灰水样稀粪（孙卫东　供图）

本病多呈慢性经过，其一般症状为病鸡食欲减退，逐渐消瘦，冠苍白，不自主地排出白色石灰水样稀粪，含有多量的尿酸盐（图8-28）。成年禽产蛋量减少或停止。临床上可分为内脏型痛风和关节型痛风。

1.内脏型痛风

比较多见，但临床上通常不易被发现。病鸡多为慢性经过，表现为食欲下降、鸡冠泛白、贫血、脱羽、生长缓慢、粪便呈白色石灰水样，泄殖腔周围的羽毛常被污染（图8-29）。多因肾功能衰竭，呈现零星或成批的死亡。注意该型痛风因原发性致病原因不同，其原发性症状也不一样。

2.关节型痛风

多在跗关节、趾关节发病，也可侵害翅关节。表现为关节肿胀（图8-30），起初软而痛，界限多不明显，以后肿胀部逐渐变硬、微痛，形成不能移动或稍能移动的结节，结节有豌豆大或蚕豆大小。病程稍久，结节软化或破裂，排出灰黄色干酪样物。局部形成出血性溃疡。病鸡往往蹲坐或呈独肢站立姿势，行动迟缓，跛行。

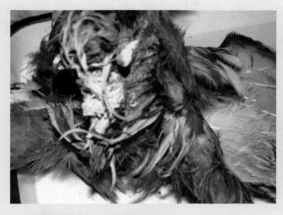
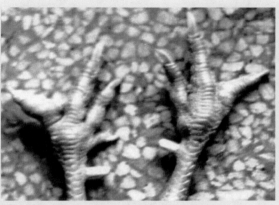

图8-29　病鸡泄殖腔周围的羽毛被石灰水样　　图8-30　关节型痛风患鸡的趾关节肿胀
　　　　粪便沾污（孙卫东　供图）　　　　　　　　　　　（孙卫东　供图）

三、病理剖检变化

1.内脏型痛风

病死鸡剖检见尸体消瘦，肌肉呈紫红色，皮下、大腿内侧肌肉有白色灰粉样尿酸盐沉着（图8-31）；打开腹腔见整个腹腔的脏器浆膜面有尿酸盐沉积（图8-32），特别是在心包腔内（图8-33）、肝脏（图8-34）、胆囊（图8-35）、脾脏、腺胃（图8-36）、肌胃、胰腺、肠管和肠系膜（图8-37）等内脏器官的浆膜表面覆盖一层石灰样粉末或薄片状的尿酸盐；有的胸

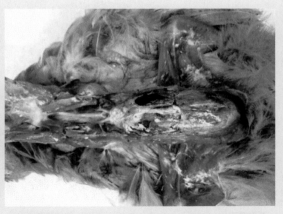

图8-31　病鸡腿肌内有灰白色的尿酸盐沉着　　图8-32　病鸡的心包、肝脏、腹腔浆膜表面
　　　　　（孙卫东　供图）　　　　　　　　　　　有灰白色的尿酸盐沉积（孙卫东　供图）

图8-33　病鸡心包腔内有灰白色的
尿酸盐沉积（孙卫东　供图）

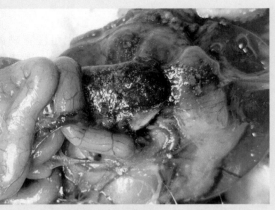

图8-35　病鸡胆囊内有灰白色的
尿酸盐沉积（吕英军　供图）

图8-34　病鸡心包内及肝脏表面有灰白色
的尿酸盐沉积（孙卫东　供图）

图8-36　病鸡腺胃表面有灰白色的
尿酸盐沉积（李银　供图）

图8-37　病鸡肠管及肠系膜表面有灰白色的尿酸
盐沉积（孙卫东　供图）

骨内壁有灰白色的尿酸盐沉积（图8-38）；肾肿大，色淡，有白色花纹（俗称花斑肾）（图8-39），输尿管变粗，如同筷子粗细，内有尿酸盐沉积（图8-40），有的输尿管内有硬如石头样的白色条状物（结石）（图8-41），此为尿酸盐结晶。有些病例可见直肠黏膜出血，内有混杂尿酸盐的黏液（图8-42）。

2.关节型痛风

切开病/死鸡肿胀的关节，可见白色黏稠的尿酸盐沉着（见图8-43），滑液含有大量由尿酸、尿酸铵、尿酸钙形成的结晶，沉着物常常形成一种所谓"痛风石"。有的病例见关节面及关节软骨组织发生溃烂、坏死。

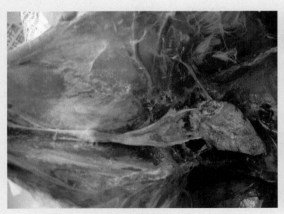

图8-38　病鸡胸骨内壁有灰白色的
尿酸盐沉积（李银　供图）

图8-39　病鸡肾肿大，内有尿酸盐结晶，
呈花斑样（孙卫东　供图）

图8-40　病鸡输尿管增粗如同筷子
粗细（李银　供图）

图8-41　病鸡输尿管内白色条状物
（李银　供图）

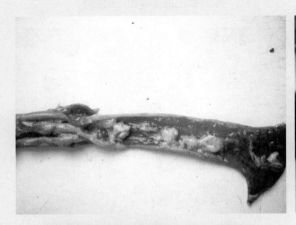

图8-42　病鸡直肠黏膜出血，内有混杂
尿酸盐的黏液（李银　供图）

图8-43　病鸡跗关节内尿酸盐的沉着
（李银　供图）

四、诊断

根据症状、病理变化可做出初步诊断，确诊需要进行饲料的成分分析以及相关病原的分离和鉴定。

五、类似病症鉴别

（1）与传染性法氏囊病的鉴别

【相似点】病鸡排出石灰水样稀粪、肾脏尿酸盐沉积呈"花斑肾"。

【不同点】传染性法氏囊病鸡的内脏浆膜面很少出现尿酸盐沉着，主要表现为胸肌、腿肌的出血（见图8-44）、法氏囊的病变（见图8-45和图8-46）等。

（2）与肾型传染性支气管炎的鉴别

【相似点】病鸡排出石灰水样稀粪、肾脏尿酸盐沉积呈"花斑肾"（见图8-47）。

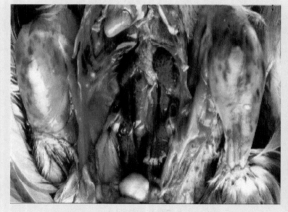

图8-44　传染性法氏囊病鸡腿肌的出血、法氏囊肿大（李银　供图）

图8-45　法氏囊表面胶冻样，浆膜面出血（李银　供图）

图8-46　法氏囊内有黏液、出血（李银　供图）

图8-47　肾型传染性支气管炎病鸡肾脏尿酸盐沉积呈"花斑肾"（李银　供图）

【不同点】肾型传染性支气管炎病鸡的内脏浆膜面很少出现尿酸盐沉着，主要表现为张口呼吸（见图8-48）、气管支气管有分泌物或堵塞（见图8-49）、输卵管发育不良（见图8-50）、腺胃肿胀、腺胃壁增厚（见图8-51）等。

图8-48　肾型传染性支气管炎病鸡张口呼吸（李银　供图）

图8-49　肾型传染性支气管炎病鸡气管与支气管内的分泌物及堵塞物（孙卫东　供图）

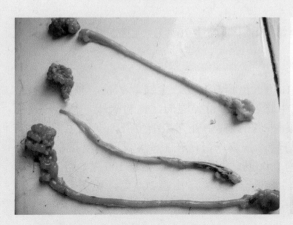

图8-50　肾型传染性支气管炎病鸡输卵管发育不良（李银　供图）

图8-51　肾型传染性支气管炎病鸡腺胃壁肿胀（李银　供图）

六、防治方法

【预防措施】

（1）添加酸制剂　因代谢性碱中毒是鸡痛风病重要的诱发因素，因此日粮中添加一些酸制剂可降低此病的发病率。在未成熟仔鸡日粮中添加高水平的蛋氨酸（0.3%～0.6%）对肾脏有保护作用。日粮中添加一定量的硫酸铵（5.3克/千克）和氯化铵（10克/千克）可降低尿的pH值，尿结石可溶解在尿酸中成为尿酸盐而排出体外，减少尿结石的发病率。

（2）日粮中钙、磷和粗蛋白的允许量应该满足需要量但不能超过需要量　建议另外添加少量钾盐，或更少的钠盐。钙应以粗粒而不是粉末的形式添加，因为粉末状钙易使鸡患高血钙症，而大粒钙能缓慢溶解而使血钙浓度保持稳定。

（3）其他　在传染性支气管炎的多发地区，建议4日龄对鸡进行传染性支气管炎弱毒疫苗首免，并稍迟给青年鸡饲喂高钙日粮。充分混合饲料，特别是钙和维生素D_3。保证饲料不被霉菌污染，存放在干燥的地方。对于笼养鸡，要经常检查饮水系统，确保鸡只能喝到水。使用水软化剂可降低水的硬度，从而降低禽痛风病的发病率

【治疗方法】

（1）西药疗法　目前尚没有特别有效的治疗方法。可试用阿托方（Atophanum，又名苯基喹啉羟酸）0.2～0.5克，每日2次，口服；但伴有肝、肾疾病时禁止使用。此药是为了增强尿酸的排泄及减少体内尿酸的蓄积和关节疼痛，但对病重病例或长期应用者有副作用。有的使用别嘌呤醇（Allopurinol，7-碳-8氯次黄嘌呤）10～30毫克，每日2次，口服。此药化学结构与次黄嘌呤相似，是黄嘌呤氧化酶的竞争抑制剂，可抑制黄嘌呤的氧化，减少尿酸的形成。用药期间可导致急性痛风发作，给予秋水仙碱50～100毫克，每日3次，能使症状缓解。

近年来，对患病家禽使用各种类型的肾肿解毒药，可促进尿酸盐的排泄，对家禽体内电解质平衡的恢复有一定的作用。投服大黄苏打片，每千克体重1.5片（含大黄0.15克、碳酸氢钠0.15克），重病鸡逐只直接投服，其余拌料，每天2次，连用3天。在投用大黄苏打片的同时，饲料内添加电解多维（如活力健）、维生素AD_3粉，并给予充足的饮水。或在饮水中加入乌洛托品或乙酰水杨酸进行治疗。

在上述治疗的同时，加强护理，减少喂料量（比平时减少20%），连续5天，并同时补充青绿饲料，多饮水，以促进尿酸盐的排出。

（2）中草药疗法

① 降石汤：取降香3份，石苇10份，滑石10份，鱼脑石10份，金钱草30份，海金砂10份，鸡内金10份，冬葵子10份，甘草梢30份，川牛膝10份。粉碎混匀，拌料喂服，每只每次服5克，每天2次，连用4天。说明：用本方内服时，在饲料中补充浓缩鱼肝油（维生素A、维生素D）和维生素B_{12}，病鸡可在10天后病情好转，蛋鸡产蛋量在3～4周后恢复正常。

② 八正散加减：取车前草100克，甘草梢100克，木通100克，扁蓄100克，灯芯草100克，海金沙150克，大黄150克，滑石200克，鸡内金150克，山楂200克，栀子100克。混合研细末，混饲料喂服，1千克以下体重的鸡，每只每天1～1.5克，1千克以上体重的鸡，每只每天1.5～2克，连用3～5天。

③ 排石汤：取车前子250克，海金沙250克，木通250克，通草30克。煎水饮服，连服5天。说明：该方为1000只0.75千克体重的鸡1次用量。

④ 取金钱草20克，苍术20克，地榆20克，秦皮20克，蒲公英10克，黄柏30克，茵陈20克，神曲20克，麦芽20克，槐花10克，瞿麦20克，木通20克，栀子4克，甘草4克，泽泻4克。共为细末，按每羽每日3克拌料喂服，连用3～5天。

⑤ 取车前草60克，滑石80克，黄芩80克，茯苓60克，小茴香30克，猪苓50克，枳实40克，甘草35克，海金沙40克。水煎取汁，以红糖为引，兑水饮服，药渣拌料，日服1剂，连用3天。说明：该方为200只鸡1次用量。

⑥ 取地榆30克，连翘30克，海金砂20克，泽泻50克，槐花20克，乌梅50克，诃子50克，苍术50克，金银花30克，猪苓50克，甘草20克。粉碎过40目筛，按2%拌料饲喂，连喂5天。食欲废绝的重病鸡可人工喂服。说明：该法适用于内脏型痛风，预防时方中应去地榆，按1%的比例添加。

⑦ 取滑石粉、黄芩各80克，茯苓、车前草各60克，猪苓50克，枳实、海金砂各40克，小茴香30克，甘草35克。每剂上下午各煎水1次，加30%红糖让鸡群自饮，第2天取药渣拌料，全天饲喂，连用2～3剂为一疗程。说明：该法适用于内脏型痛风。

⑧ 取车前草、金钱草、木通、栀子、白术各等份。按每只0.5克煎汤喂服，连喂4～5天。说明：该法治疗雏鸡痛风，可酌加金银花、连翘、大青叶等，效果更好。

⑨ 取木通、车前子、瞿麦、萹蓄、栀子、大黄各500克，滑石粉200克，甘草200克，金钱草、海金砂各400克。共研细末，混入250千克饲料中供1000只产蛋鸡或2000只育成鸡或10000只雏鸡2天内喂完。

⑩ 取黄芩150克，苍术、秦皮、金钱草、茵陈、瞿麦、木通各100克，泽泻、地榆、槐花、公英、神曲、麦芽各50克，栀子，甘草各20克煎水服用，渣拌料3～5天可供1000只大鸡服用。

第八节　脂肪肝综合征

一、概念

【定义】脂肪肝综合征（Fatty liver syndrome）是产蛋鸡的一种营养代谢病，临床上以过度肥胖和产蛋下降为特征。该病多出现在产蛋高的鸡群或鸡群的产蛋高峰期，病鸡体况良好，其肝脏、腹腔及皮下有大量的脂肪蓄积，常伴有肝脏小血管出血，故其又称为脂肪肝出血综合征（Fatty liver hemorrhagic syndrome，FLHS）。该病发病突然，病死率高，给蛋鸡养殖业造成了较大的经济损失。

【病因】

（1）遗传因素　为提高产蛋性能而进行的遗传选择是脂肪肝综合征的诱因之一，重型鸡及肥胖鸡多发，有的鸡群发病率较高，可高达31.4%～37.8%。

（2）营养因素　过量的能量摄入是造成鸡脂肪肝综合征的主要原因之一，笼养自由采食可诱发鸡脂肪肝综合征；高能量蛋白比的日粮可诱发此病，饲喂能蛋比为66.94的日粮，产蛋鸡脂肪肝综合征的发生率可达30%，而饲喂能蛋比为60.92的日粮，其鸡脂肪肝综合征发生率为0；饲喂以玉米为基础的日粮，产蛋鸡亚临床脂肪肝综合征的发病率高于以小麦、黑麦、燕麦或大麦为基础的日粮；低钙日粮可使肝脏的出血程度增加，体重和肝重增加，产蛋量减少；与能量、蛋白、脂肪水平相同的玉米鱼粉日粮相比，采食玉米-大豆日粮的产蛋鸡，其鸡脂肪肝综合征的发生率较高；抗脂肪肝物质的缺乏可导致肝脏脂肪变性，维生素C、维生素E、B族维生素、Zn、Se、Cu、Fe、Mn等影响自由基和抗氧化机制的平衡，上述维生素及微量元素的缺乏都可能和鸡脂肪肝综合征的发生有关。

（3）环境与管理因素　从冬季到夏季的环境温度波动，可能会引起能量采食的错误调节，进而也造成鸡脂肪肝综合征，而炎热季节发生鸡脂肪肝综合征可能和脂肪沉积量较高有关；笼养是鸡脂肪肝综合征的一个重要诱发因素，因为笼养限制了鸡的运动，活动量减少，过多的能量转化成脂肪；任何形式（营养、管理和疾病）的应激都可能是鸡脂肪肝综合征的诱因。

（4）有毒物质　黄曲霉毒素也是蛋鸡产生鸡脂肪肝综合征的基本因素之一，而菜籽饼中的硫葡萄苷是造成出血的主要原因。

（5）激素　肝脏脂肪变性的产蛋鸡，其血浆的雌二醇浓度较高，这说明激素-能量的相互关系可引起鸡脂肪肝综合征。

（6）其他　由于某些疾病导致的卵泡发育障碍或输卵管发育不良，引起采食饲料后因不产蛋而过肥。

二、临床症状

图8-52　鸡冠肉髯褪色乃至苍白
（孙卫东　供图）

当病鸡肥胖超过正常体重的25%，在下腹部可以摸到厚实的脂肪组织，其产蛋率波动较大，可从高产蛋率的75%～85%突然下降到35%～55%，甚至仅为10%。病鸡冠及肉髯色淡，或发绀，继而变黄、萎缩，精神委顿，多伏卧，很少运动。有些病鸡食欲下降，鸡冠变白，体温正常，粪便呈黄绿色，水样。当拥挤、驱赶、捕捉或抓提方法不当时，引起强烈挣扎，往往突然发病，病鸡表现为喜卧，腹大而软绵下垂，鸡冠肉髯褪色乃至苍白（见图8-52）。重症病鸡嗜睡、瘫痪，体温41.5～42.8℃，进而鸡冠、肉髯及脚变冷，可在数小时内死亡。

三、病理剖检变化

病/死鸡剖检见皮下、腹腔及肠系膜均有多量的脂肪沉积；肝脏肿大，边缘钝圆，呈黄色油腻状（见图8-53和图8-54）。有的病鸡由于肝破裂而发生腹腔积血（见图8-55和视频8-3），剖开腹腔见腹腔积血（见视频8-4），或肝脏被膜下有血凝块（见图8-56）或陈旧的出血灶（见图8-57），肝脏质脆、易碎如泥样（见图8-58），用刀切时，在切的表面上有脂肪滴附着。有的鸡心肌变性呈黄白色。有些鸡的肾略变黄，脾、心、肠道有程度不同的小出血点。当死亡鸡处于产蛋高峰状态，输卵管中常有正在发育的蛋。

视频8-3

（扫码观看：鸡脂肪肝综合征-肝脏破裂-腹腔积血）

视频8-4

（扫码观看：鸡脂肪肝综合征-剖开腹腔-见腹腔积血-血液不凝固）

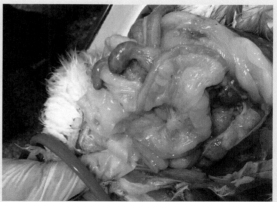

图8-53 病鸡腹腔有多量的脂肪沉积，肝脏呈土黄色（孙卫东 供图）

图8-54 病鸡肠系膜上有多量的脂肪沉积（孙卫东 供图）

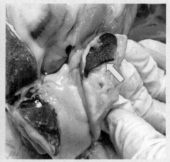

图8-55 病鸡因肝脏破裂腹腔积血（孙卫东 供图）

图8-56 病鸡肝脏破裂，肝被膜下有血凝块（孙卫东 供图）

图8-57 病鸡肝脏内的陈旧性出血凝血块（箭头所指）（孙卫东 供图）

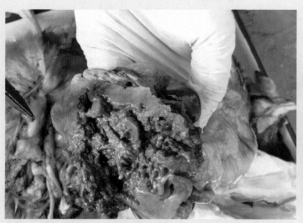

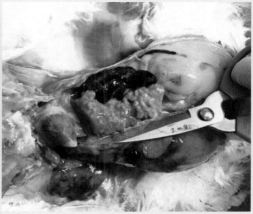

图8-58 病鸡肝脏质脆，切面易碎如泥样（孙卫东 供图）

四、诊断

根据症状、病理变化可做出初步诊断，确诊需要进行饲料的成分分析以及相关病原的分离和鉴定。

五、类似病症鉴别

（1）与住白细胞虫病的鉴别

【相似点】鸡冠及肉髯颜色变淡、苍白，腹腔积有血液等。

【不同点】住白细胞虫感染病鸡的肝脏很少出现破裂，主要表现为肾脏出血（见图8-59），血液积聚在腹腔中；胸肌、腿肌有点状出血点，而痛风无此病变（见图8-60）。

（2）与弧菌性肝炎的鉴别

【相似点】鸡冠及肉髯颜色变淡、苍白，腹腔积有血液等。

【不同点】弧菌性肝炎在肝脏上可表现出明显的星状坏死灶（见图8-61），而痛风无此病变。

图8-59　病鸡肾脏出血
（孙卫东　供图）

图8-60　病鸡胸部肌肉出血-腹腔积血
（孙卫东　供图）

图8-61　病鸡肝脏上有明显的星状坏死灶（孙卫东　供图）

（3）与鸡副伤寒的鉴别

【相似点】鸡冠及肉髯颜色变淡、苍白，腹腔积有血液等。

【不同点】鸡副伤寒时除肝脏破裂外，其肝脏呈"铜绿肝"（见图8-62），而痛风无此病变。

（4）与肉鸡脂肪肝肾出血综合征的鉴别

【相似点】肝脏破裂，出血。

【不同点】若肉鸡出现脂肪肝破裂时，应诊断为肉鸡脂肪肝肾出血综合征（见图8-63）。

 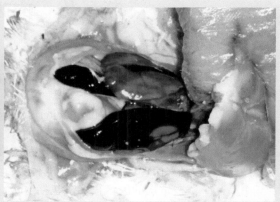

图8-62　病鸡除肝脏破裂外，呈"铜绿肝"（孙卫东　供图）　　　图8-63　肉鸡出现脂肪肝破裂，肝脏被膜下有血凝块（孙卫东　供图）

六、防治方法

【预防措施】

（1）坚持育成期的限制饲喂　育成期的限制饲喂至关重要，一方面，它可以保证蛋鸡体成熟与性成熟的协调一致，充分发挥鸡只的产蛋性能；另一方面，它可以防止鸡只过度采食，导致脂肪沉积过多，从而影响鸡只日后的产蛋性能。因此，对体重达到或超过同日龄同品种标准体重的育成鸡，采取限制饲喂是非常必要的。

（2）严格控制产蛋鸡的营养水平，供给营养全面的全价饲料　处于生产期的蛋鸡，代谢活动非常旺盛。在饲养过程中，既要保证充分的营养，满足蛋鸡生产和维持的各方面的需要，同时又要避免营养的不平衡（如高能低蛋白）和缺乏（如饲料中蛋氨酸、胆碱、维生素E等的不足），一定要做到营养合理与全面。

【治疗方法】

（1）平衡饲料营养　尤其注意饲料中能量是否过高，如果是，则可降低饲料中玉米的含量，改用麦麸代替。另有报道说，如果在饲料中增加一些富含亚油酸的植物油而减少碳水化合物的含量，则可降低脂肪肝出血性综合征的发病率。日本学者提出，饲料中代谢能与蛋白质的比值（ME/P）是由于温度和产蛋率的不同而不同的，温暖时代谢能与蛋白质减少10%，低温时应增加10%。

（2）补充"抗脂肪肝因子"　主要是针对病情轻和刚发病的鸡群。在每千克日粮中补加胆碱22～110毫克，治疗1周有一定帮助。澳大利亚研究者曾推荐补加维生素B$_{12}$、维生素E和胆碱。在美国曾有研究者报道，在每吨日粮中补加氯化胆碱1000克、维生素E 10000国际单位、维生素B$_{12}$ 12毫克和肌醇900克，连续饲喂；或每只鸡喂服氯化胆碱0.1～0.2克，连服10天。

（3）调整饲养管理　适当限制饲料的喂量，使体重适当，鸡群产蛋高峰前限量要小，高峰后限量可相应增大，小型鸡种可在120日龄后开始限喂，一般限喂8%～12%。

第九节　肉鸡腹水综合征

一、概念

【定义】肉鸡腹水综合征（Ascites syndrome in broilers）又称肉鸡肺动脉高压综合征（Pulmonary hypertension syndrome，PHS），是一种由多种致病因子共同作用引起的快速生长幼龄肉鸡以右心肥大、扩张以及腹腔内积聚浆液性淡黄色液体为特征，并伴有明显的心、肺、肝等内脏器官病理性损伤的一种非传染性疾病。

【病因】诱发本病的因素很多，包括遗传、饲养环境、营养等。

（1）遗传因素　肉鸡（特别是公鸡）生长快速，存在亚临床症状的肺心病，这可能是发生本病的生理学基础。

（2）饲养环境　寒冷、饲养环境恶劣，通风换气不良，造成长时间的供氧不足。

（3）营养　采用高能量、高蛋白饲料喂鸡，促使其生长，机体需氧量增加，也会发生供氧相对不足；饲料中含有的有毒物质如黄曲霉素或高水平的某些药物（如呋喃唑酮等），某些侵害肝脏、肺或气囊的疾病（如大肠杆菌感染、传染性支气管炎病毒感染等）也可引起肉鸡腹水综合征。

二、临床症状

患病肉鸡主要表现为精神不振，食欲减少，不愿站立，以腹部着地，喜躺卧，行动缓慢，似企鹅状运动（见图8-64）；腹部膨胀、皮肤呈粉红到紫红色（见图8-65），触之有波动

图8-64　病鸡精神不振，蹲伏、不愿走动（孙卫东　供图）

图8-65　病鸡腹部膨大，皮肤呈粉红到紫红色（孙卫东　供图）

感；体温正常，羽毛粗乱，两翼下垂，生长滞缓，反应迟钝，重症病呼吸困难，鸡冠和肉髯呈紫红色，抓鸡时可突然抽搐死亡。用注射器可从腹腔可抽出数量不等的淡黄色液体（见图8-66），病鸡腹水消失后，其生长速度缓慢（见图8-67）。

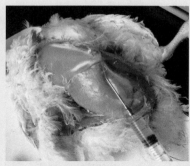 

图8-66　用注射器可从病鸡腹腔可抽出数量不等的淡黄色液体

图8-67　发生腹水后的肉鸡（右）与同日龄健康鸡（左）比较其生长速度降低

三、病理剖检变化

病/死肉鸡剪开皮肤后，见腹腔充满淡黄色的液体（见图8-68），胸肌淤血更为明显（见图8-69）。从病鸡的泄殖腔下方剪开腹部，见清亮、淡黄色液体不是积聚在腹腔中，而是积聚在肝脏包膜腔内（见图8-70），腹水中混有纤维素凝块（见图8-71），腹水量50～500毫升不等。肝脏充血、肿大（见图8-72），呈紫红或微紫红，有的病例见肝脏萎缩变硬，表面凹凸不平，肝脏表面有胶冻样渗出物（见图8-73）或纤维素性渗出物（图8-74）。心包膜增厚，心包积液，右心肥大（见图8-75），右心室扩张、柔软，心壁变薄（见图8-76），右心室内常充满血凝块（见图8-77）。肺呈弥漫性充血或水肿（见图8-78），副支气管充血。胃、肠显著淤血（见图8-79）。肾充血、肿大，有的有尿酸盐沉着。脾脏通常较小。

图8-68　病鸡剪开皮肤后可见腹腔充满淡黄色的液体（孙卫东　供图）

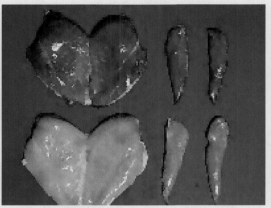

图8-69　病鸡的胸肌（上）与健康鸡的胸肌（下）比较淤血更为明显（孙卫东　供图）

图8-70 病鸡肝腹膜腔内积有大量淡黄色液体（孙卫东 供图）

图8-71 病鸡肝包膜腔内积液（腹水）呈淡黄色，内混有纤维素凝块（孙卫东 供图）

图8-72 病鸡肝脏肿大，边缘变钝（孙卫东 供图）

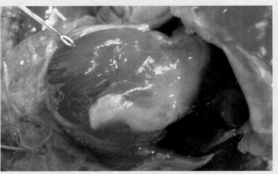

图8-73 病鸡肝脏表面的胶冻样渗出物（孙卫东 供图）

图8-74 病鸡肝脏表面的纤维素性渗出物（孙卫东 供图）

图8-75 病鸡右心肥大（左侧为正常对照）（孙卫东 供图）

图8-76 病鸡右心室扩张（左侧为正常对照）（孙卫东 供图）

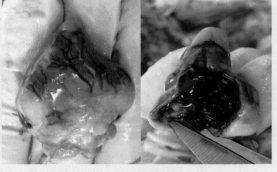

图8-77 病鸡右心室扩张（左），内充满血凝块（右）（孙卫东 供图）

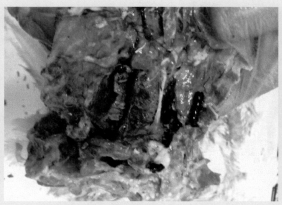

图8-78 病鸡肺脏呈弥漫性充血、水肿
（孙卫东 供图）

图8-79 病鸡的肠道淤血
（孙卫东 供图）

四、诊断

根据症状、病理变化可做出初步诊断，确诊需要进行相关病原的分离和鉴定。必要时可进行X光检查（见图8-80）。

五、类似病症鉴别

（1）与大肠杆菌病的鉴别

【相似点】病鸡腹腔内有积液，肝脏的表面有胶冻样渗出物（见图8-81）。

【不同点】鸡感染大肠杆菌后除上述病变外，往往还伴有其他脏器的炎性渗出（如心包、气囊等），且渗出液浑浊、不清亮。

（2）与输卵管积液的鉴别

【相似点】病鸡的腹腔积聚大量的液体。

图8-80 由X光片可见腹水病鸡的积液是在肝脏包膜腔，而不是腹腔（孙卫东 供图）

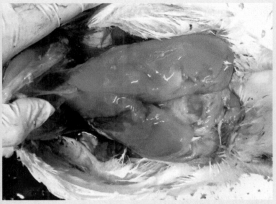

图8-81 大肠杆菌感染后引起的肝脏胶冻样渗出及心包浑浊（孙卫东 供图）

【不同点】仔细剖检时可发现其积液在输卵管内，积液透明、清亮（见图8-82）。

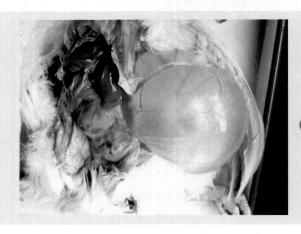

图8-82　大量透明、清亮的液体积聚在输卵管内
（孙卫东　供图）

六、防治方法

【预防措施】

早期限饲或控制光照，控制其早期的生长速度或适当降低饲料的能量；改善鸡群管理及环境条件，防止拥挤，改善通风换气条件，保证鸡舍内有较充足的空气流通，同时做好鸡舍内的防寒保暖工作；禁止饲喂发霉的饲料；日粮中补充维生素C，每千克饲料中添加0.5克的维生素C，对预防肉鸡腹水综合征能取得良好效果；选用抗肉鸡腹水综合征的品种；做好相关传染病的疫苗预防接种工作。

【治疗方法】

（1）西药疗法

① 腹腔抽液　在病鸡腹部消毒后用12号针头刺入病鸡腹腔抽出腹水，然后注入青、链霉素各2万单位（微克）或选择其他抗生素，经2～4次治疗后可使部分病鸡康复。

② 利尿剂　双氢克尿噻（速尿）0.015%拌料，或口服双氢克尿噻每只50毫克，每日2次，连服3日；或双氢氯噻嗪10毫克/千克拌料，防治肉鸡腹水综合征有一定效果。也可口服50%葡萄糖。

③ 碱化剂　碳酸氢钠（1%拌料）或大黄苏打片（20日龄雏鸡每天每只1片，其他日龄鸡酌情处理）。或碳酸氢钾1000毫克/千克饮水，可降低肉鸡腹水综合征的发生率。

④ 抗氧化剂　向瑞平等在日粮中添加500毫克/千克的维生素C成功降低了低温诱导的肉鸡腹水综合征的发病率，并发现维生素C具有抑制肺小动脉肌性化的作用。Iqbal等研究发现，在饲料中添加100毫克/千克的维生素E显著降低了RV/TV（右心与全心重量）值。也可选用硝酸盐、亚麻油、亚硒酸钠等进行防治。

⑤ 脲酶抑制剂　用脲酶抑制剂125毫克/千克或120毫克/千克除臭灵拌料，可降低肉鸡肉鸡腹水综合征的死亡率。

⑥ 支气管扩张剂　用支气管扩张剂Metapro-terenol（二羟苯基异丙氨基乙醇）给1～10日龄幼雏饮水投药（2毫克/千克），可降低肉鸡腹水综合征的发生率。

（2）中草药疗法　中兽医认为肉鸡腹水综合征是由于脾不运化水湿、肺失通调水道、肾不主水而引起脾、肺、肾受损，功能失调的结果，宜采用宣降肺气、健脾利湿、理气活血、保肝利胆、清热退黄的方药进行防治。

① 苍苓商陆散：苍术、茯苓、泽泻、茵陈、黄柏、商陆、厚朴各50克，栀子、丹参、牵牛子各40克，川芎30克，将其烘干、混匀、粉碎、过筛、包装。

② 复方中药哈特维（腥水消）：丹参（50%）、川芎（30%）、茯苓（20%），三药混合后加工成中粉（全部过四号筛）。

③ 运饮灵：猪苓、茯苓、苍术、党参、苦参、连翘、木通、防风及甘草等各50～100克，将其烘干、混匀、粉碎、过筛、包装。

④ 腹水净：猪苓100克，茯苓90克，苍术80克，党参80克，苦参80克，连翘70克，木通80克，防风60克，白术90克，陈皮80克，甘草60克，维生素C20克，维生素E20克。

⑤ 腹水康：茯苓85克，姜皮45克，泽泻20克，木香90克，白术25克，厚朴20克，大枣25克，山楂95克，甘草50克，维生素C45克。

⑥ 术苓渗湿汤：白术30克，茯苓30克，白芍30克，桑白皮30克，泽泻30克，大腹皮50克，厚朴30克，木瓜30克，陈皮50克，姜皮30克，木香30克，槟榔20克，绵茵陈30克，龙胆草40克，甘草50克，茴香30克，八角30克，红枣30克，红糖适量，共煎汤，过滤去渣备用。

⑦ 苓桂术甘汤：茯苓、桂枝、白术、炙甘草按4∶3∶2∶2组成，共煎汤，过滤去渣备用。

⑧ 十枣汤：芫花30克，甘遂、大戟（面裹煨）各30克，大枣50枚，煎煮大枣取汤，与他药共为细末，备用。

⑨ 冬瓜皮饮：冬瓜皮100克，大腹皮25克，车前子30克，水煎饮服。

⑩ 其他中草药方剂：复方利水散，腹水灵，防腹散，去腹水散，科宝，肝宝，地奥心血康，茵陈蒿散、八正散加减联合组方，真武汤等。

第九章　鸡中毒性疾病的类症鉴别

第一节　黄曲霉毒素中毒

一、概念

【定义】黄曲霉毒素中毒（Aflatoxicosis）是指鸡采食了被黄曲霉菌、毛霉菌、青霉菌侵染的饲料，尤其是由黄曲霉菌侵染后产生的黄曲霉毒素而引起的一种中毒病。黄曲霉毒素是黄曲霉菌的一种有毒的代谢产物，黄曲霉毒素中毒是危害很大的一种中毒病。对鸡和人类都有很强的毒性。临床上以急性或慢性肝中毒、全身性出血、腹水、消化机能障碍和神经症状为特征。

【病因】黄曲霉毒素。

二、临床症状

2～6周龄的雏鸡对黄曲霉毒素最敏感，很容易引起急性中毒。最急性中毒者，常没有明显症状而突然死亡。病程稍长的病鸡主要表现为精神不振，食欲减退，嗜睡，生长发育缓慢，消瘦，贫血，体弱（见图9-1），冠苍白，翅下垂，腹泻，粪便中混有血液，鸣叫，运动失调，甚至严重跛行，腿、脚部皮下可出现紫红色出血斑，死亡前常见有抽搐、角弓反张等神经症状，死亡率可达100%。青年鸡和成年鸡中毒后一般引起慢性中毒，表现为精神委顿、运动减少、食欲不佳、羽毛松乱、蛋鸡开产期推迟、产蛋量减少、蛋小、蛋的孵化率降低。中毒后期鸡有呼吸道症状，伸颈张口呼吸，少数病鸡有浆液性鼻液，最后卧地不起，昏睡，最终死亡。

图9-1　病鸡消瘦，贫血，体弱（孙卫东　供图）

三、病理剖检变化

急性中毒死亡的雏鸡可见肝脏肿大，色泽变淡，呈黄白色（见图9-2），表面有出血点或出血斑点（见图9-3），胆囊扩张，肾脏苍白稍肿大。胸部皮下和肌肉常见出血。成年鸡慢性中毒时，剖检可见肝脏变黄，逐渐硬化，体积缩小，常分布白色点状、结节状或网格状病灶（见图9-4），有的病鸡伴有心包积液（见图9-5），小腿皮下也常有出血点。有的鸡腺胃肿大。有的鸡胸腺萎缩（见图9-6）。中毒时间在1年以上的，可形成肝癌结节。

图9-2　病鸡肝脏肿大，色泽变淡，呈黄白色（孙卫东　供图）

图9-3　病鸡肝脏上的出血点（左）和出血斑（右）（孙卫东、李安平　供图）

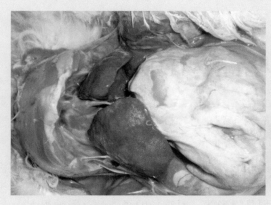

图9-4　病鸡的肝脏硬化、体积缩小（左），伴网格状病灶（右）（唐芬兰　供图）

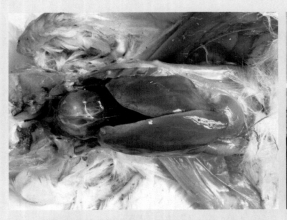

图9-5 病鸡肝脏硬化，伴有心包积液
（孙卫东 供图）

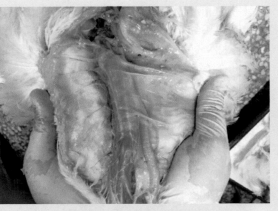

图9-6 幼龄病鸡胸腺萎缩
（孙卫东 供图）

四、诊断

根据临床症状、病理剖检变化，结合饲料中黄曲霉毒素的检验结果即可确诊。

五、防治方法

【预防措施】
根本措施是不喂霉变的饲料。平时要加强饲料的保管工作，注意干燥、通风，特别是温暖多雨的谷物收割季节更要注意防霉。饲料仓库若被黄曲霉菌污染，最好用福尔马林熏蒸或用过氧乙酸喷雾，才能杀灭霉菌孢子。凡被霉菌污染的用具、鸡舍、地面，用2%次氯酸钠消毒。

【治疗方法】
目前尚无有效的解毒药物，发病后立即停喂霉变饲料，更换新料，可投服盐类泻剂，排出肠道内毒素，并采取对症治疗，如饮服葡萄糖水、维生素C，饲料中增加矿物元素和复合维生素的用量等。

第二节 呕吐毒素中毒

一、概念

【定义】呕吐毒素中毒（Vomiting toxin poisoning）是由饲料、饲料原料中呕吐毒素超标而引起的一种霉菌毒素中毒病。该毒素会对鸡产生消化系统损伤、细胞毒性、免疫毒性、神经毒性以及"三致"等作用，其危害在很多鸡场是隐形的，对鸡场的经济效益影响很大。
【病因】呕吐毒素。

二、临床症状

　　病鸡鸡冠的基部和肉髯的上部（见图9-7），口角/口腔处损伤（见图9-8）、采食下降、采食量下降、生长缓慢（见图9-9）；喙、爪、皮下脂肪着色差，出现腿弱、跛行（见图9-10），死淘率明显增高；粪便多呈黑糊状，泄殖腔周围的羽毛沾有粪便（见图9-11）。有的病例可见粪便中未消化的饲料颗粒（过料）（见图9-12）；重症鸡粪便中会有大量脱落的肠黏膜。病程较长的鸡羽毛生长不良（见图9-13）。蛋鸡产蛋量迅速下降，产"雀斑"蛋（见图9-14）、薄壳蛋；种鸡受精率下降、孵出率下降、出壳键雏率下降。

图9-7　病鸡鸡冠的基部和肉髯的上部有结痂（刘大方　供图）

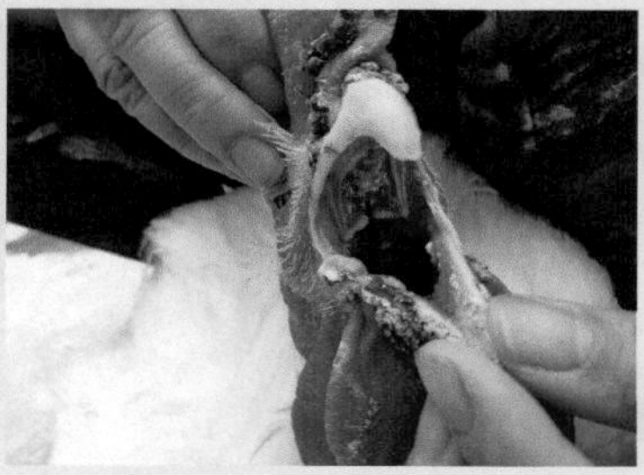

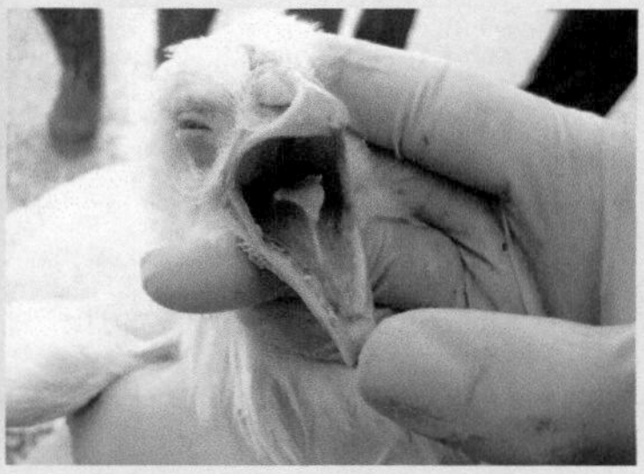

图9-8　病鸡口角损伤，有结痂（刘大方、李方正　供图）

图9-9　病鸡生长缓慢（右为健康对照）（王金勇　供图）

图9-10　病鸡出现腿弱、跛行（孙卫东　供图）

图9-11　病鸡泄殖腔周围的羽毛沾染粪便（王金勇　供图）

图9-12　病鸡排出的粪便中含有未消化的饲料（孙卫东　供图）

图9-13　病鸡的羽毛生长不良（左为健康对照）（王金勇　供图）

图9-14　病鸡产的"雀斑蛋"（孙卫东　供图）

三、病理剖检变化

病/死鸡剖检可见口腔黏膜溃烂，或形成黄色结痂（见图9-15）。腺胃严重肿大呈椭圆形或梭形、腺胃壁增厚、乳头出血、透明肿胀。肌胃内容物呈黑色（见图9-16），肌胃角质层明显溃烂，部分有明显溃疡灶（见图9-17）。肾脏肿大，有尿酸盐沉积。青年鸡胸腺萎缩或消失（见图9-18）。蛋鸡的卵巢和输卵管萎缩。

图9-15　病/死鸡口腔黏膜溃烂，形成黄色结痂（王金勇　供图）

图9-16　病鸡的肌胃内容物呈黑色（孙卫东　供图）

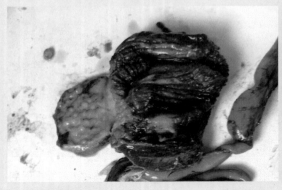

图9-17　病鸡的肌胃角质层糜烂、溃疡（孙卫东　供图）

图9-18　病鸡的胸腺退化、消失（孙卫东　供图）

四、诊断

根据临床症状、病理剖检变化，结合饲料中呕吐毒素的检验结果即可确诊。

五、防治方法

【预防措施】

霉菌毒素没有免疫原性，并不能通过低剂量霉菌毒素的长时间饲喂而使鸡产生抵抗力，反而会不断蓄积，最终暴发。更应注意的是，虽然鸡对该毒素相对不敏感，但霉菌毒素间具有毒性互作效应，会对鸡产生较大的损害。所以从原料生产、运输、存储、饲料生产、使用等每一个环节加以预防和控制。

【治疗方法】

当有鸡出现中毒时，应立即停喂含毒物的饲料，更换新配饲料。新配饲料可根据实际情况，作如下处理：

（1）使用霉菌毒素吸附剂或吸收剂，如活性炭、基于硅的聚合物（如蒙脱石）、基于碳的聚合物（如植物纤维、甘露寡糖）等。

（2）有效使用防霉剂，如丙酸/丙酸盐、山梨酸/山梨酸钠（钾）、苯甲酸/苯甲酸钠、富马酸/富马酸二甲酯等。

（3）有效使用抗氧化剂，如维生素E、维生素C、硒、类胡萝卜素、L-肉碱、褪黑激素，或合成的抗氧化剂等。

第三节　食盐中毒

一、概念

【定义】食盐是鸡体生命活动中不可缺少的成分，饲料中加入一定量食盐对增进食欲、增强消化机能、促进代谢、保持体液的正常酸碱度、增强体质等有十分重要的作用。若采食过量，可引起食盐中毒（Salt poisoning）。

【病因】①饲料配制工作中的计算失误，或混入时搅拌不匀；②治疗啄癖时使用食盐疗法方法不当；③利用含盐量高的鱼粉、农副产品或废弃物（剩菜剩饭）喂鸡时，未加限制，且未及时供给足量的清洁饮水。

视频9-1（1）

（扫码观看：鸡食盐中毒-鸡快速转圈）

二、临床症状

鸡轻微中毒时，表现为口渴，饮水量增加，食欲减少，精神不振，粪便稀薄或稀水样，死亡较少。严重中毒时，病鸡精神沉郁，食欲不振或废绝，病鸡有强烈口渴表现，拼命喝水，直到死前还喝；口鼻流出黏性分泌物；嗉囊胀大，下泻粪便稀水样，肌肉震颤，两腿无力，行走困难或步态不稳（见图9-19），甚至完全瘫痪；有的还出现神经症状，惊厥，转圈，头颈弯曲，胸腹朝天，仰卧挣扎，呼吸困难，衰竭死亡（见视频9-1）。产蛋鸡中毒时，还表现产蛋量下降和停止。

视频9-1（2）

（扫码观看：鸡食盐中毒-伸腿）

三、病理剖检变化

病/死鸡剖检时可见皮下组织水肿；口腔（见图9-20）、嗉囊中充满黏性液体，黏膜脱落；食道、腺胃黏膜充血，出血（见图9-21），黏膜脱落或形成假膜；小肠发生急性卡他性肠炎或出血性肠炎，黏膜红肿、出血；心包积水，血液黏稠，心肌出血（见图9-22）。腹水增多，肺水肿。脑膜血管扩张充血，小脑有明显的出血斑点（见图9-23）。肾和输尿管尿酸盐沉积（见图9-24）。

图9-19　病鸡两腿无力，行走步态不稳（孙卫东　供图）

图9-20　病鸡口腔中充满黏性液体（孙卫东　供图）

图9-21　病鸡食道出血（孙卫东　供图）

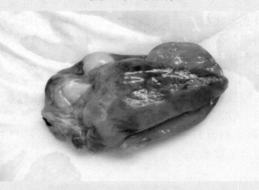

图9-22　病鸡心肌出血（孙卫东　供图）

图9-23　病鸡的小脑出血（孙卫东　供图）

图9-24　病鸡的肾脏和输尿管内有尿酸盐沉积（孙卫东　供图）

四、诊断

根据临床症状、病理剖检变化，结合饲料或饮水中食盐的使用量和饲料中的搅拌均匀程度即可确诊。

五、防治方法

【预防措施】按照饲料配合标准，加入0.3% ～ 0.5%的食盐，严格饲料的加工程序，搅拌均匀。

【治疗方法】当有鸡出现中毒时，应立即停喂含食盐的饲料和饮水，改换新配饲料，供给鸡群足量清洁的饮水，轻度或中度中毒鸡可以恢复。严重中毒鸡群，要实行间断供水，防止饮水过多，使颅内压进一步提高（水中毒）。

第四节　鸡生石灰中毒

一、概念

【定义】生石灰，又叫氧化钙，遇水变成氢氧化钙，氢氧化钙具有杀菌消毒的作用，是农村养鸡户常用的消毒剂，价格低廉，效果好，但使用不当也会引起生石灰中毒（Chicken born with lime）。石灰不但会破坏消化道的酸性环境，影响营养物质吸收，损伤消化道黏膜，引起发炎、水肿和胃糜烂、穿孔等。

【病因】多因在养鸡的地面上撒上一层生石灰粉，又在生石灰粉上面铺上一层砻糠/锯末。在垫料中能发现明显的石灰颗粒（见图9-25），或因垫料较薄鸡刨食，误食生石灰而引起。

图9-25　在垫料中能发现明显的石灰颗粒
（孙卫东　供图）

二、临床症状

鸡群部分鸡食欲下降，伏卧、伸头、闭眼、呆立、垂头，全身像发冷似的颤抖，围绕热源打堆（见图9-26）；有的病鸡甩头，口腔流出黏液性分泌物，嗉囊积食；有的病鸡运动失调，两脚无力，鸡冠先发凉后变成紫色；有的病鸡爱喝水，呼吸困难，排出黄色或酱色稀粪，有死亡。

图9-26　病鸡怕冷、围绕热源打堆（孙卫东供图）

三、病理剖检变化

病/死鸡剖检见嗉囊、肌胃内有垫料，混有白色乳状物/颗粒——生石灰（乳）（见图9-27）。肌胃、肠道黏膜炎性水肿，充血、出血，严重者出现糜烂（见图9-28）、溃疡甚至穿孔，肺不同程度水肿。

图9-27　肌胃内容物混有白色石灰颗粒和石灰乳（孙卫东　供图）

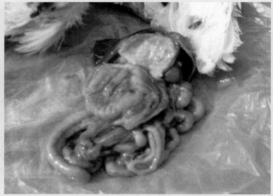

图9-28　肌胃糜烂和溃疡（孙卫东　供图）

四、诊断

根据临床症状、病理剖检变化，结合病鸡有接触生石灰的病史即可确诊。

五、防治方法

【预防措施】用生石灰消毒鸡舍及地面时，应使用20%的石灰乳，消毒后应及时清除剩余的生石灰和颗粒，避免其与鸡直接接触，防止鸡啄食后造成中毒。

【治疗方法】

（1）清除鸡舍内生石灰　将鸡舍内的垫料、生石灰粉全部清理干净，换上新鲜的垫料。

（2）中和碱性　发现中毒后，鸡群立即饮用0.5%的稀盐酸或5%食醋。

（3）对症治疗　灌服牛奶或蛋清以保护胃肠黏膜。同时在饲料中拌入1%的土霉素和多维素，连续4天。对于症状较重的鸡，每只鸡可用滴管口服食醋0.2～0.5毫升，并灌服0.5毫升1%的食盐水，1天2次；肌注维生素B₁、维生素C各5毫克，1天1次；至鸡恢复食欲。

第五节　一氧化碳中毒

一、概念

【定义】是煤炭在氧气不足的情况下燃烧所产生的无色、无味的一氧化碳气体或者排烟设施不完善导致一氧化碳倒灌，被鸡吸入后导致全身组织缺氧而引起一氧化碳中毒（Carbon monoxide poisoning）。临床上以全身组织缺氧为特征。

【病因】鸡舍中一氧化碳积聚、超标，雏鸡在含0.2%的一氧化碳环境中2～3小时即可中毒死亡。

二、临床症状

鸡舍内有燃煤取暖的情况或发生排烟倒灌现象（见图9-29和视频9-2），病鸡冠呈樱桃红色。雏鸡轻度中毒时，表现为精神不振、运动减少，采食量下降，羽毛松乱。严重中毒时，首先是烦躁不安，接着出现呼吸困难（见图9-30），运动失调，昏迷、嗜睡，头向后仰，死前出现肌肉痉挛和惊厥。

视频9-2

（扫码观看：一氧化碳中毒-鸡舍外的排烟管排烟伸出短导致烟倒灌）

图9-29　鸡舍的排烟管离鸡棚的屋檐太近引起排烟倒灌（孙卫东　供图）

图9-30　病鸡鸡冠呈樱桃红色，张口呼吸（孙卫东　供图）

图9-31　病鸡肺脏呈弥漫性充血、水肿
（孙卫东　供图）

三、病理剖检变化

　　轻度中毒的病/死鸡无肉眼可见的病理剖检变化。重症者可见血液呈鲜红色或樱桃红色，肺颜色鲜红（见图9-31），嗉囊、胃肠道内空虚，肠系膜血管呈树枝状充血，皮肤和肌肉充血和出血，心、肝、脾肿大，心肌坏死。

四、诊断

　　根据临床症状、病理剖检变化，结合鸡舍的排烟设施漏烟或有一氧化碳的倒灌情况即可确诊。

五、防治方法

　　【预防措施】育雏室采用烧煤保温时应经常检查取暖设施，防止烟囱堵塞、倒烟、漏烟；定期检查舍内通风换气设备，并注意鸡舍内的通风换气，保证其空气流通。麦收季节注意燃烧秸秆引起的烟层进入鸡舍。

　　【治疗方法】一旦发现中毒，应立即打开鸡舍门窗或通风设备进行通风换气，同时还要尽量保证鸡舍的温度。或立即将所有的鸡都转移到空气新鲜的环境中，病鸡吸入新鲜空气后，轻度中毒鸡可自行逐渐康复。对于重症者可皮下注射糖盐水及强心剂，有一定的疗效。当然也可用亚甲蓝（1～2毫克/千克）、输氧等方法治疗。

第六节　氨气中毒

一、概念

　　【定义】氨气是一种无色而具有强烈刺激性臭味的气体。鸡场内鸡氨气中毒（Ammonia poisoning）的现象时有发生，特别是在冬季及早春多发，现代密闭式鸡舍、集约化鸡场较开放式或散养的多发。中毒轻者可造成鸡生长发育缓慢，饲料转化率降低，产蛋率下降，鸡群抵抗力下降，容易诱发鸡新城疫、大肠杆菌病、慢性呼吸道病等疾病。严重者可引起鸡死亡，给养鸡生产造成较大的经济损失。

　　【病因】当鸡舍内温度较高，湿度较大时，如果不及时清除粪便和通风换气，蓄积的粪便和垫料可发酵产生大量氨气。此外，鸡发生球虫病和肠炎时，其肠腔内环境、微生物群落发生改变，消化机能紊乱，导致粪便中未消化蛋白质成分含量增加，结果在细菌的作用下产生较多的氨气。

二、临床症状

早期中毒鸡表现为精神沉郁，食欲减退，缩头下垂或埋于翅下，呆立，蜷缩身体，喜卧，羽毛粗乱，喘气，呼吸加快，闭目或羞明，流泪呈浆液性（见图9-32和视频9-3）。鼻孔流出鼻涕，不时摇头和甩头，用脚趾挠眼睛（见图9-33），并发出响亮的咳喘声。有的站立困难、步态蹒跚。中期，鸡口腔黏膜充血，流唾液和泡沫。眼结膜、角膜充血，部分眼睑水肿（见图9-34）或角膜混浊，有的病鸡角膜上有一层白色膜状的结缔组织覆盖（见图9-35），即发生眼炎至失明，皮肤及鸡冠变成暗紫色，然后病鸡呼吸减慢，有些拉出稀水样粪便，体温降低。严重者因呼吸困难而死亡。

视频9-3

（扫码观看：氨气中毒-鸡眼睛流泪）

图9-32　病鸡流泪（徐汝旭　供图）

图9-33　有的病鸡用脚趾挠眼睛（孙卫东　供图）

图9-34　病鸡眼睑肿胀，鼻孔周围有分泌物（孙卫东　供图）

图9-35　病鸡角膜上有一层白色膜状的结缔组织覆盖（阎光金　供图）

三、病理剖检变化

死鸡面部肿胀；鼻腔有灰色黏液流出，喉头潮红出血、水肿，气管环多见充血或出血，肺出血或瘀血，呈暗紫色；心脏肥大、心肌见有黑色坏死灶，心脏冠状脂肪点状出血；肝脏肿胀，质脆易碎；十二指肠、直肠黏膜呈弥漫性出血；尸僵不全，其他脏器未见明显病变。

四、诊断

根据临床症状、发病及死亡情况、剖检的病理变化可做出初步诊断。

五、防治方法

【预防措施】

（1）及时消粪、换垫料　为了防止氨气中毒，鸡舍内的粪便和垫料应及时消除。特别是肉鸡在平养时更应注意粪便、垫料的清除，并及时更换垫料。

（2）加强通风换气，保持鸡舍内空气新鲜　特别是冬季，在做好保温工作的同时，要重视鸡舍内的排污除湿。据试验，当人进入鸡舍，若闻到有氨味，但不刺鼻、眼时，其氨气浓度大致在10～20毫克/千克，即为人嗅觉的最低限度感觉，对鸡无损害；如果人进入鸡舍后，感觉刺鼻、流泪，鼻黏膜有酸辣感，数分钟后才能适应，说明氨浓度在25～35毫克/千克；如果人感觉到呼吸困难、胸闷、睁不开眼、流泪不止时，鸡舍浓度已达到40～60毫克/千克。后两者均超出了规定标准，应立即通风换气。

（3）过氧乙酸处理　为防止鸡发生氨气中毒，可用0.1%～0.2%的过氧乙酸喷雾，每周2次，每立方米鸡舍用30毫升，喷雾时雾滴越小越好，避免直接喷向鸡，鸡舍内各个空间角落都应均匀喷洒。

（4）在饲料中添加微生态制剂　添加微生态制剂可有效提高饲料转化率，减少粪便中含氮物质的总量，从而有效降低氨气产生的量。一般添加量为0.5%～1%。

（5）用磷肥处理粪便　在鸡舍内撒磷肥（过磷酸钙）以减少氨气的产生，一般每平方米面积撒磷肥0.5千克左右，每周1次。

（6）做好肠道疾病的防治工作　防止鸡发生球虫病、肠炎、白痢等导致消化机能紊乱的疾病。

（7）饲料中添加丝属植物　在多发季节，有条件的可在肉鸡和蛋鸡饲料中添加丝属植物丝兰竹，可达到抑制氨气释放的效果。

【治疗方法】

（1）开门窗或风机通风换气　发现鸡群有氨气中毒症状时，要马上打开门、窗、排气孔和排气扇等对鸡舍进行通风换气；清除鸡舍粪便和垫料，用草木灰铺撒地面，有条件的可以把鸡转移至环境较好的另一鸡舍；通风换气时为防止鸡舍温度下降幅度过大，建议对鸡舍采取升温措施，确保鸡群适宜的温度需要。墙壁及顶棚使用浓度为0.3%的过氧乙酸喷洒，每天消毒1次，连续2天后改为2天1次，以中和氨气。1周后使用其他可以带鸡消毒的药物进行正常消毒。

（2）对症治疗　对重症鸡，可灌服1%稀醋酸，每只5～10毫升，用1%硼酸水溶液洗眼，并供饮5%葡萄糖水，口服维生素C片0.05～0.1片/只。另外，增加饲料中多维素的添加量，在饮水中加硫酸卡那霉素，或在饲料中用110～330毫克/千克的北里霉素，以防继发其他呼吸系统疾病。

第七节　有机磷农药中毒

一、概念

【定义】有机磷农药因其在农作物病虫害上的广泛应用，故对放养/散养的鸡发生有机磷农药急性中毒的病例并不少见，而舍饲的鸡也可因饲料中带有有机磷农药而引起有机磷农药中毒（Organophosphorus pesticide poisoning）。

【病因】

（1）用刚喷过有机磷农药不久的菜叶、青草、谷物等喂鸡。

（2）在刚施用过有机磷农药或被有机磷农药污染的田地上放鸡。

（3）用有机磷农药驱虫、杀灭鸡体表的寄生虫或鸡舍内外的昆虫时，药物的剂量、浓度超过了安全限度，或鸡食入较多被有机磷毒死的昆虫。

（4）由于工作上的疏忽或其他原因使有机磷农药混入饲料或饮水中，引起鸡发生中毒等。

二、临床症状

最急性中毒时可不出现症状而突然死亡；急性中毒时表现为兴奋、鸣叫、盲目奔走，行走时摇摆不定，严重时倒地不起，抽搐、痉挛（见图9-36），流泪，瞳孔明显缩小（见图9-37），流鼻液，流涎（见图9-38），呼吸困难，频频排粪，冠、肉髯和皮肤蓝紫色，最后因衰竭而死亡。慢性中毒病例主要表现为食欲不振、消瘦，有头颈扭转、转圈运动等神经症状，最后也可因虚弱而致死。

图9-36　病鸡倒地不起，抽搐、痉挛
（孙卫东　供图）

图9-37　病鸡流泪，瞳孔缩小
（孙卫东　供图）

图9-38　病鸡流涎（孙卫东　供图）

三、病理剖检变化

病/死鸡剖检时可见胃肠黏膜充血、出血、肿胀并易于剥落；嗉囊、胃肠内容物有大蒜味，心肌出血，肺充血水肿，气管、支气管内充满泡沫状黏液，心肌、肝、肾、脾变性，如煮熟样。

四、诊断

根据临床症状、病理剖检变化，结合病鸡有接触有机磷农药的病史和血清中胆碱酯酶活性检验的结果即可确诊。

五、防治方法

【预防措施】养鸡场内所购进的有机磷农药应与常规药物分开存放并由专人负责保管，严防毒物误入饲料或饮水中；使用有机磷农药毒杀体表寄生虫或禽舍内外的昆虫时，药物的计量应准确；驱虫最好是逐只喂药，或经小群投药试验确认安全后再大群使用；不要在新近喷撒过有机磷农药的地区放牧；不要用喷撒过有机磷农药后不久的菜叶、青草、谷物喂鸡等。已经死亡的鸡严禁食用，要集中深埋或进行其他无害化处理。

【治疗方法】

（1）肌内注射解磷定　每只0.2～0.5毫升（每毫升含解磷定40毫克）。

（2）肌内注射硫酸阿托品　每只0.2～0.5毫升（每毫升含0.5毫克）。

（3）1%的硫酸铜或0.1%高锰酸钾水溶液　每只灌服2～10毫升，对经口食入有机磷农药的不少病例有效。

（4）1%～2%的石灰水上清液　每只灌服2～10毫升，对经口食入有机磷农药后不久的病例有效，但对敌百虫中毒的病鸡严禁灌服石灰水，因为敌百虫遇碱后变成毒性更强的敌敌畏。

此外，饲料中添加一些维生素C，用3%～5%的葡萄糖饮水。

第八节 新霉素中毒

一、概念

【定义】新霉素中毒（Neomycin poisoning）是由于饲料中添加新霉素过量或者鸡饮用过量正常浓度的新霉素液引起的。氨基糖苷类抗生素（庆大霉素、新霉素、妥布霉素等）因其抗菌谱广且价格便宜，对预防鸡大肠杆菌和沙门氏菌疾病具有良好效果而在鸡生产中得到广泛应用，但该类药物具有较强肾毒性，使用不当很容易导致药物中毒。

【病因】用量过大、时间过长或搅拌不均匀；鸡患有痛风、法氏囊病、肾型传支、维生素A缺乏症等肾脏有损伤的疾病时，使用药物易诱发中毒；药物配伍不当也可加重中毒。

二、临床症状

1日龄雏鸡使用新霉素做苗鸡净化时，使用3天后，苗鸡会出现喙发绀（见图9-39）、精神沉郁等。稍大一点的鸡中毒时可出现突发性昏厥，共济失调，抽搐（见图9-40），瘫痪，猝死。未死亡的康复鸡会出现肠道菌群紊乱，粪便不成形，消化不良（料便）（见图9-41），产蛋高峰期的鸡会出现产蛋下降。

图9-39 苗鸡会出现喙发绀（孙卫东 供图）

图9-40 病鸡共济失调（孙卫东 供图）

图9-41 病鸡出现料便（孙卫东 供图）

三、病理剖检变化

剖检病死鸡的共有病变是：肾脏肿大色泽苍白，质地脆弱，肾小管和输尿管内有大量尿酸盐沉积而呈"花斑肾"（见图9-42）；个别鸡肝脏稍肿大。净化苗鸡还可见到肝脏肿大发黑（见图9-43），肠道空虚（见图9-44），腺胃乳头有黏液和出血（见图9-45）等。

图9-42　病鸡肾小管和输尿管内有大量尿酸盐沉积而呈"花斑肾"

图9-43　病苗鸡肝脏肿大发黑（孙卫东　供图）

图9-44　病苗鸡肠道空虚（孙卫东　供图）

图9-45　病苗鸡腺胃乳头有黏液和出血（孙卫东　供图）

四、诊断

根据用药的病史，结合临床症状和病理剖检变化可做出初步诊断。

五、类似病症鉴别

该病临床上"花斑肾"病变要与肾型传染性支气管炎、传染性法氏囊病、内脏型痛风等相区别。具体叙述请参考"鸡痛风"相关内容的叙述。

六、防治方法

【预防措施】使用药物时应严格控制剂量，搅拌要均匀；注意药物之间的配伍反应；对高产蛋鸡应严格控制疗程，防止药物副作用造成的肠道菌群紊乱。

【治疗方法】目前对氨基糖苷类抗生素肾中毒病例，没有特效解毒药，只能采取综合措施加速药物排泄和修复受损肾组织。首先立即停止给药，供给充足的清洁饮水，并在饮水中加入5%的葡萄糖和维生素C，通过增强肝功能和修复肾上皮细胞而间接解毒。其次降低饲料中蛋白含量，这样可以减轻肾脏负担；提供电解质（如K^+、Na^+、Cl^-），以加速肾小管代谢而促进药物排泄；氯化铵可使尿液酸化而溶解尿酸盐以保护肾功能；乌洛托品在肉鸡肾脏中分解为甲醛而间接尿路消毒、消炎消肿；肾肿解毒类中药制剂主要参与尿酸盐排泄和修复肾组织上皮细胞。

第九节 磺胺类药物中毒

一、概念

【定义】磺胺药物具有广谱、疗效确切、性质稳定、使用简便、价格便宜、易于长期保存等优点，对鸡传染性鼻炎、白冠病、球虫病、巴氏杆菌病、大肠杆菌病等有独特疗效。多数养殖户应用时常因使用不当造成磺胺类药物中毒。

【病因】

（1）由于计算失误，称量错误等原因，导致饲料或饮水中含药量太高而引起中毒。

（2）用药时间超过7天致蓄积中毒。

（3）搅拌不均，使局部饲料中含药量过高。

（4）一些不溶于水的磺胺药通过饮水法投药，水槽底部沉积了大量药物，鸡饮用后可致中毒。

二、临床症状

急性病例：鸡冠、肉髯苍白，皮下广泛出血，有时眼睑和肉髯也有出血，时间较短者为红色斑点，时间较长者为紫癜；有些病鸡出现腹泻，多因出血过多而死亡，死前挣扎，鸣叫（见图9-46）。慢性病例：病鸡精神沉郁，采食下降，生长慢，羽毛蓬乱，冠、髯苍白；成鸡产蛋少，产薄壳、软壳蛋。

三、病理剖检变化

病/死鸡剖检典型病变是皮下、肌肉广泛出血，尤其是腿、胸肌更为明显，有出血斑点（见图9-47）；血液稀薄如水，血凝不良（见图9-48），骨髓颜色变淡或变黄；胃肠道黏膜有点状出血，肝脏、脾脏肿大、出血，胸、腹腔内有淡红色积液（见图9-49和视频9-4），肾脏肿大、苍白，呈花斑状，肾脏、输尿管有白色或砂粒样尿酸盐沉积（见图9-50）。

图9-46 病鸡死前挣扎，鸣叫
（孙卫东 供图）

视频9-4

（扫码观看：磺胺类药物中毒-鸡胸腔红色水样积液）

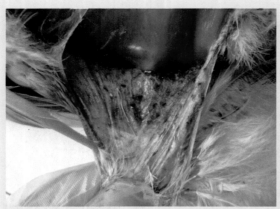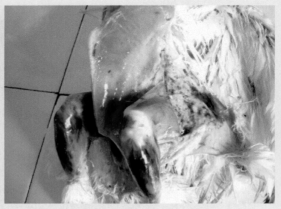

图9-47 病鸡皮下、肌肉广泛出血（孙卫东 供图）

图9-48　病鸡血液稀薄如水，血凝不良（孙卫东　供图）

图9-49　病鸡胸腔内有淡红色积液（孙卫东　供图）

图9-50　病鸡肾脏、输尿管有白色或砂粒样尿酸盐沉积（孙卫东　供图）

四、诊断

根据临床症状、病理剖检变化，结合有摄入磺胺类药物的病史即可确诊。

五、类似病症鉴别

其皮下、胸肌、腿肌的出血见鸡住白细胞虫的类症鉴别。

其肾脏、输尿管有白色尿酸盐沉积见鸡通风的类症鉴别。

六、防治方法

【预防措施】使用磺胺药物时，计算、称量要准确，搅拌要均匀，使用时间不易过长。使用磺胺药物时，应提高饲料中维生素K和B族维生素的含量，一般应按正常量的3～4倍添加。磺胺药与抗菌增效剂同用，可提高疗效，减少用量，防止中毒。鸡患有传染性囊病、痛风、肾型传染性支气管炎、维生素A缺乏等有肾脏损害的疾病时，不宜应用磺胺药物。在使用磺胺类药物最好配合碳酸氢钠使用。

【治疗方法】立即停用含磺胺药的饲料及饮水，其他抗菌药、抗球虫药也要停用。

（1）对症疗法　饮用0.1%碳酸氢钠溶液3～4小时后，改饮3%葡萄糖溶液，连续饮用。在饲料中添加0.5毫克/千克维生素K，正常用量2倍的维生素B、维生素C，连续使用几天，可减少出血，提高治愈率。

（2）中草药治疗　按每1000只鸡取200克金银花、200克板蓝根、200克陈皮、200克车前草、200克丹参、200克甘草，加水煎煮，添加适量饮水中自由饮服，连续使用3～4天。

第十节　盐霉素与泰妙菌素配伍中毒

盐霉素或甲基盐霉素等聚醚类抗球虫药物是鸡饲料中经常添加的抗球虫药物添加剂，泰妙菌素（枝原净）、泰乐菌素等是临床上治疗支原体病的有效药物，但两者在使用时需要避开同时使用，否则会引起药物之间的配伍中毒。详细内容见关于鸡球虫病药物毒性作用部分的描述。

第十一节　肉毒梭菌毒素中毒

一、概念

【定义】肉毒梭菌毒素中毒（Clostridium botulinum toxin poisoning）又称软颈病，是由于鸡采食了含有肉毒梭菌产生的外毒素而引起的一种急性中毒病。临床上以全身肌肉麻痹、头下垂、软颈、共济失调、皮肌松弛、被毛脱为特征。夏季多发，多见于散养山地鸡。

【病因】鸡采食了被肉毒梭菌毒素污染的食物或腐败的动物产品、蝇蛆等。

二、临床症状

本病潜伏期通常在几小时至 1～2 天，在临床上可分急性和慢性两种。急性中毒表现为全身痉挛、抽搐，很快死亡。慢性中毒表现为迟钝，嗜睡，衰弱，两腿麻痹，羽毛逆立，翅下垂，呼吸困难，头颈呈痉挛性抽搐或下垂，不能抬起（软颈病）（见图9-51），常于 1～3 天后死亡。轻微中毒者，仅见步态不稳，给予良好护理几天后则可恢复健康。

三、病理剖检变化

无明显的特征性病变，仅见整个肠道的出血、充血，以十二指肠最为严重。有时心肌及脑组织出现小点出血，泄殖腔中可见尿酸盐沉积。有时可见肌胃内尚有未消化的蛆虫（见图9-52）。

图9-51　病鸡软颈，不能抬起
　　　　（孙卫东　供图）

图9-52　病鸡肌胃内尚未消化的蛆虫
　　　　（孙卫东　供图）

四、诊断

根据饲养场周围的情况，结合临床症状和病理剖检变化可做出初步诊断。

五、防治方法

【预防措施】应注意环境卫生，严禁饲喂腐败的鱼粉、肉骨粉等饲料，在夏天应将散养场地上的死亡动物的尸体的及时清除。

【治疗方法】对病鸡可用肉毒梭菌C型抗毒素，每只鸡注射2～4毫升，常可奏效。此外，采取对症治疗，补充维生素E、硒、维生素A、维生素D$_3$等，也可用链霉素每升水1克混饮，可降低死亡率；亦可用胶管投服硫酸镁（2～3克，加水配成5%的溶液）或蓖麻油等轻泻剂，排除毒素，并喂糖水，也可降低死亡率；也可取仙人掌洗净切碎，并按100克仙人掌加入5克白糖，捣烂成泥，每只患禽每次灌服仙人掌泥3克（可根据体重大小增用量），每天2次，连服2天。

第十章　鸡其他疾病的类症鉴别

第一节　肉鸡猝死综合征

一、概念

肉鸡猝死综合征（Sudden death syndrome in broiler chickens）又称急性死亡综合征，常发生于生长迅速、体况良好的幼龄肉鸡群。临床上以体况良好的鸡突然发病、死亡为特征。本病在我国普遍存在，对肉鸡生产的危害也越来越严重。

二、临床症状

本病的发生无季节性，无明显的流行规律。公鸡发病比母鸡多见，鸡群中因该病而死亡的鸡中，公鸡占70%～80%；营养好、生长发育快的鸡较生长慢的鸡多发；本病多发生于1～5周龄的鸡；死亡率在0.5%～5%之间。鸡在发病前并无明显的征兆，采食、活动、饮水等一切正常。病鸡表现为正常采食时突然失去平衡，向前或向后跌倒，翅膀剧烈拍动，发出尖叫声，肌肉痉挛而死。死亡鸡多两脚朝天，腿和颈伸直，从发病到死亡的持续时间很短，为1～2分钟。

三、病理剖检变化

死亡鸡剖检可见生长发育良好，嗉囊及肠道内充满刚采食的饲料，胸肌发达（见图10-1）；肝脏稍肿大，胆囊小或空虚（见图10-2），剪开胆囊见有少量淡红色液体（见图10-3）；肺淤血、水肿，右心房淤血，心室紧缩（见图10-4）。

四、诊断

根据临床症状，结合病理剖检变化可做出初步诊断。

图10-1 病鸡发育良好，胸肌发达（孙卫东 供图）

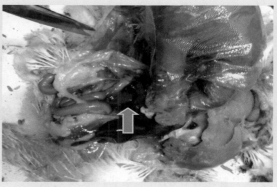

图10-2 病鸡的胆囊小或空虚（箭头所示）（孙卫东 供图）

图10-3 剪开病鸡的胆囊，有少量淡红色液体（孙卫东 供图）

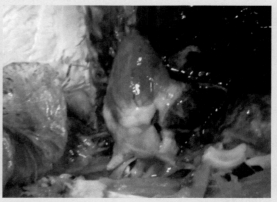

图10-4 病鸡左心室紧缩，右心房淤血（孙卫东 供图）

五、防治方法

【预防措施】

（1）改善环境因素 鸡舍应防止噪声及突然惊吓，减少各种应激因素。合理安排光照时间，在肉鸡3～21日龄时，光照时间不宜太长，一般为10小时。3周龄后可逐渐增加光照时间，但每日应有两个光照期和两个黑暗期。

（2）适量限制饲喂 对3～30日龄的雏鸡进行限制性饲喂，控制肉鸡的早期生长速度，可明显降低本病的发生率，在后期增加饲喂量并提高营养水平，肉鸡仍能在正常时间上市。

（3）药物预防 在本病的易发日龄段，每吨饲料中添加1千克氯化胆碱、1万国际单位的维生素E、12毫克维生素B_1和3.6千克的碳酸氢钾及适量维生素AD_3，可使猝死综合征的发生率降低。

【治疗方法】由于发病突然，死亡快，目前尚无有效的治疗办法。

第二节 肉鸡肠毒综合征

一、概念

【定义】肉鸡肠毒综合征（Broiler intestinal poisoning syndrome）是近年来商品肉鸡饲养过程中普遍存在的一种疾病，表现为腹泻、粪便中含有未消化的饲料、采食量明显下降、生长缓慢，中后期排出"饲料便"或"番茄"样粪便，并伴有尖叫、肢体瘫软，死淘率高。该病最早可发生于18～21日龄，以25～40日龄的肉鸡多发。一般地面平养，密度大的鸡群早发、多发，网上饲养的鸡相对晚发。本病一年四季均可发生，但在夏秋季节多发，呈地方流行性。

【病因】

（1）A型和C型魏氏梭菌产生的β毒素以及A型毒株产生的α毒素与肠道内的消化酶（卵磷脂酶、胶原酶、透明质酸酶、DNA酶）混合协同作用，损伤肠道黏膜，引起坏死性肠炎，同时病菌产生的毒素和组织坏死的毒性产物被吸入血液，引起毒血症。

（2）有鹌鹑梭菌引起溃疡性肠炎。

（3）小肠球虫（尤其是巨型、堆型和毒害艾美尔球虫）感染是导致本病的原发性病因，由于小肠球虫在肠黏膜上大量生长繁殖，导致肠黏膜损伤、脱落、出血等病变，几乎使饲料不能消化吸收，同时对水分的吸收也明显减少，这是引起肉鸡粪便稀、粪中带有未消化饲料的原因之一。

（4）麦类用量过大或酶制剂活性不够或失活。

（5）饲料中油脂含杂质多或油品质量差、酸败。

（6）过量或长期使用抗生素，使肠道内的菌群发生改变，造成有益菌减少、有害菌（大肠杆菌、产气荚膜魏氏梭菌等）大量繁殖。

（7）饲料改变（如尤其是雏鸡料换中期料或变更配方）可改变肠道的内环境和pH值，一旦肠道pH值升高，可使魏氏梭菌大量繁殖。

（8）饲料霉变或杂粮含量较高。

（9）应激过大，应激反应会降低鸡肠道的抗感染性。

二、临床症状

病初鸡群无明显的症状，仅个别鸡表现为粪便变稀，粪便中含水率增高或鸡粪变粗，粪便中含有未消化的饲料。随着时间延长，鸡粪颜色变淡，变黄（浅黄色），甚至乳白色，此时鸡粪中可见大量未消化的饲料（见图10-5）。病程再继续发展，可见大量的鸡采食量停滞不前或下降5%～10%，腹泻，粪便呈现黄/白色（见图10-6）、橘红色（见图10-7）或胡萝卜样、鱼肠样（图10-8）、血样、番茄样（见图10-9）、水样。此时，有的病鸡出现尖叫、奔跑、头颈震颤、腿瘫等神经症状。这种情况在整个养殖过程中会反复出现。

图10-5 病鸡粪便中见未消化的饲料（孙卫东 供图）

图10-6 病鸡排出的黄白色粪便（孙卫东 供图）

图10-7 病鸡排出的橘红色粪便（孙卫东 供图）

图10-8 病鸡排出的鱼肠样粪便（孙卫东 供图）

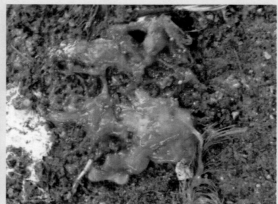

图10-9 病鸡排出的番茄样粪便（孙卫东 供图）

三、病理剖检变化

病初见肠管积气，表面有针尖状出血点或表面呈灰白色（见图10-10），肠内有豆腐渣样物质附着，极易剥离（见图10-11）。在发病中期可见空肠和回肠内容物稀少，有时只见黄/绿色黏稠状物或少量泡沫（见图10-12）。后期整个肠管肿胀，充满气体，肠内充满灰色内容

图10-10 病鸡肠管积气，表面有针尖状出血点（左）或表面呈灰白色（右）（孙卫东 供图）

图10-11 病鸡肠内有豆腐渣样物质附着，易剥离（孙卫东 供图）

物呈胶冻样、脓状脱落的肠黏膜（见图10-13），刮除内容物后肠壁变薄（见图10-14）。偶见肾肿大，肾小管和输尿管有大量尿酸盐沉积。有些病鸡康复后生长缓慢，小肠粗细不均（见图10-15）。

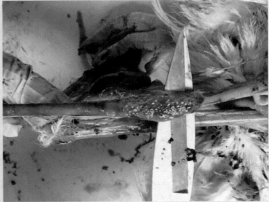

图10-12　病鸡肠道内有黄色黏稠状物（左）或泡沫（右）（孙卫东　供图）

图10-13　病鸡肠内充满胶冻状（左）、脓状（右）脱落的肠黏膜（孙卫东　供图）

图10-14　刮除病鸡肠内容物后见肠壁变薄，淋巴滤泡肿胀（孙卫东　供图）

图10-15 康复鸡小肠粗细不均（孙卫东 供图）

四、诊断

根据临床症状，结合病理剖检变化可做出初步诊断。具体病原的确诊需要实验室病原的分离、鉴定以及饲料中的毒物分析等。

五、防治方法

【预防措施】加强饲养管理，做好通风、换气、保暖，减少应激，合理配合日粮（饲料配方中小麦的用量应控制在30%以下，同时使用稳定性好、酶活高的小麦专用酶制剂），炎热季节做到现配现用，供给充足的清洁饮水，建立定期消毒制度。结合当地疫情定期进行疫病监测，做好球虫病、产气荚膜梭菌病等的预防工作，合理使用抗生素，消除发病诱因。添加活菌制剂，调整菌群和降低肠道pH值，保持致病菌低水平处于肠道后段，而不致病。加强饲养管理，做好雏鸡料和中期料的混合过渡饲喂工作，实际临床上也可采用适当延长雏鸡料的使用时间缩短中期料的使用时间。做好油脂质量的品控，尤其是要杜绝使用油品质量差（如地沟油）、酸价特别高的油脂。

【治疗方法】在饮水中加入对革兰氏阳性菌敏感的药物（青霉素族、林可霉素、克林霉素等）、抗球虫药，同时补充电解质、维生素（特别是维生素A、维生素C、维生素K_3、烟酸等）。

第三节 肉鸡胫骨软骨发育不良

一、概念

【定义】肉鸡胫骨软骨发育不良（Tibial dyschondroplasia in chickens）是以胫骨近端生长板的软骨细胞不能肥大发育成熟，出现无血管软骨团块，集聚在生长板下，深入干骺端甚至骨髓腔为特征的一种营养代谢性骨骼疾病。此病已在世界范围内发生，可引起屠宰率降低和屠宰酮体品质的下降而造成较为严重的经济损失。

【病因】

（1）营养因素

① 饲料中钙磷水平是影响胫骨软骨发育不良发生的主要营养因素。随着鸡日粮中钙与可利用磷的比例增加，该病的发生率也会降低。高磷破坏了机体酸碱平衡，进而影响钙的代谢，使肾脏25-(OH)D$_3$转化为1,25-(OH)$_2$D$_3$所需的α-羟化酶的活性受到干扰。

② 日粮中氯离子的水平对胫骨软骨发育不良的发生影响显著。日粮中氯离子水平越高，该病的发病率和严重程度越高，而镁离子的增加会使胫骨软骨发育不良发病率下降。

③ 铜是构成赖氨酸氧化酶的辅助因子，而这种酶对合成软骨起很重要的作用；锌缺乏会引起骨端生长盘软骨细胞的紊乱，导致骨胶原的合成和更新过程被破坏，从而可能使该病的发病率增高。

④ 含硫氨基酸、胆碱、生物素、维生素D$_3$等缺乏时会影响胫骨软骨的形成。

（2）镰刀菌毒素也可诱发本病。

（3）遗传选育与日常饲养管理使鸡生长速度加快也增加了本病的发病率。

二、临床症状

肉鸡的发病高峰在2～8周龄之间，其发病率在正常饲养条件下可达30%，在某种特定条件下（如酸化饲料）高达100%。多数病例呈慢性经过，初期症状不明显，随着时间的延长患禽表现为运动不便，采食受限，生长发育缓慢，增重明显下降，进而不愿走动，步履蹒跚，步态如踩高跷，双侧性股-胫关节肿大，并多伴有胫跗骨皮质前端肥大。由于发育不良的软骨块的不断增生和形成，病鸡双腿弯曲，胫骨骨密度和强度显著下降，胫骨发生骨折，从而导致严重的跛行。跛行的比例可高达40%。

三、病理剖检变化

患病鸡胫骨骺端软骨繁殖区内不成熟的软骨细胞极度增长，形成无血管软骨团块，集聚在生长板下，深入干骺端甚至骨髓腔（图10-16）。不成熟软骨细胞的软骨细胞大，而软骨囊小，排列较紧密；繁殖区内血管稀少，缺乏血管周细胞、破骨细胞和成骨细胞，有的血管被增生的软骨细胞挤压而萎缩、变性甚至坏死；有时软骨钙化区骨针排列紊乱、扭曲，不成熟的软骨细胞呈杆状伸向钙化区（图10-17）。

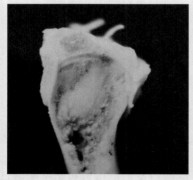

图10-16 软骨繁殖区内形成软骨团块（福尔马林固定标本）（孙卫东 供图）

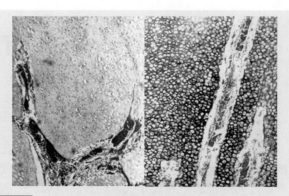

图10-17 组织病理学表明病鸡不成熟的软骨细胞呈杆状伸向钙化区（左侧），右侧为正常对照（孙卫东 供图）

四、诊断

根据临床症状，结合病理剖检变化可做出初步诊断。

五、防治方法

【预防措施】建立适宜胫骨生长发育的营养和管理计划。根据当地的具体情况，制定和实施早期限饲、控制光照等措施，控制肉鸡的早期生长速度，以有效降低肉鸡胫骨软骨发育不良发生，且不影响肉鸡的上市体重。采用营养充足的饲料，保证日粮组分中动物蛋白、复方矿物质及复方维生素等配料的质量，减少肉鸡与霉菌毒素接触的机会。加强饲养管理，减少应激因素。通过遗传选育培育出抗胫骨软骨发育不良的新品种。

【治疗方法】维生素D_3及其代谢物在软骨细胞分化成熟中具有重要的作用。维生素D_3及其衍生物1，25$(OH)_2D_3$、1-$(OH)D_3$、25-$(OH)D_3$、1，24，25-$(OH)_3D_3$、1，25-$(OH)_2$-24-F-D_3等，单独或配合使用，可口服、皮下注射、肌内注射、静脉注射和腹腔内注射，可预防和治疗肉鸡胫骨软骨发育不良。

第四节　笼养蛋鸡产蛋疲劳综合征

一、概念

【定义】笼养蛋鸡产蛋疲劳综合征（Cage laying fatigue syndrome）又称骨质疏松症、骨软化症，是笼养鸡由于代谢障碍而发生的以腿软弱、麻痹、易骨折为特征的一种营养代谢性疾病。主要发生于笼养高产母鸡或产蛋高峰期。本病在世界各地均有发现，给蛋鸡生产造成了一定的损失。

【病因】

（1）饲料中钙缺乏　饲料中钙的添加太晚，已经开产的鸡体内钙不能满足产蛋的需要，导致机体缺钙而发病。

（2）过早使用蛋鸡料　由于过高的钙影响甲状旁腺的机能，使其不能正常调节钙、磷代谢，导致鸡在开产后对钙的利用率降低。

（3）钙、磷比例不当　钙、磷比例失当时，影响钙吸收与在骨骼的沉积。

（4）维生素D缺乏　产蛋鸡缺乏维生素D时，肠道对钙、磷的吸收减少，血液中钙、磷浓度下降，钙、磷不能在骨骼中沉积。

（5）缺乏运动　如育雏、育成期笼养或上笼早，笼内密度大。

（6）光照不足　由于缺乏光照，使鸡体内的维生素D含量减少。

（7）应激反应　高温、严寒、疾病、噪声、不合理的用药、光照和饲料突然改变等应激均可成为本病的诱因。

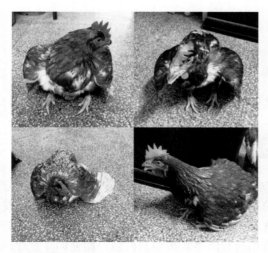

图10-18　病鸡出现站立困难，常蹲伏以翅或
尾部支撑身体（孙卫东　供图）

二、临床症状

发病初期产软壳蛋、薄壳蛋，鸡蛋的破损率增加，产蛋数量下降，种蛋的孵化率降低，但食欲、精神、羽毛均无明显变化。随后病鸡出现站立困难，腿软无力，常蹲伏不起，负重时以翅或尾部支撑身体（图10-18），严重时发生骨折，在骨折处附近出现出血和淤青（图10-19），或瘫痪于笼中。最后消瘦、衰竭死亡。未发生骨折的病鸡若及时移至地面饲养，多数病鸡会自然康复。

图10-19　病鸡在骨折处附近出现出血和淤青（孙卫东　供图）

三、病理剖检变化

血液凝固不良，翅骨、腿骨易骨折，骨断面处有出血或淤青（图10-20），喙、爪、龙骨变软易变曲，胸骨凹陷（图10-21），肋骨和胸骨接合处形成串珠状，胫骨、膝盖骨（图10-22）、股骨（图10-23）、胸骨末端（图10-24）等易发生骨折。有的病鸡可出现肌肉、肌腱的出血（图10-25）。甲状旁腺肥大，比正常肿大约数倍。内脏器官无明显异常（图10-26）。

四、诊断

该病根据临床症状、病理剖检变化可做出初步诊断。实验室检查相关指标（血钙水平往往降至9毫克/100毫升以下，血清中碱性磷酸酶活性升高）有助于该病的确诊。

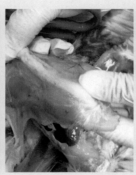

图10-20　病鸡在骨折处出现淤青（左）和出血（右）（孙卫东　供图）

图10-21　病鸡龙骨变形（左），胸骨末端凹陷（孙卫东　供图）

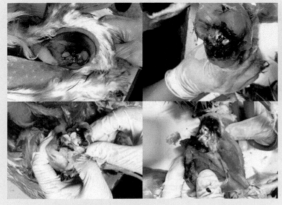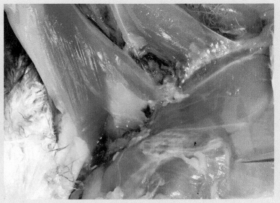

图10-22　病鸡胫骨、膝盖骨骨折、出血（孙卫东　供图）

图10-23　病鸡股骨骨折、出血（孙卫东　供图）

图10-24　病鸡胸骨（龙骨）末端骨折、出血（孙卫东　供图）

图10-25　病鸡的肌肉、肌腱出血（孙卫东　供图）

图10-26　病鸡其他脏器无明显的眼观病变（孙卫东　供图）

五、防治方法

【预防措施】

（1）改善饲养环境　蛋鸡在上笼前实行平养，加强光照，保证全价营养和科学管理，使育成鸡性成熟时达到最佳的体重和体况。蛋鸡上笼日龄不要过早，要大于75日龄，鸡笼的尺寸应根据鸡的品种而定。

（2）改善饲养配方　补钙和调整钙、磷比例，在蛋鸡开产前2～4周饲喂含钙2%～3%的专用预开产饲料，当产蛋率达到1%时，及时换用产蛋鸡饲料，笼养高产蛋鸡饲料中钙的含量不要低于3.5%，并保证适宜的钙、磷比例，保证充足的矿物质、维生素（尤其是维生素D）。给蛋鸡提供粗颗粒石粉或贝壳粉。

（3）做好血钙监测。

【治疗方法】对于发病鸡，可增加饲料中的钙、磷含量，同时在饲料中添加维生素2000单位/千克维生素D_3或维生素AD_3，经2～3周，鸡群的血钙就可上升到正常水平，发病率就会明显减少。此外，将发病鸡转至宽松笼内或地面饲养，一般过几天后腿麻痹症状可以消失。

第五节　鸡输卵管积液

一、概念

【定义】鸡输卵管积液（Chicken oviduct effusion）多发生于蛋鸡或蛋种鸡。临床上以产蛋减少或停产、腹部膨大为特征。

【病因】本病的病因尚不十分明确，大概有以下几种说法：大肠杆菌病，沙眼衣原体感染，传染性支气管炎病毒、禽流感病毒、EDS76病毒感染后的后遗症，激素分泌紊乱等。

二、临床症状

患鸡初期精神状态很好，羽毛有光泽，鸡冠红润，但采食减少。随着病情的发展，腹部膨大下垂，触之有波动感，鸡冠发绀（见视频10-1）。头颈高举，行走时呈企鹅状姿势（见图10-27）。

视频10-1

（扫码观看：鸡输卵管积液-鸡冠发绀-
触之有波动感）

图10-27　病鸡腹部膨大下垂，头颈高举，行走时呈企鹅状姿势（左为健康对照）（孙卫东　供图）

三、病理剖检变化

小心剥离腹部皮肤，打开腹腔，即可发现充满清亮、透明液体的囊包（见图10-28），有的病鸡囊泡液中有干酪样渗出物（见视频10-2）。每只病鸡有一个（见图10-29）或数个囊包，且互不相通。囊壁很薄，稍触即破，壁上布满清晰可见的血管网。顺着囊包小心寻找附着点，发现囊包均附着在已发生变形变性的输卵管上。囊包液一般在500毫升以上。卵巢清晰可见，有的根本未发育，有的已有成熟卵泡，有的已开始产蛋。整个消化道空虚。肝脏被囊肿挤压向前，萎缩变小。肾脏多有散在的出血斑，但不肿大。

视频10-2

（扫码观看：鸡输卵管积液-剖检见输卵管有大量积液等）

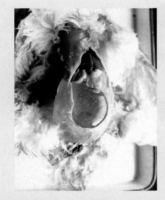

图10-28　腹腔内有充满清亮、透明液体的囊包（孙卫东　供图）

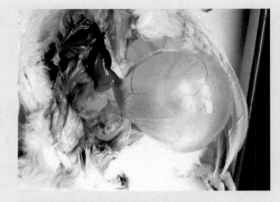

图10-29　输卵管内充满液体，形成大囊包（孙卫东　供图）

四、诊断

根据临床症状，结合病理剖检变化可做出初步诊断。

五、类似病症鉴别

任何雌性动物均有两个卵巢和两条输卵管，但是鸡却只有左侧的卵巢和左侧的输卵管具有功能，右侧的卵巢和输卵管在胚胎期退化，但是有些鸡其右侧输卵管（苗勒氏管）退化不全（见图10-30），形成2～10厘米长、粗细不等的囊状物，一般情况下对鸡没有影响，但过大的囊肿会压迫腹腔器官，其外观症状很像腹水综合征和输卵管囊肿。有的病鸡未退化的右侧输卵管在形成囊肿的同时，其囊内还有炎性渗出物（见图10-31）。本病与输卵管囊肿的区别是该囊肿与泄殖腔基部连接，向前延伸端为盲端，内含清亮的液体。

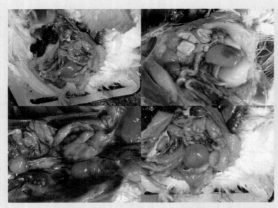

图10-30　鸡右侧输卵管囊肿，形成积液
囊泡（孙卫东　供图）

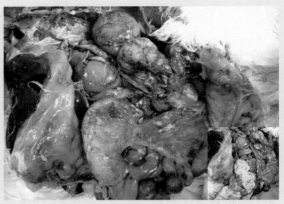

图10-31　鸡右侧输卵管囊肿，内有干酪样
渗出物（孙卫东　供图）

六、防治方法

由于病因不明，目前尚无有效的防治方法。如发现病鸡则建议淘汰。

第六节　异食（嗜）癖

一、概念

【定义】异食（嗜）癖（Allotriphagia）是由于营养代谢机能紊乱、味觉异常和饲养管理不当等引起的一种非常复杂的多种疾病的综合征，常见的有啄羽、啄肛、啄蛋、啄趾、啄头等。本病在鸡场时有发生，往往难以制止，造成创伤，影响生长发育，甚至引起死亡，其危害性较大，应加以重视。家禽有异食癖的不一定都是营养物质缺乏与代谢紊乱，有的属恶癖。

【病因】此综合征发生的原因多种多样，尚未完全弄清楚，并因畜禽的种类和地区而异，不同的品种和年龄则表现亦不相同。一般认为有以下几种：

（1）日粮中某些蛋白质和氨基酸的缺乏　常常是鸡啄肛癖发生的根源，鸡啄羽癖可能与含硫氨基酸缺乏有关。

（2）矿物元素缺乏　钠、铜、钴、锰、钙、铁、硫和锌等矿物质不足，都可能成为异食癖的病因，尤其是钠盐不足使鸡喜啄食带咸性的血迹等。

（3）维生素缺乏　维生素A、维生素B_2、维生素D、维生素E和泛酸缺乏，导致体内许多与代谢关系密切的酶和辅酶的组成成分的缺乏，可导致体内的代谢机能紊乱而发生异食癖。

（4）饲养管理不当　射入育雏室的光线不适宜，导致部分雏鸡误啄足趾上血管，迅速引起恶癖；或产蛋窝位置不适当，光线照射过于光亮，下蛋时泄殖腔突出，好奇的鸡啄食之；鸡舍潮湿、蚊子多等因素，都可致病。此外，鸡群中有疥螨病、羽虱外寄生虫病，以及皮肤外伤感染等也可能成为诱因。

二、临床症状

鸡异食（嗜）癖临诊上常见的有以下几种类型。

（1）啄羽癖　鸡在开始生长新羽毛或换小毛时易发生，产蛋鸡在盛产期和换羽期也可发生。先由个别鸡自食或相互啄食羽毛、被啄处出血（见图10-32和视频10-3）。然后，很快传播开，影响鸡群的生长发育或产蛋。

（2）啄肛癖　多发生在雏鸡和初产母鸡或蛋鸡的产蛋后期。雏鸡白痢时，引起其他雏鸡啄食病鸡的肛门/泄殖腔（图10-33），肛门被啄伤和出血，严重时直肠被啄出，以鸡死亡告终。蛋鸡在产蛋初期/后期由于难产或腹部韧带和肛门括约肌松弛，产蛋后泄殖腔不能及时收缩回去而较长时间留露在外，造成互相啄肛（图10-34），易引起输卵管脱垂和泄殖腔炎。

（3）啄蛋癖　多见于产蛋旺盛的季节，最初是因蛋被踩破、啄食引起，以后母鸡则产下蛋就争相啄食，或啄食自己产的蛋（图10-35）。

（4）啄冠癖　多发生于鸡冠上有外寄生虫（如虱子等）叮咬产生的痒感，引起鸡的骚动不安，相互啄食，导致鸡冠损伤、流血（见图10-36）。

视频10-3

（扫码观看：鸡啄羽癖）

图10-32　啄羽癖患鸡自食或互啄羽毛、被啄处出血（孙卫东　供图）

图10-33　啄肛癖雏鸡泄殖腔被啄处出血、结痂（孙卫东　供图）

图10-34　啄肛癖蛋鸡泄殖腔被啄处出血、坏死（孙卫东　供图）

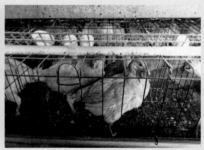

图10-35　鸡啄蛋
（孙卫东　供图）

图10-36　鸡啄冠（孙卫东　供图）

（5）啄趾癖　多发生于雏鸡，表现为啄食脚趾，造成脚趾流血，跛行，严重者脚趾被啄光。

三、诊断

根据临床症状，结合病理剖检变化可做出初步诊断。

四、防治方法

【预防措施】鸡异食（嗜）癖发生的原因多样，可从断喙、补充营养、完善饲养管理入手。

（1）断喙　雏鸡7～9日龄时进行断喙，一般上喙切断1/2，下喙切断1/3，70日龄时再修喙一次。现在也可在孵化厂1日龄断喙。

（2）及时补充日粮所缺的营养成分　检查日粮配方是否达到了全价营养，找出缺乏的营养成分后及时补给，并使日粮的营养平衡。

（3）改善饲养管理　消除各种不良因素或应激源的影响，如合理饲养密度，防止拥挤；及时分群，使之有宽敞的活动场所；通风，室温适度；调整光照，防止光线过强；产蛋箱避开曝光处；及时拣蛋，以免蛋因被踩破或打破被鸡啄食；饮水槽和料槽放置要合适；饲喂时间要安排合理，肉鸡和种鸡在饲喂时要防止过饱，限饲日要少量给饲，防止过饥；防止笼具等设备引起的外伤；发现鸡群有体外寄生虫时，及时药物驱除。

【治疗方法】

发现鸡群有啄癖现象时，及时挑出被啄伤的鸡，隔离饲养，并在啄伤处涂2%龙胆紫（见图10-37）、墨汁或锅底灰，症状严重的予以淘汰。同时立即查找、分析病因，采取相应的治疗措施（如降低密度、控制光照强度、及时拣蛋等）。

图10-37　鸡羽毛被啄部位涂上龙胆紫
（孙卫东　供图）

（1）西药疗法

① 啄肛：如果啄肛发生较多，可于上午10时至下午1时，在饮水中加食盐1%～2%，此水咸味超过血液，当天即可基本制止啄肛，但应连用3～4天。要注意水与盐必须称准，浓度不可加大，每天饮用3小时不能延长，到时未饮完的盐水要撤去，换上清水，以防食盐中毒，发现粪便太稀应停用此法。或在饲料中酌加多维素与微量元素，必要时饮水中加蛋氨酸0.2%，连续1周左右。此外，若因饲料缺硫引起啄肛癖，应在饲料中加入1%硫酸钠，3天之后即可见效，啄肛停止以后，改为0.1%的硫酸钠加入饲料内，进行暂时性预防。

② 啄羽：在饮水中加蛋氨酸0.2%，连用5～7天，再改为在饲料中加蛋氨酸0.1%，连用1周；青年鸡饲料中麸皮用量应不低于10%～15%，鸡群密度太大的要疏散，有体外寄生虫的要及时治疗；饲料中加干燥硫酸钠（元明粉）1%（注意：1%的用量不可加大，5～7天不可延长，粪便稍稀在所难免，太稀应停用，以防钠中毒），连喂5～7天，改为0.3%，再喂1周；或在饲料中加生石膏粉2%～2.5%，连喂5～7天。此外，若因缺乏铁和维生素B_2引起的啄羽癖，每只成年鸡每天可以补充硫酸亚铁1～2克和维生素$B_2$5～10毫克，连用3～5天。

③ 啄趾：灯泡适当吊高，降低光照强度。

④ 啄蛋：笼养产蛋鸡在鸡笼结构良好的情况下应该啄不到蛋，陈旧鸡笼结构变形时才能啄到。虽能啄到，母鸡天性惜蛋，亦不会啄。发生啄蛋的原因，往往是饲料中蛋白质水平偏低，蛋壳较薄，偶尔啄一次，尝到美味，便成癖好，见蛋就啄。制止啄蛋的基本方法是维修鸡笼，使其啄不到。

（2）中草药疗法

① 取茯苓8克，远志10克，柏子仁10克，甘草6克，五味子6克，浙贝母6克，钩藤8克。供10只鸡1次煎水内服，每天3次，连用3天。

② 取牡蛎90克，按每千克体重每天3克，拌料内服，连用5～7天。

③ 取茯苓250克，防风250克，远志250克，郁金250克，酸枣仁250克，柏子仁250克，夜交藤250克，党参200克，栀子200克，黄柏500克，黄芩200克，麻黄150克，甘草150克，臭芫荽500克，炒神曲500克，炒麦芽500克，石膏500克（另包），秦艽200克。开水冲调，焖30分钟，一次拌料，每天1次。说明：该法为1000只成年鸡5天用量，小鸡用时酌减。

④ 取远志200克、五味子100克，共研为细末，混于10千克饲料中，供100只鸡1天喂服，连用5天。

⑤ 取羽毛粉，按3%的比例拌料饲喂，连用5～7天。

⑥ 取生石膏粉、苍术粉，在饲料中按3%～5%添加生石膏，按2%～3%添加苍术粉饲喂，至愈。说明：该法适用于鸡啄羽癖，应用该法时应注意清除嗉囊内羽毛，可用灌油、勾取或嗉囊切开术。

⑦ 取鲜蚯蚓洗净，煮3～5分钟，拌入饲料饲喂，每只蛋鸡每天喂50克左右。说明：该法适用于啄蛋癖，既可增加蛋鸡的蛋白质，又可提高产蛋量。

⑧ 盐石散（食盐2克、石膏2克），请按说明书使用。

（3）其他疗法 用拖拉机或柴油机的废机油，涂于被啄鸡肛门（泄殖腔）伤口及周围，其他鸡厌恶机油气味，便不再去啄。说明：也可用薄壳蛋数枚，在温水中擦洗，除去蛋壳的胶质膜，使气孔敞开，再置于柴油中浸泡1～2天，让有啄蛋癖的鸡去啄，经1～3次便不再啄蛋。

第七节　肌胃糜烂症

一、概念

【定义】肌胃糜烂症（Muscular stomach erosion）是近几年来普遍引起重视的鸡的一种非传染性疾病。临床上多见于日龄较大的肉用仔鸡或5月龄以下的蛋鸡、种鸡。

【病因】饲喂变质鱼粉或超量饲喂鱼粉（或动物蛋白）、霉变饲料。

二、临床症状

病鸡精神不振，吃食减少，喜蹲伏，不爱走动，羽毛粗乱、蓬松，发育缓慢，消瘦，贫血，倒提病鸡可从其口腔中流出黑色或煤焦油样物质，排出棕色或黑褐色软粪，出现死亡，但死亡率不高，为2%～4%。

三、病理剖检变化

病/死鸡剖检时可见整个消化系统呈暗黑色外观（见图10-38），但最明显的病理变化在胃部。肌胃、腺胃（见图10-39）、肠道内充有暗褐色或黑色内容物（见图10-40和图10-41），轻者在腺胃和肌胃交接处出现变性、坏死（见图10-42），随后向肌胃中后部发展，角质变色，皱襞增厚、粗糙，似树皮样，重者可见皱襞深部出血和大面积溃疡和糜烂（见图10-43），最严重时，溃疡向深部发展造成胃穿孔，嗉囊扩张，内充满黑色液体，十二指肠可见卡他性炎症或局部坏死。

图10-38　病鸡整个消化系统呈暗黑色外观（孙卫东　供图）

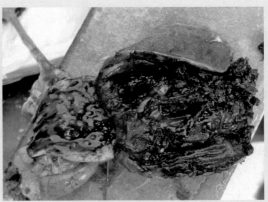

图10-39　病鸡肌胃、腺胃内有暗褐色/黑色内容物（孙卫东　供图）

图10-40　病鸡十二指肠内充满暗褐色或
黑色内容物（孙卫东　供图）

图10-41　病鸡小肠内充满暗褐色或黑色
内容物（孙卫东　供图）

图10-42　腺胃和肌胃交接处出现变性、坏死
（孙卫东　供图）

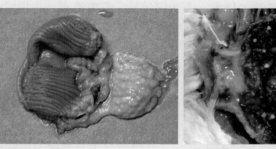

图10-43　肌胃出血、糜烂
和溃疡（孙卫东　供图）

四、诊断

根据临床症状，结合病理剖检变化可做出初步诊断。

五、防治方法

【预防措施】严禁用腐烂变质鱼生产鱼粉，或将其他变质动物蛋白加工成动物性饲料蛋白，或饲喂霉变饲料。有条件的单位，可以对所购鱼粉、动物蛋白或饲料霉菌毒素进行监测，检测质量不合格者不予利用；选用优质鱼粉，饲料中的鱼粉含量不能超过10%，并在饲料中补添足够的维生素等；注意改善饲养管理，搞好鸡舍内环境卫生，以消除各种致病的诱发因素。

【治疗方法】目前尚无有效的治疗方法。一旦发病，立即更换饲料，适当使用保护胃肠黏膜及止血的药物等，一般经3～5天可控制病情。

第八节 鸡腺胃炎

一、概念

【定义】鸡腺胃炎（Chicken proventriculitis）是鸡的一种以消化不良、消瘦、发育不全、料肉比升高为主要临床症状的慢性消化道疾病。近年来，鸡腺胃炎发病率较高，且在同一鸡群内可快速散开；其病因多样化影响了该病的防治效果，发病鸡群死亡率因管理水平不同有较大的差异，一般在10% ～ 50%，已成为危害养鸡业的主要疾病之一。

【病因】

（1）传染性因素 一种新型传染性腺胃炎病毒、腺病毒、呼肠孤病毒、法氏囊病毒、圆环病毒、隐孢子虫、巨型细菌、部分种类的梭菌等引起的传染。

（2）非传染性因素 硫酸铜过量、霉菌毒素、生物胺、日粮营养失衡、纤维或蛋白含量低、维生素缺乏、某些药物中毒等。

（3）其他因素 饲养密度过大、饲料颗粒太细、饲喂制度执行不严、换料之间缺乏过渡、严重的应激、免疫抑制也能够诱发本病。

视频10-4

（扫码观看：鸡腺胃炎-叨料-将饲料叨到粪板上）

二、临床症状

鸡腺胃炎主要表现为患病鸡精神不振、呆滞、闭目缩颈、羽毛蓬乱，采食及饮水量下降，挑食，甩料/叨料，将饲料叨到粪盘或垫料中（见图10-44和视频10-4）；鸡群整齐度差，大小不一（见图10-45），鸡冠呈白色，生长缓慢，消瘦，饲料转化率严重降低；粪便过料或含有黏液，泄殖腔周围的羽毛沾有粪便（见图10-46）；部分病鸡伴有咳嗽、啰音等呼吸道症状；有的鸡因嗉囊内积液而颈部膨大。病程长短与鸡群管理水平相关，病鸡渐进性消瘦，最终衰竭死亡。

图10-44 病鸡挑食，将饲料甩/叨到粪便中
（孙卫东 供图）

图10-45 病鸡群整齐度差，大小不一
（孙卫东 供图）

图10-46　病鸡泄殖腔周围的羽毛沾有粪便（孙卫东　供图）

三、病理剖检变化

　　病死鸡剖检时可见病鸡腺胃颜色苍白、肿大，严重病例的腺胃甚至大于肌胃（见图10-47）；从切面看，腺胃壁水肿、增厚（见图10-48）；腺胃乳头水肿、增生（见图10-49），腺胃黏膜增厚或出血、糜烂（见图10-50）；部分病鸡黏膜层完全坏死，坏死组织和炎性渗出物形成厚层假膜。肌胃和腺胃交接处出现黑色溃疡，肌胃萎缩，角质膜溃疡，内容物呈绿色、黑色，有酸败气味；十二指肠及空肠胀气、黏膜出血、肠壁变薄；胰腺肿大有出血点，色泽变淡；有的病鸡肝脏呈古铜色；脾脏、胸腺和法氏囊严重萎缩。

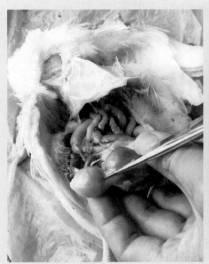

图10-47　病鸡腺胃颜色苍白、肿大（孙卫东　供图）

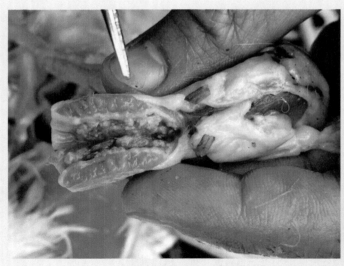
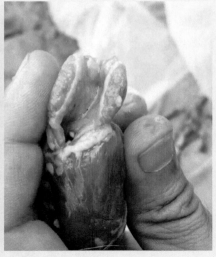

图10-48 病鸡腺胃壁水肿、增厚（孙卫东 供图）

图10-49 病鸡腺胃乳头水肿、增生（孙卫东 供图）

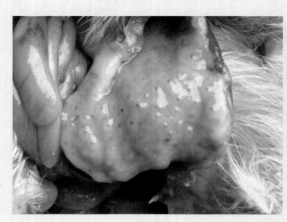
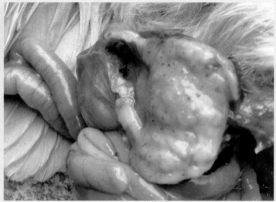

图10-50 病鸡腺胃黏膜增厚或出血、糜烂（孙卫东 供图）

四、诊断

根据临床症状、病理剖检变化可做出初步诊断。因引起本病的原因较多，确诊需要结合实验室病原的分离、鉴定结果和饲料分析检验结果来判断。但应注意与鸡腺胃上由肿瘤引起的不规则肿胀物的区别（见图10-51）。

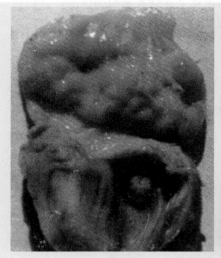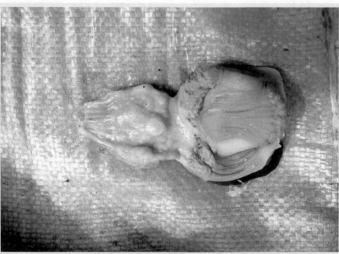

图10-51　病鸡腺胃上由肿瘤引起的不规则肿胀物（孙卫东　供图）

五、防治方法

【预防措施】

（1）加强饲养管理　日常加强饲养管理是预防该病的首要措施。首先要把好原料质量监测关，严防饲料霉变，每年的5～9月份要定期添加脱霉剂；调整饲料营养平衡，增加优质蛋白质、维生素含量，或尽量选择有品牌的饲料厂家的饲料；每天根据天气情况保证鸡舍有足够的通风，加强消毒，严控饲养密度；注意鸡舍的早晚温差调节，避免出现大的波动；临床使用药物时，一定要按照药物的用法用量进行，不可随意增加用量或延长用药时间；引入新鸡苗时把好引种关，防止引入带毒鸡。

（2）做好相关疫病的疫苗接种工作　细菌感染是引起腺胃炎的重要原因之一，但是由于细菌感染常常继发病毒性疾病，因此需做好防疫工作，防止病毒病的发生。

【治疗方法】

一旦发现腺胃炎，应区别发病原因，在及时隔离病鸡、全群消毒的基础上，结合以下措施进行药物治疗。

（1）用西咪替丁抑制胃酸过多分泌　减轻胃酸对腺胃的伤害，修复胃肠黏膜，同时修复受损的肌胃角质层，加快腺胃的恢复。

（2）用阿莫西林克拉维酸钾控制继发感染　对于细菌尤其是厌氧菌、魏氏梭菌有强大的杀灭作用。

（3）对症治疗 若是中毒，应立即停喂霉变饲料，更换新料，可投服盐类泻剂，排出肠道内毒素，并采取对症治疗，如服用葡萄糖水、鱼肝油、维生素B$_1$、维生素B$_2$、维生素K$_3$、烟酸、氨基酸、维生素C等可促进胃肠蠕动、增强肝脏排毒功能、促进消化腺分泌，从而提高采食量和饲料转化率、快速消除饲料便。最后在上述药物治疗的同时用中药（拳参、穿心莲、苦参等）拌料能消食、助消化、刺激食欲中枢、提高采食量、促进生长发育。

注意：本病一旦发生，腺胃遭到破坏后，即使治疗也很难恢复到发病前的性能，且肉鸡饲养周期本来就短，过长的疗程不但影响肉制品上市，还会造成药物残留的问题，另外，用药成本也需要考虑，加上饲料转化率低，饲养成本加大，经济效益更是严重下滑。综合考虑，如果发生本病，建议将病鸡淘汰处理。

第九节 鸡肌胃炎

一、概念

【定义】鸡肌胃炎（Chicken ventriculitis）是鸡的一种以肌胃糜烂、角质层出现裂痕样溃疡的慢性消化道疾病。临床上以食欲减退、消化不良、机体逐渐消瘦或形成僵鸡、鸡冠鸡爪灰白等为特征。各种品种、年龄的鸡一年四季（季节交替时发病率高些）均可发生，发病日龄广泛，发病最早见于1日龄的鸡，发病迟的有360日龄以上的鸡，但是多发生在10～50日龄的鸡；发病日龄越大症状就越轻，50～90日龄的鸡发病严重程度次于50日龄前的，病变程度、症状、危害程度都弱于雏鸡；成年鸡呈隐性感染，表现为采食量和产蛋率下降。病鸡死淘率高，经济损失巨大，目前已成为危害养鸡业经济效益的重要疾病之一。

【病因】

（1）传染性因素 种鸡垂直传播性疾病（如支原体病、沙门氏菌病等）、其他病原微生物（如腺病毒、呼肠孤病毒、马立克病毒、传染性贫血因子）感染等。

（2）非传染性因素 霉菌毒素（尤其是饲料霉变，见图10-52）中毒；成品饲料（鱼粉、血粉、肉骨粉等）霉变，生物胺过多；油脂质量差、酸败，或杂粕含量高（见图10-53）；饲料营养不良，氨基酸不平衡，蛋白质、维生素A缺乏，硫酸铜过量等易引发此病。

图10-52 饲料板结、霉变（孙卫东 供图）

图10-53 饲料中杂粕含量高，颜色不一（孙卫东 供图）

（3）其他因素 鸡只因体温高、代谢旺盛、抗应激能力差，对免疫细胞的形成具有抑制作用，饲养密度大、鸡舍通风不良、高温高湿、雏鸡瘦弱、雏鸡的运输时间长、脱水也是诱发此病的原因；在第一次"小三联"疫苗接种后，由于疫苗的刺激，诱发此病的也较多；饲养密度过大、饲料颗粒太细（见图10-54和视频10-5）、饲喂制度执行不严、换料之间缺乏过渡（见图10-55）、严重的应激、免疫抑制也能够诱发本病。

视频10-5

（扫码观看：鸡肌胃炎-料盘中的
颗粒料细末较多）

图10-54 料仓及料盘中颗粒饲料的粉末太多（孙卫东 供图）

1 → 2 → 3
■ 育雏期饲料
■ 育成期饲料

图10-55 鸡群换料时的过渡方法（孙卫东 供图）

二、临床症状

鸡病初表现为精神不振，有轻微的呼吸道症状；中后期呼吸道症状消失，表现为精神沉郁，羽毛松乱，采食量降低，挑食、甩料/叼料，将饲料叼到粪盘、垫料或走道的地面上（见图10-56和视频10-6）；鸡群整齐度差，大小不均匀（见图10-57），鸡冠、鸡爪灰白；粪便不成形，呈灰白色"鱼肠样"（见图10-58）、橘黄色"烂胡萝卜样"（见图10-59）、黄褐色"黏糊状"（见图10-60）；泄

视频10-6

（扫码观看：鸡肌胃炎-叼料-
将饲料叼到走道上）

367

殖腔周围的羽毛沾有粪便（见图10-61）。病程长短与鸡群管理水平相关，病鸡渐进性消瘦，最终衰竭死亡。

图10-56 病鸡挑食，将饲料甩/叼到料槽外的过道上（孙卫东 供图）

图10-57 病鸡群整齐度差，大小不一（孙卫东 供图）

图10-58 病鸡排出的粪便呈灰白色"鱼肠样"（孙卫东 供图）

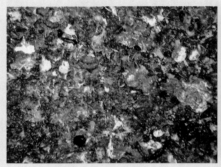
图10-59 病鸡排出的粪便呈橘黄色"烂胡萝卜样"（孙卫东 供图）

图10-60 病鸡排出的粪便呈黄褐色"黏糊状"（孙卫东 供图）

图10-61 病鸡泄殖腔周围的羽毛沾有粪便（孙卫东 供图）

三、病理剖检变化

图10-62 病鸡鸡内金呈绿色伴糜烂（孙卫东 供图）

病死鸡剖检时可见胸肌苍白松软，发育不良；肌胃萎缩，剖开可闻到有轻微酸味的内容物，内容物或鸡内金可呈绿色（见图10-62）、黑/褐色（见图10-63）、红色（见图10-64）等，鸡内金及角质层变性（见图10-65）、糜烂（见图10-66）、开裂（见图10-67）、溃疡（见图10-68）；有的腺胃与肌胃交界处有糜烂和溃疡；肠道黏膜脱落，有未消化的饲料。后期十二指肠、空肠水肿，肠道增厚空虚，剪开外翻，水便多；胸腺、法氏囊萎缩；有的十二指肠黏膜呈糠麸样，肠道内容物呈橘红色（见图10-69）。

图10-63 病鸡鸡内金呈黑/褐色伴糜烂（孙卫东 供图）

图10-64 病鸡鸡内金呈红色条纹状糜烂（孙卫东 供图）

图10-65 病鸡鸡内金及角质层变性、发白（孙卫东 供图）

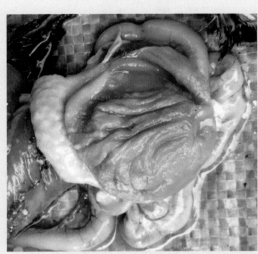 

图10-66 病鸡鸡内金糜烂、坏死（孙卫东 供图）

图10-67 病鸡鸡内金及角质层开裂（孙卫东 供图）

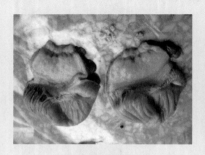

图10-68 病鸡鸡内金及角质层溃疡（孙卫东 供图）

图10-69 病鸡肠道内容物呈橘红色（孙卫东 供图）

图10-70 鸡肌胃上由肿瘤引起的不规则肿胀物（孙卫东 供图）

四、诊断

根据临床症状、病理剖检变化可做出初步诊断。因引起本病的原因较多，确诊需要结合实验室病原的分离、鉴定结果和饲料分析检验结果来判断，但应注意与鸡肌胃上由肿瘤引起的不规则肿胀物的区别（见图10-70）。

五、防治方法

【预防措施】

（1）加强日常管理　做好饲养管理，减少应激，杜绝饲料中的生物胺及霉菌毒素的外源性供给。控制肠炎的发生，防止应激时肠道逆蠕动有害菌进入肌胃，促进胃黏膜屏障的生成。

（2）严格饲喂制度　建议每天分3～4次加料，每次加料前可控料2～4小时，这样鸡胃可排空，胃肠道可得以休息，因为胃黏膜上皮细胞更新一次要2～3天时间，胃肠道休息时才可以进行修复，这样可有效避免和减少肌胃炎。

（3）做好相关疫病的疫苗接种工作　细菌感染是引起腺胃炎的重要原因之一，但是由于细菌感染常常继发病毒性疾病，因此需做好防疫工作，防止病毒病的发生。

（4）雏鸡抗应激　从鸡雏0日龄开食时使用五加芪粉，其中主要成分刺五加具有较强的抗应激作用、黄芪多糖可以提高机体免疫力，连续使用一周可有效预防腺胃炎的发生。

【治疗方法】

请参照鸡腺胃炎"治疗方法"部分的描述。

第十节　中暑

一、概念

【定义】中暑（Heat stroke）是指鸡群在气候炎热、舍内温度过高、通风不良、缺氧的情况下，因机体产热增加、散热不足所导致的一种全身功能紊乱的疾病。我国南方地区夏、秋季节气温高，在开放式或半开放式鸡舍中饲养的种鸡和商品鸡，当气温达到33℃以上时，可发生中暑，雏鸡和成年鸡均易发生。

【病因】气候突然变热、鸡群密度过大、鸡舍通风不良、长途密闭运输，或鸡场较长时间停电且未采取发电措施等情况下均可引发中暑。

二、临床症状

轻症时主要表现为翅膀展开，呼吸急促，张口呼吸（见图10-71）甚至发生热性喘息（见视频10-7），烦渴频饮，出现水泻；鸡冠肉髯鲜红，精神不振（见图10-72），有的病鸡出现不断摇晃头部的神经症状（见视频10-8）；蛋鸡还表现为产蛋下降，蛋形变小，蛋壳色泽变淡。重症时表现为体温升高，触其胸腹，手感灼热，急速张口喘息，最后呼吸衰竭时减慢，反应迟钝，很少采食或饮水（见图10-73）。在大多数鸡出现上述症状时，通常伴有个别或少量死亡（见图10-74），夜间与午后死亡较多，上层鸡笼的鸡死亡较多。最严重的可在短时间内使大批鸡神志昏迷后死亡（见图10-75）。

视频10-7

（扫码观看：鸡中暑-苗鸡热性喘息）

视频10-8

（扫码观看：鸡中暑-肉种鸡中暑出现神经症状）

图10-71　鸡张口呼吸（左），展翅（右）（孙卫东　供图）

图10-72　病鸡鸡冠肉髯鲜红，精神不振（陈甫　供图）

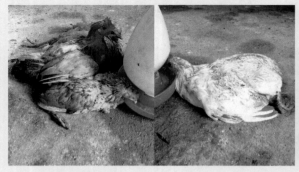

图10-73　病鸡反应迟钝，很少采食或饮水（孙卫东　供图）

图10-74　上层鸡笼内的少量死亡鸡（孙卫东　供图）

图10-75　从上层少量鸡笼内清理出的大量死亡鸡（孙卫东　供图）

三、病理剖检变化

【剖检病变】病死鸡剖检可见胸部肌肉苍白似煮肉样（见图10-76），脑部有出血斑点（见图10-77），肺部严重淤血，心脏周围组织呈灰红色出血性浸润，心室扩张（见图10-78）；腺胃黏膜自溶，胃壁变薄（见图10-79），腺胃乳头内可挤出灰红色糊状物（见图10-80），有时见腺胃穿孔。

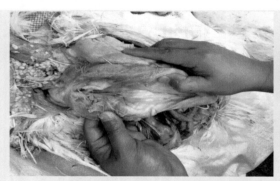

图10-76　病鸡胸部肌肉苍白似煮肉样（左）或红白相间（右）（陈甫　供图）

图10-77 病鸡脑盖骨（左）和大脑组织水肿出血（右）（孙卫东 供图）

图10-78 病鸡心室扩张 （陈甫 供图）　　图10-79 病鸡腺胃黏膜自溶，胃壁变薄 （孙卫东 供图）

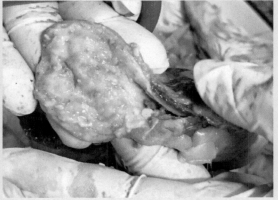

图10-80 病鸡腺胃乳头内可挤出灰红色糊状物（孙卫东 供图）

四、诊断

根据临床症状、病理剖检变化，结合病史可做出初步诊断。

五、防治方法

【预防措施】在鸡舍上方搭建防晒网，可使舍温降低3～5℃；也可于春季在鸡舍前后多种丝瓜、南瓜，夏季藤蔓绿叶爬满屋顶，遮阳保湿，舍内温度可明显降低；根据鸡舍大小，分别选用大型落地扇或吊扇；饮水用井水，少添勤添，保持清凉；产蛋鸡舍除常规照明灯之外，再适当安装几个弱光小灯泡（如用3瓦节能灯），遇到高温天气，晚上常规灯仍按时关，随即开弱光灯，直至天亮，使鸡群在夜间能看见饮水，这对防止夜间中暑死亡非常重要；遇到高温天气，中午适当控制喂料，不要喂得太饱，可防止午后中暑死亡；平时可往鸡的头部、背部喷洒纯净的凉水，特别是在每天的14：00时以后，气温高时每2～3小时喷1次；在设计鸡舍时应采用双回路供电，停电后应及时开启备用发电机。

【治疗方法】发现病鸡应尽快将其取出放置到阴凉通风处或浸于冷水中几分钟。

（1）维生素C　当舍温高于29℃时，鸡对维生素C的需要量增多而体内合成减少，因此，整个夏季应持续补充，可于每100千克饮水中加5～10克，或每100千克饲料加10～20克。在采食明显减少时，以饮服为好。说明：其他各种维生素，尤其是维生素E与维生素B族，在夏季也有广泛的保健作用，可促使产蛋水平较高较稳，蛋壳质量较好，并能抑制多饮多泻，增强免疫抗病力。

（2）碳酸氢钾　当舍温达34℃以上时在饮水中加0.25%碳酸氢钾，日夜饮服，可促使体内钠、钾平衡，对防止中暑死亡有显著效果。

（3）碳酸氢钠　可于饲料中加0.3%，或于饮水中加0.1%碳酸氢钠，日夜饮服；若自配饲料，可相应减少食盐用量，将碳酸氢钠在饲料中加到0.4%～0.5%或在饮水中加到0.15%～0.2%。

（4）氯化铵　在饮水中加0.3%氯化铵，日夜饮服。

第十一节　一些罕见的疾病

一、鸡肠套叠

是由于鸡长期腹泻，或前面肠管的运动较后面的运动快，且后段肠管出现麻痹，导致前面的肠管套入后面的肠管中。见图10-81。剖检见视频10-9。

二、鸡肠扭转

由某些原因引起的鸡肠管的扭转，导致扭转的肠管因血液供应不良引起肠管出血、坏死。见图10-82。

视频10-9

（扫码观看：鸡肠套叠剖检）

图10-81 鸡的肠套叠（孙卫东 供图）

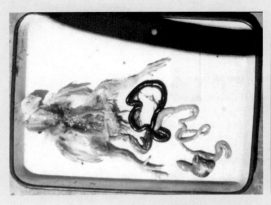 

图10-82 鸡的肠扭转（孙卫东 供图）

三、鸡小肠阻塞

往往是由于某段小肠的损伤引起肠腔变窄，导致阻塞的前段肠管膨大（见图10-83），剖开肠管后能在肠管膨大段的后端发现损伤（溃疡）（见图10-84）。

图10-83 病鸡小肠阻塞前段肠管膨大 （孙卫东 供图）

图10-84 剖开肠管后能在肠管膨大段的后端发现溃疡（孙卫东 供图）

四、鸡直肠扩张

表现为鸡直肠膨大数倍（见图10-85），目前病因不清。

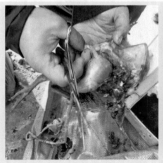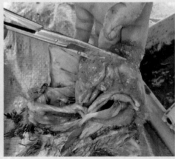

图10-85　鸡直肠扩张（孙卫东　供图）

五、鸡一侧睾丸发育

表现为一侧睾丸发育，见图10-86。

六、一些遗传性疾病

1.四条腿的鸡

可能由受精的双黄蛋孵化而来（见图10-87），但饲养一段时间后，异常腿可能由于血液供应不良而出现脚趾末端的变性、坏死（见图10-88），剖检见异常腿附着在鸡的尾部（见图10-89）。

2.双套胃的鸡

见图10-90。

3.双泄殖腔的鸡

将鸡翻过来会发现病鸡有两个泄殖腔均能排泄粪便（见图10-91），剖开可见两个泄殖腔孔（见图10-92）。

图10-86　鸡一侧睾丸发育（孙卫东　供图）

图10-87　四条腿的雏鸡（孙卫东　供图）

图10-88　四条腿的鸡饲养一段时间后异常腿的脚趾末端变性、坏死（孙卫东　供图）

图10-89　异常腿附着在鸡的尾部
（孙卫东　供图）

图10-90　病鸡双套腺胃和肌胃剖开前（左）和剖
开后（右）的变化（孙卫东　供图）

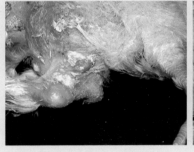
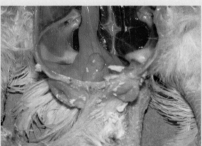
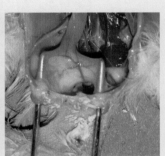

图10-91　病鸡有两个泄殖腔
均能排泄粪便（孙卫东　供图）

图10-92　病鸡有两个泄殖腔孔（孙卫东　供图）

4.交叉喙

见图10-93。

5.鸡眼切迹综合征

表现为眼睑上出现一个小痂或糜烂，然后发展成裂纹，一侧还贴附着一小片肉（见图10-94），多见于笼养产蛋鸡，目前病因不清。

图10-93　鸡的交叉喙
（孙卫东　供图）

图10-94　鸡的眼切迹综合征
（孙卫东　供图）

参考文献

[1] 刁有祥. 简明鸡病诊断与防治原色图谱 [M]. 2版. 北京：化学工业出版社，2019.

[2] 孙卫东. 鸡病诊治原色图谱 [M]. 北京：机械工业出版社，2018.

[3] 岳华，汤承. 禽病临床诊断与防治彩色图谱 [M]. 北京：中国农业出版社，2018.

[4] 陈鹏举，尹仁福，张宜娜，等. 禽病诊治原色图谱 [M]. 郑州：河南科学技术出版社，2017.

[5] 刘金华，甘孟侯. 中国禽病学 [M]. 2版. 北京：中国农业出版社，2016.

[6] 沈建忠，冯忠武. 兽药手册 [M]. 7版. 北京：中国农业大学出版社，2016.

[7] 王新华. 鸡病诊疗原色图谱 [M]. 2版. 北京：中国农业出版社，2015.

[8] 王永坤，高巍. 禽病诊断彩色图谱 [M]. 北京：中国农业出版社，2015.

[9] 孙卫东. 土法良方治鸡病 [M]. 2版. 北京：化学工业出版社，2014.

[10] 胡元亮. 兽医处方手册 [M]. 第3版. 北京：中国农业出版社，2013.

[11] Y M Saif. 禽病学 [M]. 苏敬良，高福，索勋译. 第12版. 北京：中国农业出版社，2012.

[12] 江斌，吴胜会，林琳，等. 畜禽寄生虫病诊治图谱 [M]. 福州：福建科学技术出版社，2012.

[13] 崔治中. 禽病诊治彩色图谱. 2版. 北京：中国农业出版社，2010.

[14] 吕荣修. 禽病诊断彩色图谱. 北京：中国农业大学出版社，2004.

[15] 辛朝安. 禽病学 [M]. 2版. 北京：中国农业出版社，2003.